テレビ磁石

武田砂鉄

堀道広　イラスト

光文社

テレビ磁石　目次

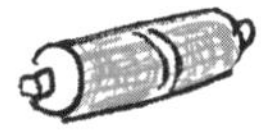

2020

2021

2022

2023

2024

はじめに

はじめましての方も多いと思います。武田鉄矢みたいな名前ですが、がむしゃらに生徒に熱弁を振るう金八先生的な姿勢の真逆を貫いてきたつもりでおります。「人という字は、人と人が支え合ってできている」との金八先生の格言を前にしても、えっ、支え合ってないでしょう、2画目が1画目を一方的に支えているだけではないか、と異論をぶつけるのを怖がらずに参りたい。つまり、鉄矢の逆サイドをひた走る所存なのですが、この格言を鉄矢自身が否定した、との記事も目にしました。その場合、鉄矢と砂鉄はどのような距離感になるのでしょう。

今時、テレビやそこに映っている芸能人・有名人について考察してみる本書がどういった内容になるかと問われれば、井上公造みたいな真似はしない、に尽きる。つまり、芸能人と視聴者の間に入り、実はこんな情報を摑んでます、そろそろ誰それと誰それがゴールインするかもしれないと、イニシャルトークでご満悦になったりはしない。

今、テレビに出てくる芸能人は、押し並べて、ファンの皆に対して親近感を配布してくる。プライベートを公開し、「本当の私はこうなんです」と投げる。テレビを見ていれば、俳優でもアイドルでも「プライベートは何をしているか」と問われ、「変装ナシでどこでも行っちゃいますね」という返答に対して「ウソー」「いやいやホントです」とのやりとりが重ねられる。その緩慢なやりとりを見せられた私は、テレビの前で「どうでもいいよ」と投げやりになる。これだから最近のテレビは、と苦言を呈したくもなるけれど、でも、テレビって、昔からこういうものだったはず。具体的に言えば、独自のスクープ映像よりも、ピーターの別荘訪問を頻繁に見せられてきたのだ。私は、ピーターの別荘を3度は見ている。皆さんはどうか。1回は見ているだろう。

もう何年も前、ある番組で、取材陣が房総半島に向かい、ある人の自宅前に着き、

「この豪邸に住んでいるのは一体誰？」と問うた。自宅に着いた瞬間、私は、ここが花田虎上（若乃花）の自宅だとわかった。日々、原稿の締切や、友人との約束など、数多のことを忘れているのに、花田虎上の自宅は記憶している。間取りもある程度覚えている。テレビは視聴者に向けてたくさんの情報を垂れ流してくるが、そうはいっても、こちらは、その情報にただただ翻弄されているわけではない。花田虎上の豪邸をどう受け止めるべきなのか、主体的に考えていく力がある。本書はその集積である。

メディアは社会の写し鏡なので、メディアがおかしい時は社会や国民がおかしいのであり、どうしてこんなヤツが出てくるんだとの疑念があれば、それは同時にテレビの前にいる自分も問われている……なんて感じの分析がある。自分もその手の論旨を何度か書いてきたはず。確かにそう。でも、やっぱり単純に同一視されるのには抵抗がある。なぜって、拘束されていたジャーナリストが解放された後で、「個人的にたまたま道で会ったら、ちょっと文句は言いたいと思いますね」（松本人志）とは絶対に思わないし、東京オリンピックのボランティア募集のCMにあった「おもてなしの日本代表は、あなたです。」とのキャッチコピーを受け止めて、そうか、自分、おもてなしの日本代表だったのか、とは思わない。

テレビを見て、世の中で起きている出来事のおおよそを知る。そういうシンプルな関係構築はすっかり崩れてしまった。もうそんなに頼られていないし、それだけでは情報が足りない。そもそも「情報」の全体を受け止めるなんて、もう無理。かといって、「今の時代は、自分の好きな情報だけを選び抜けるようになっているの

2018

で、情報が偏っているんだよ」的な毎度の苦言に従いたくもない。私たちは、少なくとも私は、「自分の好きな情報」だけではなく、「自分が好きというわけではない情報」をそれなりに受け止めるように心がけている。

かつて、「僕たちは神田うのを更新しながら生きてきた」と題した原稿を書いた。実に鋭いタイトルだと我ながら感心する。友人との雑談で「初めて買ったCDは？初めて映画館で観た映画は？」と問われ、その答えを並べて笑い合うのは、その作品自体が現時点ではすっかり懐かしいものになっているからで、大半の熱狂は萎むのだ。ところが、僕たちは神田うのを更新しながら生きてきた。なにがしかのパーティーに登場する彼女をずっと見届けてきた。以前、担当しているラジオ番組に神田を招き、勇気を振り絞って、「神田さんがよく行く、ちょっとしたパーティーってどこで開かれているんですか？」と聞いた。怪訝な顔をして、「えっ、あちこちで開かれてるよ」みたいな答えが返ってきた。答えとしては不十分だった。質問が甘かったのか。その後も彼女を更新しながら生きている。

そんなに興味がないものが流れてくるようになったテレビの役割とは何なんだろう。そんなこと考えずに、適当に見ていればいいのだろうか。

かつてZOZOTOWN・前澤友作社長と付き合っていた紗栄子は、キャスターの安藤優子から「200億円と付き合っている感じ」と身勝手に言われていたが、前澤社長が彼女に続いて交際を始めた剛力彩芽についても、同じような反応があちこちで目に入る。

思えば私たちは、人様の恋愛事情を査定し続けてきた。中学時代、付き合い始めたカップルの情報を得ると、どちらかを指差し「不釣り合いだろ」とコソコソし、誰かに乗り換えたと聞けば、「前のほうが良かった」とコソコソを重ねた。異性と目を合わせることすらままならなかった時代から、査定を重ねてきた。そんなオマエは「目すら合わせられないオマエ」だったはずなのに、自分を問う厳しさは都合よく薄らいだまま、ふーん、次は剛力か、などと今と前を比べたりしている現在がある。オマエ、一体、誰様なのか。

剛力彩芽に動揺する大御所

前澤社長のオフィスのドアには大きく「愛」と書かれているそうで、それだけでここの顧客にはなるまいと決意できるのだが、そういうセンスにたちまち引き込まれる人もいるのだろう。金持ちと結婚したり交際したりすると、相手の持ち金が決め手になったと決めつけて野次るのが週刊誌の手口だが、そもそも、その相手も相当なお金を持っている。ハイクラス同士での成就であり、こんなに無難な話もない。

剛力が交際を発表すると、芸能界の大御所たちから、「自家用ジェットに乗ったら女、落ちるでしょ」（明石家さんま）、「ファンのことをまず第一に考えた方がいい」（岡村隆史）、「なんでこれをおおっぴらにしたいんだろう」（小倉智昭）といったうざったい意見が寄せられ、その反響もあって、剛力は、交際を匂わす写真のみならず全てのインスタ削除に追い込まれた（その後再開）。

この流れで思い出すのは、コソコソとカップルを査定していた中学時代の自分である。中3の頃、男子高校生と付き合っていると噂された田辺さんは、クラス中の女子から「すごいね！」「やっぱ違う？」と持ち上げられていた。男子は動揺した。自分たち以外のゾーンを相手にし始めた田辺さんの判断を妬んだのだ。そのくせ、本人の前では余裕を見せる。がむしゃらな友人は「年上の魅力ってヤツ？」と突っ込んでいたが、後に平静を保つのに必死だったと語った。

好きな人が出来ました、一緒にいられて楽しいです、とひけらかしているだけの状態にバッシングを向けるのって恥ずかしい。バッシングって、相応の事象に対してすべきこと。死にかけのセミの息の根を絶つことをこの夏のマイブームにしているならばバッシングされるべきだが、「社長と付き合ってます」と浮かれているだけの彼女にバッシングを向けている。中学生でも、もうちょっと他人の目を気にしながら、コソコソと慎重にバッシングしたはずである。

当時、「付き合ってんじゃねーよ」なんて表立って言う人はいなかった。男子トイレにもいなかった。この国の芸能界は、男性との交際を主体的にひけらかす女性に慣れていない。すっかり動揺する。剛力は長年「事務所のゴリ押し」と揶揄されてきた存在で、確かに「力強く押せば、それなりの場所に押し出されてくる」芸能界の原始的な仕組みを体現する存在ではあった。そのプレッシャーから解き放たれた彼女が、大金持ちの彼氏をゲットしたとの報道に、方々で動揺が走っていた。疑問視する外野がたくさん出てきた。かつての学び舎を思い出そう。これくらいの動揺、さらりと隠していたはずである。

小池百合子が都知事選に立候補した際、「満員電車ゼロ」を公約のひとつに掲げていたのを忘れない。時差通勤だけではなく、2階建て電車の導入を検討していたが、ちょっとした改修工事をするだけで大混雑になる都内の駅をどうやって2階建て対応にしようというのか。すっかり諦めたご様子だが、都内の電車に乗ると、液晶モニターに小池が登場、時差通勤をしましょう、とせがんでくる。いつの間にか、「ゼロ」を作るのはこっちの仕事になった。こんな時間に、オマエが乗ってるから満員なんだよ、と仰るのだ。

　この酷暑の中でのオリンピック開催が心配だ、と問われた小池は、濡れタオルを巻いて「これを巻くだけで首元が冷える。こんなことも知ってもらって活用していただきたい」と笑顔で答えてみせた。濡れタオルだけではなく、私の冷徹な対応で体を冷やしてほしいという意味なのだろうか。開催まで、「オリンピックなので」との枕詞によって、あらゆる命令が偉い人から下されることになる。既に、オリンピックなので祝日を移します、ネット通販は控えてください、サマータイムもやりたいです、リモートワークをお願いします、大会中に夏休みとってください、大学は授業と試験をずらしてください、といった要請が聞こえる。

　偉い人が環境を整えるのではなく、オマエらで過ごしやすい環境を作れよ、と凄んできている。このままのペースでいけば、オリンピックだから弁当買ってこいとか、オリンピックだからヘソク

「元気な女の子」役・広瀬すず

りくすねてこいとか、どこまでも暴力的に広がりそう……というのはつまらぬ冗談。でも、オリンピックだからネット通販控えろ、って少し前まで、つまらぬ冗談だったはずである。

11万人をタダ働きさせる五輪ボランティアは、現時点での酷暑も相まって、批判と懸念が膨らんでいる。運転手、通訳、写真や動画のサポートなど、明らかに専門性のある仕事までタダ働き。大儲けしなければいけない大事業なので、末端に金は払えないと露骨だ。ボランティア集めのためにCMを作成し、チラシを30万部制作して、全国の大学などでも配るという。その制作費があるなら金払えよと思うのだが、絶対に国民にはお金を払わない、との強い意志を感じる。「国民への支払いゼロ」はたちまち達成されそうだ。

尻拭いさせられるのが学生。内申点や単位を餌に、引っ張り出される。そのボランティア募集CMに登場するのが広瀬すずだ。「青春のど真ん中にオリンピック・パラリンピックがやってきます」と言いながら、体育館でバスケゴールにシュートを決める彼女。すると、背後から数百人の学生が猛ダッシュでやってくる。怖い。

メイキング映像では、「おもてなしの日本代表は、あなたです。」なるメッセージもある。「お・も・て・な・し」を流行らせたのも今は昔、いつの間にか、オマエたちでもてなせ、との指示が下っている。広瀬すずはこれまで、全国火災予防運動、18歳選挙権など、公共性の高いCMに数多く出てきた。商品ではなく行動を促すCMでは、受け身ではない、ほとばしる自発性がタレントに求められる。女性の場合、キレイよりもカワイイ、そしてボーイッシュな感じが好まれる。決定権を持つ人間（おそらく中年男性）の中にある「元気な女の子」像の具体化だ。

ゼロにします、もてなします、と意気込んでいた人たちが、あっ、やっぱ、オマエたちでもてなしてよ、と切り替え始めた今、「元気」を背負うタレントが選ばれているのが巧妙である。

EXILEの話をさせていただく

かつて、ＥＸＩＬＥのことを「暴力団から暴力を引いて団が残った状態」と形容したことがあるのだが、団って、時に暴力にもなりうるのでは、という疑問を隠し持っている。彼らは身内に対して敬語を使うのだが、なかでも「〜させていただきます」の連呼が気になる。これまで収集した事例では「テキーラを呑まさせていただく」「リハビリをさせていただく」がある。リハビリをさせていただく、とは、一体、誰に対する敬意、配慮なのか。

ネットで見かけた動画では、ＥＸＩＬＥにも所属する三代目J SOUL BROTHERSの岩田剛典が、笑福亭鶴瓶が自分たちを認識していた事実に驚き、「存じ上げていただいて嬉しいです」と笑顔で切り返していた。とにかく常日頃からあちこちをリスペクトしておこうぜ、という教育方針なのかもしれないが、その団結した知性に、知性は個で身につけるもの、との言葉をぶつけたくなる。

グループの中のベテランメンバー・ＡＫＩＲＡが著書『ＴＨＥ　ＦＯＯＬ　愚者の魂』を刊行し、その刊行記念イベントに先駆けた取材で、メンバーから感想などは届いているかと聞かれ、「ＨＩＲＯさんから〝本〟だけに『本能で読ませていただきます』というメールをいただいているので、感想が楽しみ」と回答、「メンバーのみなさんに楽しんでいただけたらと思います」と続けたという（ＯＲＩＣＯＮ　ＮＥＷＳ）。

本能で読ませていただくとのメールをいただいているし、メンバーのみなさんに楽しんでいただきたい、のだという。たとえば、寿司屋に入り、本日のオススメを尋ね、このように返されたら、あなたはどう思うだろう。「大将に聞かせていただいたところ、いいマグロが入っているとおっしゃっていまして、大将もとても上機嫌でいらっしゃいました。マグロ、いかがでしょう？」

マグロ以外を頼む。決して獲れたてではない、時間をかけて各所でハンコをもらったマグロって感じがする。

当該のAKIRAの本を開いてみる。EXILEは心からグループを大切に思い、行動する人たちの集まりだから、「どの世代のメンバーも、みんなひとりひとりがリーダーなんだ」とのこと。世間的にはHIROがリーダーだと思っているが、みんながリーダー、らしい。で、その数行後にこうある。「僕はEXILE TRIBEというのは実質『HIROさんTRIBE』だと思っている。全てのグループに寄り添っているのはHIROさんだけ」

あまりの劇的な展開にたじろぐ。それなりに難解な文章を読み解く仕事もしてきたが、ひとりひとりがリーダーと言い切った数行後に、補足説明や話を展開させるための接続詞もなく、「実質『HIROさんTRIBE』だと思っている」とする激白に困惑する。その発言を躊躇う様子もない。HIRO TRIBEではなく、HIROさんTRIBE。この期に及んでも身内に敬称が入る違和感を覚えるようでは、TRIBEへの仲間入りは果たせないのだろう。

EXILEの日本語は、筋骨隆々の見た目と比例するように、なにかと過剰。その過剰って時には失礼ですよ、とお伝え申し上げたいのだが、屈強なTRIBEは集団で高め合うので、外部の声に耳を傾けない。こちらからお声を届けさせていただきたいのだが、こちらのことなど存じ上げていただけていないと思う。これからも精進させていただき、いつの日か、申し上げさせていただきたいと思わさせていただいている現状である。

「あの〝泣き虫愛ちゃん〟がお母さんに！」なんて報道に驚いたのは、福原愛がお母さんになったからではなく、報じる側がいまだに「泣き虫愛ちゃん」を継続していたからである。福原愛の母・千代さんによれば『泣き虫愛ちゃん』といわれていますが、愛が試合中に泣いていたのは、4歳のときだけなのです」「テレビでは、そのときの映像がずっと使われているんです。5歳になってから、試合で愛は泣いていません」（生島淳『愛は天才じゃない』）とのことで、福原は、四半世紀も前に泣いた様子を記憶され、ずっと「ちゃん」付けされてきた。

　皆さん、胸に手を当てて考えてもらいたいのだが、自分の4歳の時の行動がいまだにあだ名となり、「おもらしケイコちゃん」なんて言われていたら、時間を見つけて喫茶店に呼び出して、「ねぇ、ほんと、さすがにもう、お願いだから、それ本当にやめて、今日奢るからさ」などと哀願するのではないか。「ちゃん」呼ばわりするのって、親しみを感じている証しではあるが、「泣き虫愛ちゃん」がそうであるように、その存在を幼稚に見る気持ちが存分に含まれている。福原愛が、ではなく、あの愛ちゃんが、と投げかける意味とは、「あらあら、昔から知っているあの子が」との驚きである。

永遠のお兄ちゃん・花田虎上

　だとするならば、花田虎上（第66代横綱若乃花）に対して「お兄ちゃん」と呼びかける風土の残存は何を意味しているのだろう。「マサルちゃん」でもなく「お兄ちゃん」。韓国の元フィギュ

アスケート選手キム・ヨナは「国民の妹」と呼ばれたが、同時期に活躍した浅田真央を、それこそ「国民の妹」的な存在として「真央ちゃん」と呼び続ける感覚はまだわかる。だが、「お兄ちゃん」にそういう総意はあるのだろうか。総意があったとして、さすがにそろそろ再検討しなくていいのだろうか。疑問を投げかけたくせに即答する。ないと思う。皆が知るように、お兄ちゃんは、弟とうまくいっていない。他人が介入すべきではないが、「お兄ちゃん」が公的に通用しているというのもなかなか不思議である。

貴乃花親方が、日本相撲協会に引退届を提出したことを受け、様々な相撲関係者が推測で語っている姿を見かける。で、その推測の度合いがもっとも高かったのが、「お兄ちゃん」こと花田虎上と、「おかみさん」こと藤田紀子だった。袂を分かった近親者が、弟はこういうところがある、息子はやっぱりこうだから、と語る。お兄ちゃんは、出演したワイドショーで、弟について「自分で器用だと思っているかもしれないけど、そんなに器用じゃない」と述べた。もし自分が会社を辞めて独立しようとしている時に、自分の兄からこう言われたら、その場で絶縁を決めそうである。

花田虎上のブログのコメント欄をのぞくと、「お兄ちゃんのお話しは落ち着いていて、解りやすく大人の品格を感じました」などと、絶賛の声が複数寄せられている。大忙しの様子をブログで逐一報告し、「小学校への送りを妻に任せようかと思いましたがいつも通りやりたいので、バタバタしてしまいますが行ってきます」などと、こういう時こそ、いつも通りの暮らしを、と強調する。だけど、お兄ちゃんの生活はいつも通りではないか、と意地悪なことも思う。

貴乃花周辺が騒がしくなるとメディアに頻出する藤田紀子を見ると、「ちょっと息子が」などと言いつつ知人との約束を断る光景が浮かび、「もう関係ないっしょ」と腹の中で思っている知人のことまで思い浮かべる。推測です。

デヴィ夫人が主催するパーティーが都内ホテルで開かれ、ステージに上がった松居一代が体調不良となり、心配した神田うのや杉本彩らが介抱する、との映像を観た。心配だ。

その後、松居は「緊急のご説明です」と題したブログをアップ、「なんか…体調不良とニュースになっていますが大丈夫です…元気ハツラツですからの」と記し、少し前にニューヨークで撮った「自由の女神」のコスプレ写真を載せ、最近ダイエットに励んでいて、空腹時にシャンパンを飲んだらこんなことになった、と弁明した。

朝4時まで続いた2次会では散々はしゃいだそう。あんまり使う場面に恵まれないフレーズのひとつに「心配したこっちが損したよ！」がある。

毎年更新される神田うの情報

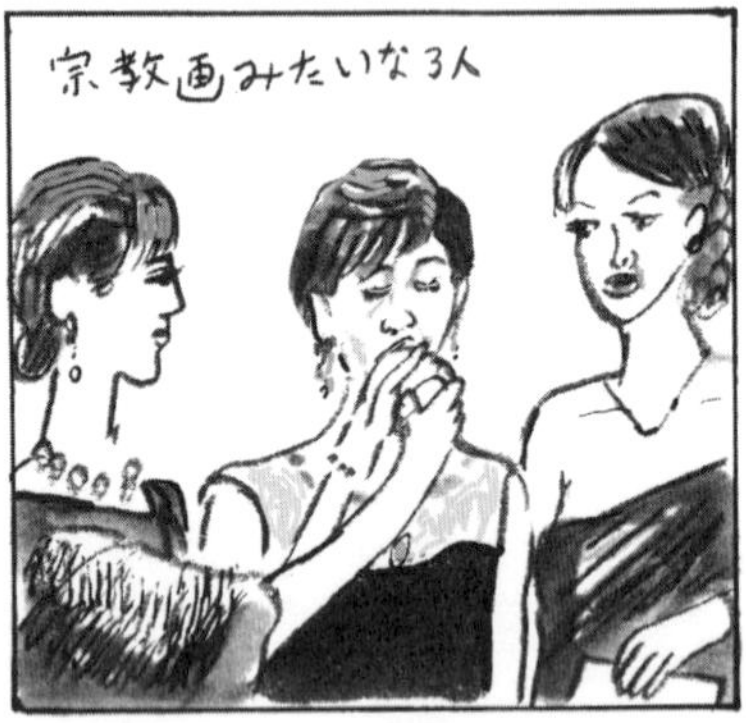

だって、やっぱり、心配したら心配したなりに、相手が大丈夫と言ったとしても、それなりの心配が残るから。でも、今回は言いたい。心配したこっちが損したよ。

タイム・イズ・マネーと最初に言ったのが誰だか知らないが、確かにタイムはマネーに直結するので、松居一代の現状について知るタイムというのは、多くの人にとって不要である。彼女の言動を注視しすぎるあまり周辺の構成要素を素通りしてしまいそうだが、「デヴィ夫人のパーティーで松居一代を介抱する神田うの」という構図はトレンド感に欠ける。

かつて私は神田うのについて「僕たちは神田うのを更新しながら生きてきた」と題した原稿を記し、その原稿を「私たちは、ちょっとしたパソコンソフトよりも頻繁に、神田うのを最新版にアップデートしているのである。神田うのにこまめに接しすぎる状態がまだまだ続いていく」と結んだ。その原稿を記してからだいぶ経つが、「松居一代を介抱する神田うの」のように、私たちは望まずして神田うのに接し、確認作業を繰り返している。歳を重ねると2〜3年会ってない友人なんていくらでも存在するようになるが、私たちは友人よりも頻繁に神田うのに接している。

神田うのは、思いもよらぬところで顔を出す。複数の女性との不倫を週刊誌にスクープされた乙武洋匡が騒動の最中に自身の誕生パーティーを開くと、そこに神田うのも出席していた。この事案では、なぜか乙武の妻が謝罪文を発表したことが波紋を呼んだが、パーティーでの妻のスピーチについて「私が泣いちゃいました」と明かしたのが、神田うのだった。数ヶ月後に夫婦は別居を始めるのだが（最終的に離婚。妻から訴訟を起こされる）、乙武から、今回のことで自分が毎日家にいることになり、妻が「窮屈を感じてしまった」と説明を受けたのが神田うのだった。

当時、森友学園の国有地売却の諸問題への関与が浮上していたのが安倍昭恵夫人。しばらく雲隠れしていたが、友人のInstagramに「いつもキュートで素敵な昭恵夫人」とのコメントと共に掲載された。この日は、佐川宣寿国税庁長官（当時）が辞意を表明するなど、政権全体が緊張感に包まれた日。だが、昭恵夫人はそんなことを気にする様子もなし。で、誰のInstagramだったか。神田うのだ。

好きなアイドルの情報を逐一漏らさないようにする感じで、神田うのを積極的に追いかけている人は少ない。言い方がキツくなるが、どこで何をしていようが気にならない。でもそんな彼女は、年に一度くらいは必ず私たちの視界に飛び込んでくる。タイム・イズ・マネーなのに、私たちは貴重な時間のいくらかを神田うのに費やしている。いつまで続くのか。今年も更新されてしまった。

的を外す松本人志の見解

ジャーナリストの安田純平が解放された。長年拘束されていた人がようやく解放されたというのに、安堵や喜びの声を投げかけるよりも先に、「自己責任」を問う声が噴出した。「国に迷惑をかけたんだから謝れ」と、国ではなく国民が叫ぶ、というのは、一体どういう奴隷根性なのか。「国に迷惑をかけたら謝らなければいけない国」を、国民が自ら望んでいるのか。いや、だって私は迷惑をかけてないもん、でも、彼は迷惑をかけたから謝るべき……こんなの、単なる越権行為である。

国が、国民の安全を守るのは当然のこと。たとえ安田が、ただただ拘束されただけだったにしても（それにしてもなぜ、解放された時点でそれを確定できるのだろう）、外務省がシリアを「退避勧告」に指定していたとしても、危険な状態に置かれた日本人がいるなら、状況を打開しなければならない。

ジャーナリストが危険な地域で取材をするのは、その地域にいる人々の声を届けるため。橋下徹は「安田氏がその取材活動によって世間に伝えているものは、ＢＢＣやＣＮＮやロイターなどの報道機関が現在伝えているものと何か違いがあるのか？　僕が見聞きした安田氏の話は、単に自分自身が現地に行ったというところにしか価値がない。それなら世界の報道機関が報じているもので十分だ」と述べている。なんだろうこれは。あなたの目に入る情報の種類を増やすために行ったのではなく、なかなか声が届かず、中で苦しんでいる人々の声を、一人でも多くの人に届けるために向かったのだ。BBCでいいよ、なんて聞くと、ああ本当に、こういう人は、なんとか声をあげようとしている人の声を聞き取ろうとしない人なのだな、と思う。

このところ、大きな時事問題が生じるたびに、『ワイドナショー』でのダウンタウン・松本人志の見解が注目され、「そっちじゃないだろ」という意見を投げてくる。今件について、安田が会見を開く前の放送回では「個人的にたまたま道で会ったら、ちょっと文句は言いたいと思いますね」と軽くほぐし、「安田さんは絶対違うと思いますよ」と転がしながら、「今後、わざと人質になって身代金を（テロ組織と）折半しようというやつが出てこないとも限らない」とした。的が外れている。わざと的を外しているのだろうか。「ジャーナリズムってなんなんだろうか。皆さん、ジャーナリズムをうまいこと利用してるところがあるなって」「結構ジャーナリズムでなんでもいけちゃうなぁ、みたいな」と続けた。ジャーナリズムの存在意義とは、紛争地が「わざと人質になって身代金を折半しようというやつが出てくる」場所ではないと伝えるところにある。

松本がMCを務める『クレイジージャーニー』は、その番組名の通り、クレイジーな旅人たちが登場し、その型破りっぷりに驚きつつ、私たちが普段知ることのできない場の映像を見ることができる人気番組だ。治安の悪い場所に潜入する人、過酷な登山や滑降を繰り返す人、共通するのは命の危険を顧みずに、その目的の場所へ突っ込んで行く姿勢。

このクレイジーなジャーニーの行為の一部が「ジャーナリズム」である。そこには私たちが簡単には知ることのできない光景があり、そこに自分たちの境遇を知ってほしいと願う人たちがいる。松本がスタジオで毎週のように見てきたのがジャーナリズムだ。安田は長い拘束期間、「ジャーナリズムとはなんなんだろうか」と煩悶したはず。そこで蓄えられた言葉を繰り返し受け止めるべきで、責めるだけではいけない。

馴染む宮崎美子

テレビをつけたら宮崎美子が出ていた。消して、しばらくして、つけたら、また宮崎美子が出ていた。その双方で笑顔を振りまき、その場を荒立てず、芸能人が入り乱れる場の平穏を作り上げていた。

私たちは長年、相当量の宮崎美子を見てきたはずである。そして、その多くの場面を、何も感じずに見過ごしてきたはずである。宮崎が、クイズ番組でそれなりの結果を残す時、うっかりミスをする時、池上彰の番組で流れを読み取りながら最善の質問を投げかける時……私たちが見かける宮崎美子はいつもその場に適応している。

どんな種類の芸能人でもある程度は目立たなければいけない。番組側も目立ってくれ、と場を提供する。だが、目立ちたい者同士を拮抗させると、番組全体が暑苦しくなるリスクを抱える。多くの芸能人が出る場所に宮崎美子を投入すると、安泰が保たれる。皆が目立とうとするなか、宮崎は目立とうとしない。この姿勢が、番組のテンションを整える。

突然のなぞなぞタイム。「以下の映画・ドラマでお母さん役をやったのは、宮崎美子だったか、市毛良枝だったか、区分けせよ」。候補は『正義のセ』『八重の桜』『のだめカンタービレ』『植物図鑑』『ピンクとグレー』『悪人』。

主人公や主要人物の母親役としてブッキングされることが異様に多いのが宮崎美子と市毛良枝。この作品はいずれかが出てくるのではないかと身構えて、本当にどっちかが出てくると、静かに興奮。その両者が、作品内で重要な役回りをすることは少ない。だが、意味のありすぎる登場人物ばかりでは作品は成立しない。普通のお母さん、という、ざっくりとしたイメージを背負う母親が必要になる。そこに投入されるのが宮崎か市毛だ。

どちらかのスケジュールが立てこみ、どちらかが断った仕事を、もう一人が引き受けて演じたケースも少なくないのではないか。赤木春恵が亡くなると、「芸能界のママ」が逝った、などの記事を見かけたが、大女優が見せるママとしての存在感ではなく、物語にすっかり溶け込んでいくママが彼女らである。昨今は、主役ではない俳優陣が「バイプレイヤー」などと表に引っ張り出されがちだが、自分が見かける宮崎美子は、常に、むやみに目立たないを一義に振る舞っているように見える。

さて、先ほどのなぞなぞの答え。全作品、宮崎美子である。もしも、宮崎美子を多めに選び、何作品かを市毛良枝だ、と結論づけた人がいたとすれば、それこそが宮崎美子であり市毛良枝の真骨頂ではないか。目立たずに馴染むというのは、そう簡単に獲得できる芸ではない。

本格的に演技をした経験を持たないが、心の中にある感情を思いっきり吐き出すよりも、いかに抑えるかのほうが難しいに決まっている。主役が感情を抑える様は頻繁に見かけるけれど、脇役が感情を抑えれば、それは作中で、ただただ目立たない存在になりやすい。でも、そういう場面の積み重ねが良き作品を生み出すはず。つまり、母親役の宮崎美子の感情の抑え方が、その作品を握っている。喜怒哀楽のさじ加減が見事だ。心配するにしても、怒るにしても、喜ぶにしても、その勢いが強すぎない。

池上彰に質問を投げる時も、我欲は抑え気味。クイズに答える時もドヤ顔ではない。目立とうとする人たちばかりが集まる芸能界において、「さほど目立とうとしない人」というブランディングを確立している。目立とうとしないスタイルで、目立たない存在感を獲得している。

ワイドショーのコメンテーターのオファーは即座に断るようにしている。実際には、一応考えた風にするために、依頼が来た翌日くらいにメールを返す。とにかく会って話がしたいと言われ、断りきれずに会ったことがある。そのプロデューサーは、自分のテレビ屋としてのキャリアはあと少ししかない、ここで、しっかりとジャーナリズムに向き合うような番組を作りたい、と言い、そのために力を貸して欲しいと熱弁された。

とても誠実な語り口だったのだが、その番組の司会者が「炎上」を楽しんでいるとしか思えない落語家で、賛否両論の「否」に対して、さらに持論を注ぎ込んでいくような人だったので、結局、司会者の言動がフォーカスされるだけになるのではないでしょうか、と伝えると、そうはならないようにしたい、とのことだった。丁重にお断りした後、しばらくして始まった番組は、落語家の言動が頻繁にフォーカスされていた。賛否両論あるけど自分は言うよ、というスタンスを崩さなかった。彼の持論を崩さないために脇を固める仕事をしなくてよかった。

以降の原稿に、女性の社会進出が進まない現状について、「主体的にジェンダーギ

2019

ャップを埋めようとする女性が少ない。例えば結婚について『専業主婦の方がいいわ』と自分で考える方が多いと思うんです。それは国民性なんですよ。それを、無理やり引き上げなくてもいいんじゃないか」という、ワイドショー番組でのコメンテーターの発言が出てくる。

短い話のなかに大雑把な断定がいくつもある。ジェンダーギャップを埋めようとする女性が少ないって、なんでギャップを女性が埋めなければいけないのか。専業主婦の方がいいと考えている女性が多いというのは、どんなデータに基づいているものなのか。データがあったとして、その方がいいわ、と思わせてしまっている原因がどこにあるのかとは考えないのだろうか。しかも、国民性らしい。国民性と聞くと、無宗教なのにクリスマスを祝うとか、お財布を落としても戻ってくる確率が高いとか、そうやって定着している状態が思い浮かぶが、どう考えてもまだまだ問題が残っているのに、なぜか勝手に定着させてしまうのである。

ほら、この問題って、こういうことでしょう、だからもう、こうするしかないんですよ。これがシンプルに言えなければ務まらないポジションなのだろう。いつまでもそのポジションが務まらない人間でありたいなと思う。

井上公造の立ち位置

寝ていようが起きていようが、無心で遠くの空を眺めていようが、賞味期限切れ寸前のあれこれを大急ぎで鍋に突っ込んでいようが、私たちが生きている時間の全てに意味はある、無駄な時間なんてない。でも、井上公造がワイドショーで、「俳優Aと女優Mの結婚が近い！」とお得意のイニシャルトークを展開し、その場にいる司会者やコメンテーターが、そんなに興味がないのを隠しながら「えー、誰かな、教えてくださいよ～」と続け、「いや、これ以上は言えませんね！」と得意げになっている井上を眺める時間については、もしかしたら無駄な時間なのかもしれない。

ゴシップは好きだ。私も皆さんも好きだと思う。あの人とこの人が付き合っているのではないか、と言われれば、興味のない素振りを見せつつ、しっかりと目に焼き付け、耳に入れ、情報として定着させる。数日もすれば、あたかも自分が取材したかのように、知人に向けて「知ってるか。あいつら付き合ってるらしいぜ」と語り始める。当の芸能人にしてみればとにかく迷惑な行為だろうが、その習性を取っ払うためには、人生をもう一度イチからやり直さなければならないほどの規模での見直しが必要となる。

芸能ジャーナリストやレポーターと呼ばれる人たちの多くは、世間のゴシップと距離を取り、自分は入念な取材に基づいていると主張しながら差異化を図ろうとする。芸能事務所の情報管理が厳しくなった今、結局、事務所サイドに近づき、情報を小出しにする媒介者に甘んじてしまう。

SMAPが解散するとの報道が出た後、井上は「聞いていた話とは、かなり違う」「ボクの取材では事態はいい方向に向かっています」と述べていたが、解散が決まると「結果として、ファンの方々を裏切ることになってしまい、本当に申し訳ありませんでした」と謝罪した。「ファンの方々を裏切る」という、あたかも事務所側のプレスリリースのような姿勢をみせた。そう考えると、彼がいつもイニシャルトークにとどめているのは、私たちにギリギリの情報を伝えたいから、ではなく、事務所側に迷惑がかからないようにしているからだとわかる。かつて、物書きの先輩から、「先輩から『たとえ奢られたとしても、奢ってくれた人の横っ面をひっぱたくくらいじゃないと』と言われてきた」との話を聞いた。大げさな話だが、確かにそれくらいの気持ちが必要だと思う。

ASKAが逮捕された後、彼と親しくしてきた井上が、あろうことか、テレビ番組で、ASKAの未発表曲を無断で公開した。著作権および著作者人格権（公衆送信権および公表権）の侵害にあたるとして、ASKAが読売テレビと井上に損害賠償を求め裁判を起こしたが、東京地裁から賠償命令（計117万4000円）が下された。

アーティストの創作物を本人に無断で公開するなど、絶対にあってはならないこと。今、この世の中には、一度落ちぶれた人を徹底的に叩いてよし、とする風土がある。井上がASKAの音源を公開してしまったのも、その風土を利用したのだろう。芸能人と視聴者の間に入って情報を伝える人が、すっかり芸能人側に体を寄せ、時たま、こっちをチラチラ見る状態が続く。だからこそ、イニシャルなのだ。だからこそ、「ファンの方々を裏切る」なんて言うのだ。そこから流れてくる情報は、概ね無駄なものが多い。ある対象とその受容者の間に入って、これってこうではないかと意見を表明する行為、広くとらえれば「批評」として、井上の仕事も自分の仕事も同じ箱に入れられる可能性があるので、これは困る。

花田優一と落合福嗣

落合博満の息子・福嗣といえば、テレビ番組の収録中にテーブルの上で放尿してしまった事件が有名だが、彼が記した名著『フクシ伝説　うちのとーちゃんは三冠王だぞ！』に記されていた、陰惨な事件の記憶が消えない。

　彼が14歳の頃、野球の練習を終えると、多摩川のグラウンドの隅でふたりの先輩から「オマエのとーちゃんの解説は生意気だ」と金属バットで殴られ、ヒザを割られてしまう。立ち上がることができないほどの痛みだったが、親にはその事実を伝えられなかった。彼は、迎えに来たお父さんに「プレー中のアクシデントでヒザをやっちゃってさ」とウソを告げたという。あまりにも酷い。

　有名な誰かの子どもは、その多くがしんどそうに見える。褒められる時には、この褒める声の中に親への媚びがどれくらい含まれているのかをチェックし、引き算に励まなければいけないし、まさに多摩川での悲劇のように、親への不満がそのまま子どもにぶつけられてしまう。

　自分に向けられるどのような感情であっても、そのうち、どれくらいが自分自身に向けられたものなのかを考え続ける。考えた結果、自分じゃなく、やっぱり親なのか、だからなのかと、細かな裏切りや壮大な裏切りが繰り返される。

　さて、花田優一である。彼がテレビに出始めた頃、彼はとにかく、自分は自分でやっているんで、と繰り返していたし、「この人は、自分でやっている人なんですよ」という前提で紹介されていた。修業を積み、靴職人としてこだわりの靴を作っている、それがとにかく評判を呼び、今では予約が殺到するほどの人気。これが初期情報だった。「貴乃花の息子」ではなく、「これこれこうやってこんな感じで頑張っている貴乃花の息子」と、いくつもの情報を付着した上での登場だった。でも、そうしなければ、歴代の周辺たち（花田虎上、藤田紀子、花田美恵子）のように、ひとまず怪訝な目で見られてしまう。そんな中、花田優一の登場は、結構な防御が整っていた。周囲は、この人、防御できてるよ、と受け止めた。

我々なんか気にせずに仕事に没頭するのかと思わせた。でも、そうではなかったのだ。「それじゃ、仕事頑張ってください。こっちは立ち去りますね」と後ろ姿を見せると、「えっ、帰っちゃうんですか」と言い始めた感じ。帰ってほしそうだったのに。「芸能界とは距離を取りながら黙々と仕事をする」という当初のPRから、「今後はタレントとしても成功したい？」という質問に「出来ればありがたい」と答える（『直撃LIVEグッディ！』2018年12月21日）までの工程が長ったらしかった。

不倫しようが離婚しようが本人の自由だからどうでもいいのだが、時間をかけた末にいつもの周辺たちと変わらなかった、との徒労感があった。このガッカリ感、勝手だとは思う。圧倒的な他人《ひと》様《さま》に対してガッカリするこちらも偉そうなのだが、「自分は親の名誉云々では動かない」と匂わせて登場した後で、やっぱりその題材を使えるだけ使ってよりよく活用する方向に切り替えた現在に引っかかってしまう。

落合福嗣は、今や声優として堂々たるキャリアを築いている。人から言われる前に「うちのとーちゃんは三冠王だぞ！」と言い切った力強さ。かと言ってこればかりを基準にしてはいけないのだが、彼の自立っぷりを前に、これからしばらく、彼の生き方が二世の基準としてそびえたつのではないか。あの落合福嗣の生き方が基準、って大変な状態だ。

純烈と美談

歌謡コーラスグループ「純烈」のメンバー・友井雄亮による、交際女性へのDVが報じられ、友井がグループから脱退、芸能界から引退した。殴る蹴るの暴行だけではなく、被害女性によれば、暴行を受け、流産したという。その女性に向けて「逆によかったやん」などと発したのを本人が認めたというから、許しがたい。

　スーパー銭湯を活動拠点としながら全国のオバさまたちから愛されてきた彼ら。写真撮影に積極的に応じてきたからこそ、こういう事態に至ると、おびただしい数の「イイ感じの記念写真」がワイドショーを賑わす結果となったのは皮肉である。

　ワイドショーが、残された4人による記者会見を見る熱狂的なファンの様子を捉えていた。部屋のあちこちに貼られた純烈のポスターより、コンパクトに収納する技術を感じさせるタンスや、それなりに年季の入ったこたつ布団が目に入る。この生活感をそのまま保ちながら、距離の近いアイドルとして人気を博してきたのが彼らだったのだから、友井の裏切りは、より直接的にファンに刺さってしまう。こたつに体を突っ込み、記者会見を見届ける姿が切ない。

　友井を切る宣言をしたメンバーの一人が、涙ながらに「足の悪いおばあちゃんがいたんですけど、自分たちの単独ライブがあった時に、その方が、足を悪いのをおしてライブに来てくれた時に、あいつが真っ先におばあちゃんのところに行って、『ありがとう』って言った時の笑顔が忘れられないです」と述べた。憔悴したその様子を見ながら

心を揺さぶられる。

でも、残酷かもしれないけれど、「そんなのどうでもいい」と返さなければいけない。情に厚い男だった。そんなのどうでもいい。被害に遭った女性の存在を頭に置かなければ、感動秘話が「女性も悪かったのでは」との非道な意見を培養しかねない。『DAYS JAPAN』の編集長だったフォトジャーナリスト・広河隆一による度重なるセクハラ行為の発覚後、自分は「雑誌も読んできたし、学生の頃にインタビューしたこともある。なのでショック。だけどこちらのショックなどどうでもよく、立場を利用する下劣な行為が、ただただ許せない」とツイートした。

この考えは変わらない。こちらのショックなんてどうでもいいのだ。広河を慕ってきたジャーナリスト・土井敏邦が、自身のサイトに「広河氏がこれまで成し遂げたジャーナリストとしての、また社会活動家としての仕事、実績は否定されるべきではなく、きちんと評価され記録され、記憶されるべき」とし、「『紙の一部が黒いから、紙全体が黒』とする空気はどうしても納得できないのだ」と記した。

これじゃダメなのだ。大きな実績のある男性が女性に対して危害を加えた時（むろん、その反対もあるけれど）、すぐさま、当該の男性の周辺からこの手の擁護が出てくる。あるいは、擁護ではなかったとしても、「足の悪いおばあちゃん」といった、イイ感じのエピソードを使おうとする。でも、そんなのどうでもいい、としなければいけない。残酷だけれど、どうでもいいのだ。

一度叩かれた人にチャンスを与えない世の中ってどうなのよ、との冷静な（？）意見も聞こえるが、ここはさすがに使い方を間違っている。これで退場なんて残酷かもしれないが、誰よりも残酷な目に遭った人がいることを忘れてはいけない。彼に寄り添う前に寄り添うべき人がいるのだから、彼の未来のことを考えている場合ではないはずなのだ。

実家に帰ると、母親から「この前、美容室で『女性自身』を渡されたんだけど、アンタ、連載してんのね」と告げられた。話はいつの間にか、「ところで私は最近、ヒロミが受け付けられないのだけど、どうしてだと思う?」という話に猛スピードで移行する。母親の弁をざっくりまとめると「誰が彼の復活を待望したのか曖昧なままだと思う」という、結構、根本を揺さぶる問題提起だった。その場では適当に流していたのだが、その問題提起が、ずっと頭の中に居残っている。

あまりテレビに出なくなっていた頃のヒロミがどんな感じだったかを思い出す時には、ヒロミが2009年に出した著書『時遊人』の紹介文が便利だ。そこには、「時遊人ヒロミが連日徹夜で遊びに対する熱い想いを綴った気合いの全編書き下ろし遊び本」とある。そう、この感じ。みなさんと違って、こっちは悠々自適にやらせてもらっていますんで、とのPRが定期的に届いていた。

スノーボードにマラソン、アウトドアを色々攻めてますという情報提供が盛んだった。しかし、無人島を購入してしまう清水国明ほどのスケール感はなく、気づけば、先輩風を自発的に吹かせながらいくつものバラエティ番組に戻ってきていた。得意とするリフォームに懸命に挑む姿がお茶の間に伝わり、先輩風に人情派の一面を調合していく様子が繰り返し届く。

テレビを見ていて、苦手だなと思うことの一つに、「師匠!」「兄さん!」「姉さん!」の使われ方がある。たとえば、アイドルがベテラン芸人や

ヒロミの「兄さん」性

落語家に向けて「ちょっと師匠！」などと突っ込む。舞台袖やカメラの後ろでカバン持ちをしているお弟子さんは「テメエが言うなよ」と思っているはずだ。

逆に若手芸人が「私はバラエティ慣れしてるんで」という風情のベテラン女性俳優に「姉さん！（姐さん、のほうが正しい表記かもしれない）」と突っ込んでいく姿もどこかむず痒い。いずれにせよ、師匠や姉さんって、今、この瞬間に発生して、この瞬間で霧散しちゃうものでいいんだっけ、と戸惑う。体育会系社会は大嫌いだが、急ぎ足で上下関係を消費しているのを見つけると、うわ、なんて雑なのかしら、とは思う。

テレビに出ている人が、実際にどのような芸を持っているかよりも、誰とどのようなコミュニケーションをはかっているかが重視されるようになった。それは、私たちが実社会でやっていることと変わらない。大勢の芸能人が集合している中にヒロミがいると、彼は率先して「兄さん！」であろうとする。みんなの兄さんになろうとする。芸人でもアイドルでもアナウンサーでも、自由に突っ込んでいいよ、だけどこっちも突っ込むぜと、フリー素材の「兄さん！」であろうとする。

復帰すぐは、変わらぬ毒舌をフル活用していたが、どうやらそこには強力なライバルがいるとわかり、徐々に、毒舌と人情味を調合しながら「兄さん！」需要を獲得していく方向へ舵を切った。「連日徹夜で遊びに対する熱い想いを綴っ」ていた頃のような一辺倒ではなく、対話しつつ、場を仕切ろうとする。

テレビにあまり出なくなる前、「慕われている感じ」のヒロミを見かけたが、今もまだ「慕われている感じ」が続く。やりかたは変わったが同じ状態を守る。で、その感じがいつまでもはがれない。本人は不満だろうが、視聴者の中に、この「感じ」をそう簡単にとりませんよ、と警戒し続けている人は多い。自分の母親もそうだ。この、時間をかけて保たれている直感の批評性は高い。

政治家は偉い人ではない

麻生太郎財務大臣が「子供を産まなかった方が問題」と暴言を吐いたが、彼は「全体を聞けば趣旨を理解いただけると思うが、発言の一部だけが報道された。誤解を与えたとすれば撤回する」という、毎度おなじみの言い訳で逃れた。全体を聞いても趣旨が変わらないのも、毎度おなじみである。

　サッカーのルールでは、同じ試合でイエローカードを2枚出されるとレッドカード扱いで退場処分になるが、麻生の場合はイエローカードとレッドカードがそれぞれ10枚ずつくらい累積しているのに、一向に退場しない。それどころか、口を「へ」の字にして「お前さんが理解できてないだけじゃねぇのか？」と審判に詰め寄っている状態だ。

　以前、彼は、顔と所属先が一致しない記者を見かけて、「お前、ＮＨＫ？見かけない顔だな」と詰め寄った。口が悪い。今回の暴言も、「いかにも年寄りが悪いという変な野郎がいっぱいいるけど、それは間違っていますよ」と言った後に、「子供を産まなかった方が問題なんだから」と続けている。いつも思うのだが、大臣は記者の雇用主ではない。上司ではない。先輩でもない。大臣と記者は対等であり、その上で緊張関係を保つべきなのだから、「お前」と呼びかけてくる麻生に、こちらも口を「へ」の字にして「お前こそどうよ？」と詰め寄っても構わない。

　私たち有権者が、選挙を通じて政治家を選んだうえで、その政治家が政策決定を行うのが「代議制民主主義」。つまり、政治家って別に「偉い人」

ではないのだ。「代わりにちゃんとやってもらう人」なのだから、「お前」と言われたら、こちらも「お前」でいい。政治家を偉い人だと思い過ぎではないか。あいつら、偉くないのだ。

麻生発言を受けて、記者会見で「我々の考え方がそうではないのは当然のことだ」「誰にも何も強制することはない社会、多様性を認める社会というのをはっきり言っている」と麻生発言をけん制したのが、片山さつき地方創生大臣である。言いたいことはわかるが、いつの間に苦言を呈する側に回っていらっしゃるのだろう、とは思う。国税口利き疑惑などカネの問題を相次いで指摘されるも、ひたすら秘書のせいにし続けてきた人だ。

事務所の政治資金について、政治資金収支報告書の訂正が4回も行われた。資産報告書を訂正した後に、やっぱり不必要な訂正だったと気づき、再訂正する事態に陥った。たくさんイエローカードが出ているので動揺していたら、自分の足に自分の足をひっかけて捻挫しちゃうような、しっちゃかめっちゃかな現在にある。

それなのに、片山を追及する声は弱い。テレビじゃほとんど見かけない。新聞の追及も微風。「自分は関知していない、秘書がやったことだから」との言い逃れを続けている。万が一、その通りだとしても、秘書の監督責任が問われるのは当然のこと。挙げ句の果てに片山は、相次ぐ『週刊文春』による記事に対し、「『週刊文春』はジャーナリズムではなく『2ちゃんねる』だ」と会見で述べた。

もしも、『週刊文春』がジャーナリズムではなく「2ちゃんねる」(現在は「5ちゃんねる」)程度のものだとするならば、2ちゃんねるの書き込みに対して、いちいち秘書のせいにして、自分には関係ないと強気になっている政治家って、どうしたって信用できない。「私は偉い」との自信が全身からほとばしっている政治家を許し過ぎではないか。「ってか、お前、マジ、調子に乗んなよ」。時には、こんな口の利き方をしちゃっていい。

絶対に慎まなければならない言葉があるのに、その言葉を率先して吐く政治家が相次いでいる。この人たちは、国民から嫌われるためにわざと言っているのだろうか、と疑ってみるのだが、メディアに都合よく切り取られたと騒ぐ支持層に助けられながら、真意ではないと逃げる様子はどこまでも恥ずかしい。

競泳・池江璃花子選手が白血病を公表したのを受け、櫻田義孝五輪担当大臣が「日本が本当に期待している選手なので、がっかりしている」「（五輪の）盛り上がりが若干、下火にならないか心配している」と発言した。全文を読めば真意は違う、メディアの切り取り方が悪いなどと、別の要素で擁護する声も目立ったが、そもそも彼の仕事は、国民に真意を受け止めてもらうことではない。

あらゆる労働者がそうであるように、与えられた仕事をこなしていく姿勢が問われるのだから、闘病のために競技からしばらく離れる決断をした選手の話題の中で、「下火」「がっかり」という言葉を出すこと自体、その仕事を遂行する能力に欠ける。暴言吐いたから辞めろではなく（無論、そうも思うが）、その役職に就くべき人間ではないから辞めろ、である。

「無理チュー」橋本聖子

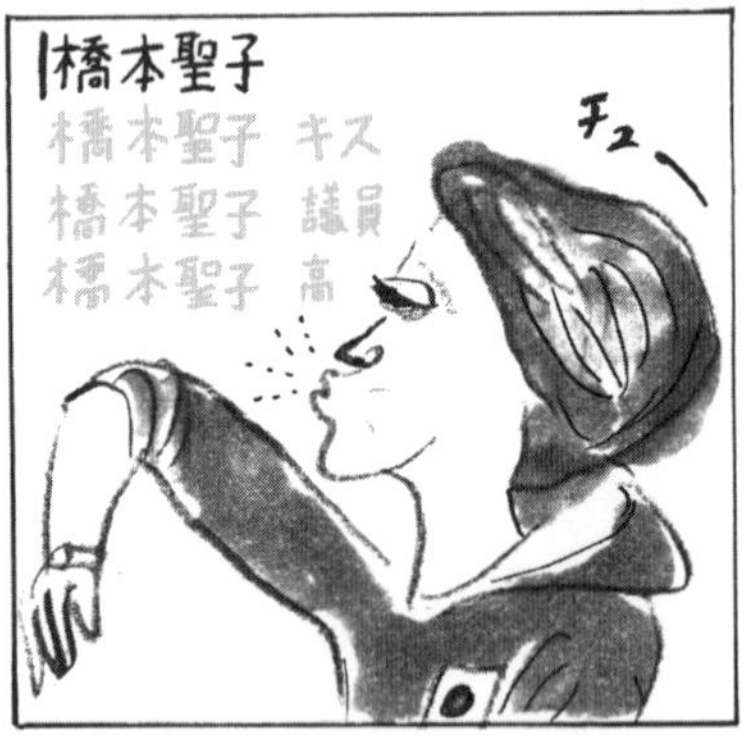

JOC（日本オリンピック委員会）副会長で、自民党参院議員会長でもある橋本聖子が、講演会で「私はオリンピックの神様が池江璃花子の体を使って、オリンピック・パラリンピックというものをもっと大きな視点で考えなさい、と言ってきたのかなというふうに思いました」と述べた。頭の中に浮かんでくる罵詈雑言を薄めに薄めて、な

んとか印字できるレベルに調整し、「この人、ちょっとどうかしている」と言いたくなる。

フォローしようがない愚言だが、櫻田も橋本も、結局、これまでの地位をそのまま守った。このままでは、諸外国から、日本全体を指さされ、「この人たち、ちょっとどうかしている」と言われてしまう。繰り返すが、橋本は、オリンピックの神様が、特定の選手を白血病にさせ、大きな視点で考えようと言ってきた、と述べたのである。ドラマで時折見かけるシーン、「おまえ、もう明日から来なくていいよ」と残酷にクビを切る、あれを橋本に告げるべきではないか。そう思うものの、会長は会長で、東京誘致の際の賄賂の一件を抱えており、それどころではないのであった。

オリンピックの神様がどうのこうのと言っていた橋本聖子だが、2014年、ソチオリンピックの閉会式の後、選手村で行われた打ち上げで、フィギュアスケートの髙橋大輔選手に抱きつき、無理やりキスをした「無理チュー事件」も思い起こされる。その時には、オリンピックの神様がキスをしろ、と言ったんです、とは聞かなかったが、あれもオリンピックの神様の仕業だったのだろうか。いくらトップアスリートであろうとも、圧倒的な権限を持つ橋本に対し、選手個人で抗うことは難しい。騒動発覚後、なぜか髙橋が「パワハラ、セクハラがあったとは一切思わない。大人と大人がちょっとハメを外しすぎたのかなと思います。すみませんでした」と謝らされたのは、男に暴行されたNGT48メンバーが謝らされたのに似ている。

選手そのものがないがしろにされている。かつて、野球界で1リーグ制に移行する議論が持ち上がった時、選手会とオーナー側が揉めた。その際、読売巨人軍オーナー・渡邉恒雄が「たかが選手が」と暴言を吐き、大きな問題となった。同じ状況に見える。端的に言えば偉そう。たかが大臣、たかが副会長が、選手の重い決断を気軽に評定してはいけない。

テレビをすっかり見なくなった友人に「どうして見なくなったの？」と聞く。「だって面白い番組ないじゃん」と返ってくれば、「いや、面白い番組あるよ」といくつか紹介することができるのだが、「だって見る必要のない人ばかり出てくるから」と返されると、続ける言葉を持てない。

確かに、Netflixのような動画配信サービスならば、平尾昌晃の遺産相続を巡る争いを目にしなくて済む。録りためておいたバラエティを見ながら昼ご飯を食べようと、テレビをつけたのに、平尾昌晃の遺産問題を熟知したところで昼ご飯を食べ終わる。この自己嫌悪を味わうのは自分だけでいい。テレビを見ない友人の気持ちがわかる。当人たちは大変な思いをしているはずだが、やはり、皆で共有する話題ではないだろう。

見る必要のない人ばかり出ているのがテレビなのか。そうではなく、そこまで出てこなくてもいいと思うような人がやたらと出てくるのがテレビなのではないか。たとえばGACKT。映画『翔《と》んで埼玉』の大ヒットと前後して、「彼の登場を珍しがる番組」を頻繁に見ている。

GACKTを珍しがる傾向

珍しがる様子を頻繁に見る矛盾。おおまかな要素としては、「こんな番組に出てくださるなんて」と喜ぶ司会者などの謙遜を澄まし顔で受け止め、俗世間とは離れたところで暮らす自分の日常を見せて驚かせながら、徐々に、こんな場でも問題なく楽しく振る舞える自分、番組の狙いに馴染んでいく自分を見せていく。ベールに包まれた私生活

をそれなりに見せびらかす。

話術があるので、素直に引き込まれる。クアラルンプールにある彼の自宅を、私たちは繰り返し見せられている。これまでに記した通り「花田虎上の自宅公開」ばりの頻度。ピーターのホームパーティー、西田ひかるのお誕生日会、それくらい頻繁にＧＡＣＫＴの「ベールに包まれた」を目にしてきた。もはや、ベールに包まれていない。

ＧＡＣＫＴについて、どうやって稼いでいるかわからない、怪しい、といった評価が向かい続けてきた。叶姉妹と並べられてそう語られることも多い。音楽活動のリリースとしては２０１７年にシングル『罪の継承～ＯＲＩＧＩＮＡＬ　ＳＩＮ～』を出したのが最後だが、１年も休めばその動向を気にされてしまう日本の音楽シーンが奇妙なのであり、期間が空いていること自体を問うべきではない。

彼の周りでは仮想通貨を巡るキナ臭い噂も重なったが、ブログを読み返せば、各種週刊誌記事を批判しつつ、「酒のツマミには十分なほどネタが満載だった。大いに笑わせてもらった」と余裕を見せながら、「磐石であるべきは**【揺るがない心】**なんじゃないかと最近はよく思う」と精神論を展開した。いや、そういうことじゃなく、疑いを晴らして欲しかったんだけども、と思う。

テレビで頻繁に見かけるＧＡＣＫＴを、多くの視聴者はもはや「キャラ」として堪能している。つまり、彼の音楽や精神性に共鳴しているわけではなく、とっさに出てくる言動を楽しんでいる。これを反復していくと、どんなスターでも、カリスマ性が薄らいでいく。彼が「揺るがない心」をプレゼンしているつもりでも、ファン以外の受け手は、ものすごいスピードで慣れ、飽きてしまう。

テレビが偉そうではいられない時代に、テレビに「わざわざ出てあげる」というスタンスで登場し続けるのって難しい。ＧＡＣＫＴの「レア感」の管理は、かなり前のテレビに対するやり方なので、希少価値が薄まっていくのではないか。

まだデヴィ夫人を重宝している

もうすぐ昭和が終わるならともかく、もうすぐ平成が終わるというのに、デヴィ・スカルノの新刊『選ばれる女におなりなさい　デヴィ夫人の婚活論』がとても売れているそう。カバーの折り返しの部分には「日本の女性よ、結婚いたしましょう！」と宣言されている。女性の生き方が多様化しているのに、社会全体が引き続き男性優位を守ろうとしている現在、女は男に選ばれるもの、という古めかしい主張を多くの人が改めて読みふけっている。

インドネシアのスカルノ大統領に見初められたデヴィ夫人のエピソードは実にドラマチックで、時折挟まれている写真も本当にお美しく、特別な人生を歩まれてきたことがわかる。でも、それ、もう、散々知らされてきた。聞いてもいないのに、肩を叩かれて、「私、特別ですの」と説明される煩わしさを感じてきたのは私だけなのか。彼女の「特別」を知り、彼女からの「おなりなさい」を素直に享受しているのか。

読むとわかる。おなりなさい、というのは、女性としての主張を貫き通すのではなく、男の都合に甘んじる女におなりなさい、なのである。こちらは男だが、ならねぇよ、と即答したくなる。

自分の成功体験を普遍的なものとして走らせるのにためらいがない人の言説って、信用してはいけない。「この間、暖簾が汚れているラーメン屋に入ったらスゴくうまかったから、暖簾が汚れているラーメン屋に入ってみなよ」。入りません。「温泉といったら、伊香保温泉しか行ったことがないんだ。でも、伊香保温泉が日本一だよね」。

伊香保温泉は素敵だけれども、他にも素敵な温泉はたくさんある。デヴィ夫人の婚活論は、ずっとこういった力技が重なっている。「不思議と男性って〝女の強さ〟を見た瞬間、他の弱い女性のところへ行ってしまうものなの」、だから、バリバリ仕事する姿などを「男性が見たら、『この女は自分なしでも生きていける』と引いてしまうのよ」とのこと。引かないよ。いや、引く人もいるし、引かない人もいる。でもデヴィ夫人は、自分の経験から、男は離れていくと、男を一括りにして、断言する。

「大富豪を射止めるのは普通の女」との主張もあるが、なぜならば「石油系大企業P・Sの社長」「資源系大会社P・Aの社長」「コスメ企業E・Lの社長」などを射止めた女性が、特別な美人じゃなく、「お顔もスタイルも、どう見ても一般的な〝普通の女〟」だったたから。女性を見て、普通か普通ではないかを判別し、あの女は普通ね、と査定する態度が普通ではないので、その人が規定する「普通」が普通ではないことがわかる。一見、女性としてのスケール感を見せつけた、と思わせつつ、単に男の都合を優先したにすぎない。男の浮気には2パターンあり、心が伴っている場合と、そうではない場合に分かれ、心が伴っていないならば、「気付かなかったことにして、見逃して差し上げるのがよろしい」「ただの排泄行為と思えばいい」と言い切る。これじゃ、男、大喜びだ。「排泄」されたほうはいいのだろうか。

近年は、バラエティでお笑い芸人がやるような仕事にも果敢に挑戦している。なかなか新たにできるような仕事ではない、と思う。だが、人生や女性や恋愛を語るとなった途端、必ず同じ引き出し（スカルノ大統領のそばにいた）に戻り、この特別な経験をした私だからこそ、あなたたちに言う、と振りかざす。当たり前のことを言いますが、どんな人のどんな人生だって、特別な経験。あと、女が男を選んだり、男から選ばれることを望まなかったりしてもいいに決まっている。

令和おじさんの腕力

間もなく元号が「令和」に変わるが、その元号に決まった旨を諸外国に通知する方法はFAXで、英語で説明するときには「ビューティフル・ハーモニー（美しい調和）」と表記するそう。売れないフォークシンガーの、契約を切られる直前のシングル曲のような名称だが、次の元号が決まった日から狂騒が続いた。この日に発表します、としつこく言われて、その日にちゃんと大騒ぎできる人たちがこんなにもいたのか、と驚いてしまう。

新橋駅には新聞の号外を欲した人々が殺到、その模様を高所からテレビ局が撮影する光景は、新しい時代が始まるというより、これから平成が始まるような光景だったが、その号外がネットオークションに出品されたそうだから、確実に平成は終わるようだ。

それにしても、安倍首相が元号に込めた意味を語る会見をし、その日の夜、各局のニュースをはしごして生出演する様子には首を傾げた。改元に立ち会う首相って、別に、その人がどうだから改元することになった、なんてものではない。どんな首相であろうが、たまたまその時期に首相だったというだけの話である。

その謙虚さを持つことなく、自分がいるからこそ改元です、と言わんばかりの姿勢。平成という時代について、「政治改革、行政改革、規制改革。抵抗勢力ということばもありました」とし、「一億総活躍社会をつくることができれば、日本の未来は明るいと確信しています」なんて語る。共同通信社が4月1・2日の両日実施した全国緊急電話世論調査によれば、内閣支持率が9・5ポイントも上がったそう。たまたまそのタイミングで首相だった人が、「自分たちが決めた感」を出すためにメディアを活用したら、支持率がこんなにも上がったのだ。

ところで、同じ日に大阪の伊丹空港に緊急着陸したオスプレイについて、日本政府はアメリカ政府に厳しく追及したのだろうか。次の時代もまた、アメリカの命令に従いながら、あたかも対等であるかのように見せる、「ビューティフル・ハーモニー」が続くのか。「令和」を掲げた菅官房長官だが、掲げた位置がなかなか高く、NHKでは手話通訳のワイプとかぶってしまい、一瞬見えなくなる事態に陥った。

だが、聴覚障害者のツイートには、ここにこうしてワイプが出ることが障害者福祉の成果であり、感動したとあり、確かにそうだ、と頷く。とはいえ、カメラマンはワイプが出ることを事前に把握していたわけだから、まさか菅官房長官があれだけ高く掲げるとは思わなかったのだろう。

これまで菅官房長官の腕力について考えてこなかったのだが、スッと上げて、定位置をキープする様子を見ると、それなりの腕力なのかもしれない。高価であることを隠さない腕時計がチラついており、それ、外しておいたほうがよかったのでは、とは思ったが、日頃、記者からの質問をはぐらかしてばかりの官房長官の、静かに嬉しがる表情が、政権へのイメージを引っ張り上げたのだろうか。

でも、勘違いしてはいけない。改元しても、この社会にある諸問題がキレイに無くなるわけではない。たとえば、同じ日に施行された改正入管法はどうか。外国人労働者の人権が守られていない現実は明らかなのに、丁寧に検証せずにスタートさせた。テレビでは、新しい元号にかこつけたアレコレを探して騒ぐ行為がひたすら続く。で、約10ポイント支持率が上がった。政権にとっては、今のメディアって操作しやすいものに違いない。

三船美佳が美容院を経営する男性との結婚を発表したが、本人は「結婚」と繰り返しているのにメディアの報道は「再婚」との表記ばかりで、このあたりのコントロールはなかなか利かない。案の定、前夫の高橋ジョージとの離婚騒動、高橋からのモラルハラスメントの経緯を振り返る報道が多かったが、そういえば、高橋ジョージは少し前に、十三章で完結させていたはずの「ロード」シリーズの続編『ロード～第十四章＝愛別離苦』を新作アルバムで発表、「離婚をきっかけに3年半会うことができずにいる娘と同じ街にいることに思いを馳せて、この曲を1人でホテルで書き上げた」（音楽ナタリー）とのこと。これまでの十三章とは内容がガラリと変わっているが、そのあたりを突っ込む権利は、当然こちらにはない。ただ、腹の底の違和感を確認し続けている。

感情的な高橋ジョージ

三船が高橋と離婚するにあたり、三船が離婚と長女の親権を求めて東京家裁に提訴、三船が高橋からのモラルハラスメントを受けたと訴えたものの、高橋は否定、結果的には協議離婚が成立し、親権を三船が持つとの結論に至った。

三船が結婚を発表すると、高橋がTwitterに、「娘とハーレー乗りたいなぁ 沢山の方に御心配を頂いておりますが、実のところホッとしております。幸せを祈っております。報道にあった優しい方ならば、娘と引き裂くような事はなさらないと思いますし、自由に会いなさいと後押ししてくださると信じております。激励本当にありがとうございます」と記し、娘とハーレーに乗った思い出の写真を添えた。

高橋のツイートを遡って読み進めると「#共同養育」とハッシュタグをつけるなどして、離婚した後でも親子として育てられるようにすべき、との主張が繰り返されている。裁判でどういったやりとりが交わされたかが定かではないので突っ込みようがないが、先のツイートを見ると、娘に会わせるかどうかの判断を三船の結婚相手が握っていると考えている様子。「報道にあった優しい方ならば」「自由に会いなさいと後押ししてくださる」とある。なんで、結婚した夫側の判断なのだろう。娘の親権を持つ三船が判断すべきことではないのか。自分のハラスメント行為について議論が重ねられたというのに、こうして相手側の女性の権利をものすごく簡単に取り扱っている様子を見つけると、この手の無自覚が続いてきたのだろうか、と邪推してしまう。

有名人のTwitterは基本的には真っ先にフォロワーが反応してくれるから、味方がつきやすい。事実、高橋のツイートについても、「ジョージさん、なんて素晴らしい人なんでしょう」「ジョージさんみたいなパパ憧れです！」といったコメントが書き込まれている。

だが、そもそも、娘が生まれて間もない年齢ならばまだしも、娘はもう10代半ばである。自分なりに、かつての親との関係性をどうするべきか模索しているはずである。弁護士など、然るべき人を通して協議を試みるわけでもなく、Twitterという公の場で、「娘とハーレー乗りたいなぁ」と切り出し、かつての妻ではなく、その夫に対して、会わせてくれるよね、と促すやり口に閉口してしまう。そういう感じだからこんなことになったのでは……と思うのを止められない。

彼のツイートを遡ると、自分に向かう反対意見について、更なる反論を書き込んでいる。それぞれの夫婦の事情は、外からはわからない。だからこそ逆に、感情的な持論を自分のファンに垂れ流して同情を呼び寄せるのって、反則だと思う。

『バイキング』を見ていて頻繁に苛立つのは、どんな社会問題でも芸能ネタでも、最終的に笑って茶化して終わらせようと試みるからだ。

真面目な議論が続くと、なぜか壊さなければ気が済まなくなるらしい。坂上忍が、おぎやはぎやブラックマヨネーズなどにふり、しどろもどろの見解を抽出する。結局、スタジオ全体で笑いながら、ウヤムヤにする。みんなで笑うのに不本意な出演者もいるだろう。だが、あの番組は結局、建設的に議論する番組ではなく、坂上忍が持ち込みたい方向に落とし込む番組なので、茶化して笑う方法が重宝される。で、そのきっかけを、自分ではなく、周囲の後輩に作らせるのがなんとも姑息だな、と毎度思う。

毎日、複数名の芸能人コメンテーターが並ぶが、

東国原英夫の精度

坂上忍に一番近い位置に座るのが、東国原英夫や中条きよし、山本譲二といったオジ様たち。彼らの基本的なスタンスは、今の世の中って、何を言ってもいちいち文句を言われちゃうけど、もっと自由に言いたいことを言えた時代が懐かしいよね、である。そうやって「言いたいことも言えない現在」と「言いたいことを言えた昔」を単純比較するのって、今、精いっぱい言いたいことを言うために、もっとも悪しき姿勢である。

東京大学入学式での上野千鶴子の祝辞が話題となった。日本社会に染み渡る性差別の構造を具体的に紹介しつつ、晴れて東大生となった新入生に向けて、「あなたたちのがんばりを、どうぞ自分が勝ち抜くためだけに使わないでください。恵ま

れた環境と恵まれた能力とを、恵まれないひとびとを貶めるためにではなく、そういうひとびとを助けるために使ってください」と述べた。これに対し、祝辞で説教するな、といったお門違いな意見も飛び交ったが、祝辞全体に通底する性差別への言及について首をかしげたのが『バイキング』に出演した東国原英夫だった。

女性の社会進出が進まない理由として「主体的にジェンダーギャップを埋めようとする女性が少ない。例えば結婚について『専業主婦の方がいいわ』と自分で考える方が多いと思うんです。それは国民性なんですよ。それを、無理やり引き上げなくてもいいんじゃないか」とする。女がもっと主体的に動かないからだよ、と言う。女性の社会進出が進まない理由って、それこそ、こういう男がのさばっているのと無関係ではないはずだが、東国原が「家庭内だと圧倒的に女性の方に権力がある。でも数値化できないんですよ。そこも数字に入れたら、日本って女性の方が上になると思いますよ。そういう数字を入れてないところ、先生に忖度していただきたかったなと思いますね」と続けると、スタジオではいつもの笑いが起きていた。

上野の祝辞の賛否を問うこと自体が不思議だが、なぜその祝辞に意味があったのか、わざわざ意味付けするならば、根深い性差別(なんたって、女性だからという理由で入試時に減点される社会なのだ)をいつまでも直視しない、こういう大人にならないために、だと思う。家の中では女性が強いので、それを可視化したら女性の方が上になる、というのならば、家事労働を数値化して、比較しながら丁寧に検証してみたらどうだろう。

実は家だと女が強い、みたいな雑な通説を使って訴えを無効化する。しかも、みんなで笑いながら。意見を言う人と茶化す人がいて、なんか今、前者の方が笑われる傾向にある。鼻で笑うべきは、茶化して逃げる人だと思うのだけれど。自信がないからなのか、いつも群がって、認め合っている。

華原朋美を生きる

これまでもあちこちで繰り返し書いてきたが、なんとかして駆除したいフレーズなので、見かけるたびに繰り返し「もうやめろよ」と言及するようにしているのが、「なお妊娠はしていない模様」というアレである。先日も、元アイドルが結婚を発表すると、やっぱりこのフレーズがあちこちの記事で炸裂していた。

　特定の芸能人が「妊娠していない状態」にあったとして、その状態に対する事情なんて無数に存在する。これから子供を作ろうとするのかもしれないし、そもそも子供を望まない夫婦かもしれないし、作ることができない夫婦かもしれない。そもそも、「妊娠している・していない」って、厳密に言えば当事者でさえもわからないはず。

　それなのに「妊娠していない模様」が繰り返されるのは、「この人はできちゃった婚ではない」という情報が、褒められる要素、安心できる要素として認識されているから。「できちゃった婚」に染み込んでいるネガティブなイメージを払拭しようと、「授かり婚」「おめでた婚」との言い方に変換されたりもしているが、個人的に、あらゆる結婚は、「当事者間で決めたことなんだからどういう状態であろうが外から詮索されたくないよね婚」であるべきだと思っているので、「妊娠している模様」を見かけると、外野から「黙れ」と吠えたくなる。パートナーのいる女性の俳優やアイドルの様子を激写し、ふっくらしているように見える写真を載せ、妊娠している可能性をほのめかすのもやめたほうがいい。

華原朋美が妊娠6ヶ月であることを発表した。44歳という高齢出産、安産を祈るほかない。相手との結婚は現時点では未定とのこと。この点を受けて和田アキ子がラジオで「外資系企業に勤める方で、結婚はしてないけどお子さんは6ヶ月。ふーん。まあ、あの、うれしいですけど……」「なんか、よう分かりませんね」とわざとらしく口ごもっていた。自身の権威性を自覚した上での口ごもり。

このあたりの反応が「妊娠はしていない模様」を褒め言葉として通用させ、「できちゃった婚」や「未婚の母」をネガティブな言葉として膨らませる動力になるのだろう。ちゃんとした結婚、ちゃんとした妊娠、そろそろ適齢期などの言葉で、人の生き方を縛ろうとする。

なんかそういうのどうでもいいでしょ、妊娠したんだおめでとう、と清々しいのが、同じ小室ファミリーだったTRF・DJ KOOだ。彼はインスタに「ともちゃん!!おめでとう!!元気な赤ちゃんを生んで下さい!!」と書き、イベントで彼女の『I BELIEVE』をかけた様子を動画で紹介した。この、超シンプルな祝い方が、大正解に決まっている。

アイドルとしてキャリアをスタートさせ、間もなく大物プロデューサーに見初められて歌手デビュー、大ヒットを記録するも、彼と別れてからは体調が安定しない日々が続き、芸能界からは腫れ物扱いされた。『華原朋美を生きる。』と題した自著には、交際していた男性からDVを受けた事実なども語られている。大人たちに翻弄され、その上で、自分に向けられ続けた誹謗や嘲笑を乗り越え、「華原朋美」を生き抜いてきた。

結婚するとかしないとか、子供を産むとか産まないとか、仕事を続けるとか続けないとか、女性は年を重ねていくなかで、男性と比べて、生き方が細分化しやすい。華原朋美という存在は、その社会にもみくちゃにされながらサバイブしてきた人だ。華原朋美は華原朋美を生き抜いている。

佐藤浩市に噛みついた連中

作家・百田尚樹が俳優・佐藤浩市を「三流役者が、えらそうに!!」と糾弾したと知る。Wikipediaからコピペした内容を自著に盛り込み（そのことは自身も認めている）、その旨を書籍に明記せず、増刷するたびに記載を自由気ままに変えた作家から「三流役者」と呼ばれるのって、むしろ一流の証ではないか。

映画『空母いぶき』で内閣総理大臣・垂水慶一郎役を演じる佐藤浩市が『ビッグコミック』に掲載されたインタビューで、自身の役について「最初は絶対やりたくないと思いました（笑）。いわゆる体制側の立場を演じることに対する抵抗感が、まだ僕らの世代の役者には残ってるんですね」と述べた。また、総理の役柄について、「ストレスに弱くて、すぐにお腹を下してしまうっていう設定にしてもらった」という。

これに対し、安倍首相の熱烈な支持者が、潰瘍性大腸炎を患ってきた首相を揶揄していると佐藤を批判した。百田は佐藤のインタビューを「思想的にかぶれた役者のたわごと」と罵ったが、佐藤は「僕はいつも言うんだけれど、日本は常に『戦後』でなければいけないんです。戦争を起こしたという間違いは取り返しがつかない、だけど戦後であることは絶対に守っていかなきゃいけない」と語っている。思想的にかぶれた役者には言えない、聡明な意見である。

百田と同じく佐藤浩市批判に励んだのが、幻冬舎代表取締役の見城徹。「『出演するのに抵抗感があったから、首相役をストレスに弱く、すぐにお腹を下す設定にしてもらった』と語るのはどうだろう？そんな映画、観たくもない」とツイートしたが、その引用はまったく正確ではない。出演するのに抵抗感があったのではなく、佐藤が言う抵抗感は「体制側の立場を演じることに対する抵抗感」であって、しかも、その抵抗感を解消するために「お腹を下す設定」にしたわけではない。演じるのに抵抗感があったが、監督やプロデューサーと話し合いながら、「この国の形を考える総理」「自分にとっても国にとっても民にとっても、何が正解なのかを彼の中で導き出せるような総理」にしたいと考えたとある。抵抗感があったからお腹を下す設定にしてもらったという理解は、インタビュー原稿を通読したとは思えない理解だ。通読していないのかもしれない。

表現者が、その時々の体制側に対して疑いを持ちながら、表現に落とし込んでいくなんて、ちっとも特別ではない姿勢である。そもそもこのインタビューに、安倍首相と直接的に結びつける具体的な文言は一切ないのだが、為政者に逆らっているかもしれない言葉を見つけて、事細かに精査せず、勢い任せに、おい、これ、なんだよ、逆らってんじゃねーよと突っ込んでしまう。それが、作家と出版社の社長という、言葉を扱う職業の方々であることがなんとも情けない。

佐藤が、日本は常に「戦後」でなければならない、と語った重みが、乱雑なツッコミを受けることによって増したのは皮肉。百田のツイートによれば、「もし今後、私の小説が映画化されることがあれば、佐藤浩市だけはNGを出させてもらう」とのこと。これからは、佐藤浩市が出ている映画を選べば、少なくとも氏の原作ではないことが確約される。これは有益な情報である。

とにかく、ちゃんと文章を読みましょう。A→B→C→D→Eと展開していく話のAとDをくっつけて、非難してはいけない。その読解力こそ、三流である。三流と付き合わなければいけない一流の労苦を思う。

さて、トランプ大統領が離日して1週間が経つ。大量の戦闘機を言い値で買わされ、参議院選挙の後まで隠しといてやるからと、アメリカに有利な貿易交渉を詰め寄られたとされる安倍首相。ゴルフ、相撲、炉端焼きと過剰な接待を繰り返したが、最新鋭ステルス戦闘機「Ｆ35」１０５機を約１兆２千億円で買うというのだから、相手を上機嫌にして、なおかつカツアゲされた絶望的な状況だ。

それなのに、なぜか安倍首相はずっと笑顔。体育館裏で不良に脅されているのにヘラヘラしている、という特異な光景。Ｆ35を10機買うお金で、全ての待機児童を解消するだけの保育所を作ることができるなんて試算も見かけたが、「あと10機減らしてくれないっすか？」なんて言えるはずもない。

メラニア夫人の機嫌

安倍首相は共同会見の場でトランプのことを「ドナルド」と呼び、親密さをアピールした。ロシアのプーチン大統領のことを「ウラジーミル」と呼ぶのも好きだ。「親しげ＝いつもの呼び方と違う呼び方にする」という手法が機能しないのは、どこの会社にもいる、女性社員を馴れ馴れしく下の名前で呼ぶ上司が漏れなく嫌われていることからもわかる。

とにかく「トランプの上機嫌を維持する」が最重要課題だった今回。メディアも過剰接待の様子を時に茶化しながら報じていたが、時折、画面に入り込むメラニア夫人がとにかく不機嫌そうで心配になってしまう。どの瞬間も「早くホテルに帰りたい」「なんならアメリカに帰りたい」と言い出しそうな表情でヒヤヒヤしてしまう。

かつて、純文学作品を手がけるベテラン女性編集者の隣の席で仕事をしていた時、とにかく大切にすべきは「作家の妻」だと聞いた。姑息な手段とは思いつつも、妻を持ち上げることで、その夫にも評判が伝わり、仕事が円滑に進む。夕飯を作り始める前くらいに電話をかけて、妻と雑談をする。

その妻が足を捻挫した、との情報を摑めば一目散に電話をして「御御足《おみあし》、大丈夫でしたか?」と伝える。数日後にも「御御足の具合は?」と繰り返す。そういう細かな気配りが大切、と教えられた。妻に配慮せずに、「あっ、今、ご主人はいらっしゃいます?」だけを繰り返していると、いつ、食卓で「なんなのあの人?」と告げ口されるかわからない。

不機嫌そうなメラニア夫人を見ながら、その編集者を思い出していたのだが、そもそもメラニア夫人はトランプの度重なる浮気疑惑に愛想を尽かしているとも言われており、かつてニューヨーク・タイムズに掲載されたメラニア夫人の近くで働いていたスタッフの弁によれば、「トランプ夫人は夫が近くにいるときよりも、彼から離れて過ごしているときのほうがずっとリラックスしている」そう。

今回、メラニア夫人が、トランプと一緒にいない時に何をしていたかと言えば、迎賓館和風別館で尺八の演奏や生け花のデモンストレーションを鑑賞したり、「森ビルデジタルアートミュージアム」を訪問し、世田谷区の小学生と交流、児童の絵に英語で「幸運を」と書き込むなどしていたという。

その時の写真を探すと、極めて楽しそうにしている。トランプの上機嫌を必死に保つ日本人を見てメラニア夫人は何を思ったのだろう。暴走族漫画でキーポイントとなるのは総長の彼女さんだったりするわけだが、そのうち、積もった不機嫌がどこかで爆発しないのだろうか。

あたかも業界通を気取るようだが、時たま会うテレビ業界人から「最近の松本人志さん、どうしちゃったんでしょうね」とよく言われる。私が彼の問題発言について論じる原稿を何度か書いてきたことを知っている&日頃の仕事の中では言いにくい、という2つの理由がそうさせるのだろうが、そうやってコソコソ言い続けているからこそ「どうしちゃった」が続く、とも言える。

　ダウンタウンの番組を好んで見てきたし、笑いを摑むための暴走に何度も笑ってきたが、それと、社会時事に対する粗雑な言及を一緒にしてはいけない。なぜ、キャリアや才能と区分けして、「あっ、それはダメですよ」と言えないのだろう。「そんなの、言えるわけないじゃないっすか！」から先に議論が深まっていかないから、いわゆる「ギョーカイ人」はつまらない。つまらない、というか、情けない。

　『ワイドナショー』で、松本が、川崎で起きた通り魔殺傷事件の犯人について「人間が生まれてくる中で、どうしても不良品っていうのは何万個に1個、絶対に（生まれる）。これはしょうがないと思う。それを何十万個、何百万個に1つくらいに減らすことはできるのかな、みんなの努力で。こういう人たちはいますから、絶対数。もう、その人達同士でやり合ってほしい」と述べた。絶対に言ってはいけない言葉がいくつも羅列されている。

　このところ、ワイドショーに頻出する立川志らくは、犯人が児童を殺傷した後に自殺したことを

松本人志の目線

受けて「死にたいなら1人で死んでくれよ」と述べた。あえて野暮ったい言い方をするが、こういう芸能人は、とっても強い人たちだ。成功している人たちだ。周りにいる人たちは、自分に従ってくれる人ばかりだ。

そういう環境が特別なものであることに常に意識的でなければ、こういう発言をいくらだって吐いてしまう。『ワイドナショー』は生放送ではなく収録番組。制作陣が松本の発言を制御するどころか、「おっ、これでまた、物議を醸しそうだぜ」と積極的になっていることがうかがえる。

同日の『サンデージャポン』で、同事件について、爆笑問題の太田光が、「何も感動できなくなったときがあった」と、人の命さえも大切に思えなかった自身の過去を回想しつつ、そんな時に美術館でピカソの絵に感動し、自分や他者の命を「捨てたもんじゃないなって思った」ことを明かした。今回の犯人のような人は「すぐ近くにいるよってことを知ってほしい」と続けた。

松本も立川も、今日にも明日にも、自分が設けた残酷なカテゴリーに入り込んでしまう当事者になるかもしれない。体を壊すかもしれないし、精神を病むかもしれないし、周囲から頼れる人が一切消えるかもしれない。

あってはならない事件が起きた。事件を起こした男を許すことなんかできない。でも、その男から何らかの傾向を抽出し、こういう人はダメだ、そういう人は勝手に1人で死んでくれよ、と広げてはいけない。なぜって、そういう人はすぐ近くにいるし、自分もいつそうなるかわからないからだ。

テレビの世界で成功した人が上からの目線になるのは仕方ない。なぜって、上にいるから。でもその見晴らしの良さを「自分は違う!」との主張に使うのではなく、「近くにそういう人がいるかも」と伝えるために使ってほしい。人を、優良と不良に分けてはいけない。当たり前のことを言ってあげる人はそばにいないのだろうか。

もちろん、２０２０年東京オリンピックの観戦チケットに応募するはずもない。五輪開催について懐疑的な見方がまだまだ消えないからだ。消えない、というか、その見方を消してはいけないのではないか、と思っている。

復興五輪とは名ばかり。被災地復興のために、東京でたくさんお金を使って大きなパーティーを開きます。どう考えても復興が遅れる。壊れた家の隣で「隣の○○家の皆さん、頑張って建て直してね！」という垂れ幕を掲げてホームパーティーを開いていたら、確実にご近所トラブルに発展する。その状態を、巨大な規模で行っているのが現在の復興五輪だ。復興を急ぐなら、そちらにお金を投じればいい。

当初、お金のかからない五輪と聞かされていた。

五輪チケット当選芸能人

たとえば、猪瀬直樹東京都副知事（当時）は「世界一カネのかからない五輪なのです」（２０１２年7月28日のツイート）と力強く宣言していた。で、実際はどうか。あちこちで無尽蔵に膨れ上がっていく。それぞれを検証することもなく、「でも、もう、しょうがなくね？」という姿勢を強めている。6月22日の日本経済新聞によれば、五輪のために「東京都は計約１３７５億円を投じ6つの新施設を整備」し、「大会後も『レガシー（遺産）』として活用する計画」だそうなのだが、大会後に採算が合うのは1施設だけ。残り5施設については「年間計約11億円の赤字が発生する見通し」とのこと。赤字をどうするかといえば、「住民らに広く活用されるかどうかがカギになる」とのこと。

なかなかすごい開き直りだ。いつの間にか、私たちが五輪後の赤字を膨らませないためのカギになっている。こういった押し付けがこれからもずっと続くのだろう。つまり、みんなで成功させなきゃいけないんだから、ちょっとみなさんも我慢してくださいい、こんなこともう二度とないんだし、ヨロシク頼むぜ、という姿勢。現段階でも、渋滞するんで首都高は値上げします、大会期間中はネット注文を控えて荷物増やさないようにしてください、できれば家で仕事してくださいい、などという要望が届いている。

明らかにおかしいのに、いざ、五輪チケットの抽選結果が発表されると、大手メディアは「五輪チケット　当たった?」(朝日新聞・6月20日夕刊)などと素直に騒ぎ出した。こういう軽薄な雰囲気作りによって、大変な思いをしている人たちがないがしろにされるのである。

芸能人の誰それがチケットを当てた・当たらなかったという記事に溢れた。東尾理子、指原莉乃、ベッキー、市川海老蔵らが当選し、加藤浩次、水卜麻美アナ、山﨑夕貴アナらが落選したという。一般人と比べて芸能人が当選している率が高く感じられたこともあり、「芸能人枠か?」などと言われているが、当落を明かさない芸能人もたくさんいるはず。

五輪について批判的な見解を述べると必ず「この大会を目指して頑張っている選手がいるのだから」と返される。うん、だからこそ、お金の流れはちゃんと明らかにしたほうがいいし、隠蔽されている案件を明らかにせよと問い詰めたい。できる限りクリアな状況を作るのって、選手のためじゃないのだろうか。当たった・当たらなかったで騒いでいる芸能人を逐一拾い上げている様子を見ると、あっ、今からどんどん批判的な声が薄まっていくのだろうなと予測できる。「あれ、シンガポールのペーパーカンパニーへの賄賂疑惑ってどうなりましたっけ?」などと、繰り返し声に出していきたい。

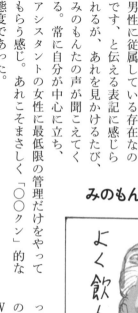

みのもんたが薄まった

一部の中年男性向けの雑誌では、いまだに若い女性を「○○クン」、たとえば「石原さとみクン」や「綾瀬はるかクン」などと表記する。そこはかとなく、女性は男性に従属している存在なのです、と伝える表記に感じられるが、あれを見かけるたび、みのもんたの声が聞こえてくる。常に自分が中心に立ち、アシスタントの女性に最低限の管理だけをやってもらう感じ。あれこそまさしく「○○クン」的な態度であった。

　最近のテレビから、みのもんた的なものが薄まってきた……と書いておきながら、しばらく悩む。「みのもんた的なもの」とは何か。ただただ、みのもんたそのものが薄まっただけではないのか。梅沢富美男は若い女性を「お嬢ちゃん」と呼ぶ。坂上忍は議論が行き詰まってくると、若い女性にふって、ほぐす役割を担わせる。みのもんた的なものは依然として存在しているのではないか。それとも、みのもんたが薄まっただけなのだろうか。

　みのもんたがキャスターを務めていたインターネットテレビ「AbemaTV」の『みのもんたのよるバズ!』が終わった。3年ほど続いた番組が終了し、みのもんたの定期的な出演番組は『秘密のケンミンSHOW』のみになった。あの番組では、私がすべて動かします、と前のめりになることはできないので、「みのもんた的なみのもんた」(何だそれは)を見る機会は、実質、失われた。一時期は『みのもんたの朝ズバッ!』『午後は○○おもいッきりテレビ』という2本の帯番組に出演し、風邪で会社を休んだ平日にテレビをつけっぱなしにしておくと、朝も昼もみのもんたが登場、微熱の頭に、彼の熱量が忍び込み、本格的な高熱に発展した日が一日だけあった。

池上彰は、自分がテレビに引っ張りだこになったのは、みのもんたのおかげだと語っている。池上は著書『わかりやすく〈伝える〉技術』の中で、「どう思いますか」ではなく「どういうことですか」と聞いてきたのがみのもんたであり、「私の持ち味が、自分の意見を言うことではなく、解説することのほうにあると、見てくれていたのですね」と記している。風貌も言動も脂ギッシュなイメージのあるみのもんたが、「どういうことですか」と尋ね、それを素直に受け止める聞き上手だった、という印象は薄い。

池上が別の本で、共演した芸能人の中で聞き上手だったと明かしたのが井ノ原快彦。「相手をのせて、さらにそこから話を発展させてくれます」（池上彰『学び続ける力』）とある。「みのもんたと井ノ原快彦の共通点をあげなさい」というクイズに、「聞き上手かな」と答えられる人はごく少数だと思うが、少なくとも池上の中では、自分の特長を活かしてくれた存在として同系列に置かれている。

歳を重ねてくると、人は誰かに教えたがる生き物になるのだろうか。雑談をしていて、いつの間にかレクチャーっぽくなると、「レクチャーすんなオマエ」と自分で自分を戒めるようにしている。自分は「みのもんた＝教えたがり」と頭に定着させてきた。みのもんたが機能しまくっていた時代と機能しなくなった時代、この差は何なのか。

ここまでの登場人物を使い、数式を組み立ててみるが（例：「みのもんた÷（坂上忍＋梅沢富美男）＝井ノ原快彦＋〇〇〇」など）、一向に答えが出ない。あまり見なくなったみのもんたをしっかり把握していたかとの問いが浮上した現在だが、忙しい日々、彼の本質を見極めるための時間は捻出できない。

吉本興業所属タレントたちと経営陣とのいざこざが続いているが、もちろんどちらかに肩入れできるはずもない。「あの芸人はどう言うだろうか」と外野（メディアや視聴者）が観察し、「そうか、そうきたか、よく言ったぞ！」と褒めたり、「いや、もっと言えるだろう！」と苦言を呈したりしているのを見かけると、一企業の争いごとを国民全体でジャッジしようとするムードが整いそうな勢いを感じ、まったく心地悪い。なんで整えなきゃいけないのか。無論、吉本興業は大阪万博では行政と緊密に連携しようとしているし、その他のプロジェクトでも公金を扱っているので、国民が監視する必要がないわけではないが、起きている物事を寄ってたかって物語化していくのが賢明とは思えない。

大御所芸人の好都合

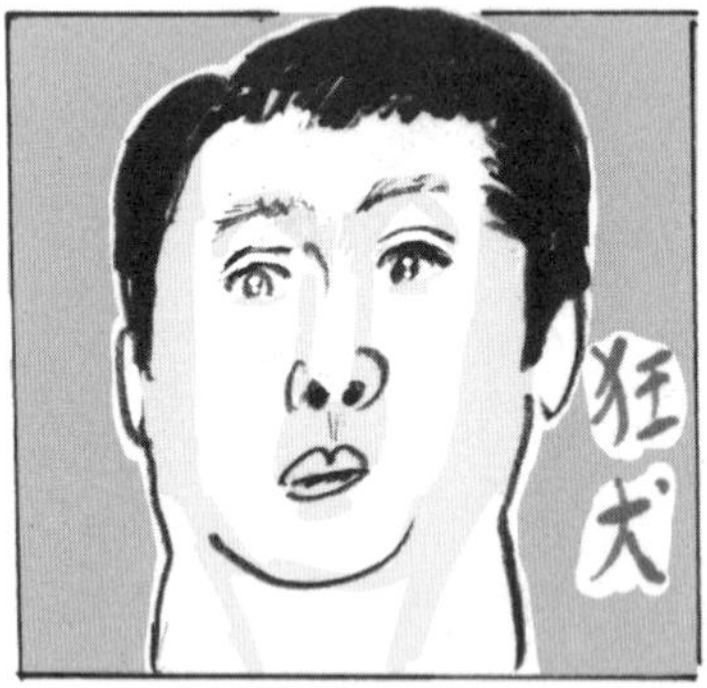

みなさん、絶対に見覚え・聞き覚えがあるはずだが、吉本興業の若手芸人が、あるいは大成した芸人が過去を振り返りながら、「吉本は事務所の取り分が多くて、ヒドい会社なんや！」などと発言する場面が繰り返されてきた。理不尽な会社らしい、という吐露が大量に放置され、でも当然、売れっ子芸人はたくさんのお金をもらっているので、その手の告発が本格的に問われることはなかった。

それぞれ、経緯を知っていると思うので大幅に短縮すると、反社会的勢力から金銭を得ていた宮迫博之と田村亮が経営陣の非道な対応を「こんなのおかしい」と告発する会見を開き、松本人志が仲介し、加藤浩次が「経営陣が代わらないなら辞める」と言い、経営陣は言い訳の中から下手くそな言い訳だけを選び取るような会見を開いた。これは、世の中の企業のあちこちにはびこっている構造である。登場人物が男性ばかりというのも、いかにも日本的。

まるで池井戸潤原作のドラマを見るようなテンションでこの騒動を見つめる人は多い。鈍い経営者と、会社を背負うほどの売れっ子たちの対決を見届けるのは楽しい。夢中になる。でも、注意しなければいけないのは、このドラマのキャストには、権力を持たない人たちが出てこない。つまり、ちっとも売れていない芸人や、あまりに薄給すぎて芸人を続けられなくなった存在は見えない。ずっと放置されてきた「吉本＝ヒドい会社」が自分に降りかかった時、そして、反社会的勢力から金銭をもらったとのトラブル後に経営陣から受けた圧力に対して、いよいよ「おかしい！」と告発するのって、なかなか好都合である。

たとえば、彼らは、テレビの中で行使される、主に女性芸人に向かうハラスメントを鈍感なままやり過ごしてきた。宮迫が不倫すると、記者からの「本当に真っ白（潔白）ですか」との問いに「えー、オフホワイトです」と答え、その後のバラエティなどでは繰り返しネタにし続けた。別に不倫しようがしまいがこちらはどうでもいいのだが、そうやってネタにできるのも、立場のある男性だからこそ。具体名をあげないが、若い女性芸能人の不倫が発覚し、あっという間に仕事を失う光景をいくつも思い出せる。

会社の酷い対応に、いよいよ加藤浩次が吠えた。それに賛同する芸人も多数いる、どうする吉本興業、とワイドショーがこの問題に染まる。物書きの仕事をしていると、今件はどっちの考えに賛同しますか、と問われがち。どっちでもない。どっちもおかしい。反社会的勢力も顔負けの経営陣の強情な振る舞いを知ると大御所芸人の声に賛同したくなるが、彼らが、当事者として問題に巻き込まれるまで、会社の体制を放置しまくってきた事実を忘れたくない。

空疎な肩書き「元政治家」

このところよく、元衆議院議員の金子恵美をテレビで見かける。橋下徹にしろ、東国原英夫にしろ、「かつて政治の世界にいました」という人の「かつて」のさじ加減って、自分で都合よくハンドリングできる。突っ込みやすい話題であれば、自分が政界に戻ればたちまち改革できるかのようなテンションでまくしたてるし、そうではない場合は、自分はもう政治家じゃないし、と距離を置く。

橋下徹がニュース番組で、れいわ新選組の躍進について、「山本（太郎）氏を応援している学者やコメンテーターの路線でいくと世の中からそっぽ向かれますから！」と忠告していた。テレビのコメンテーターという存在を丸ごと軽視してみせるのは現役時代からの得意技だが、その橋下の発言をどこで聞いたかといえば、テレビのコメンテーターとしてであった。自分がバカにし続けてきた仕事を、どのようなお気持ちでこなされているのだろう。

金子恵美といえば、妊娠中に夫・宮崎謙介が不倫していたとして話題になった人物だが、２０１７年の衆議院選挙で敗れてから、テレビに頻出するようになった。「確かにかつて不倫をした夫ですけど、今では夫婦仲良くやっております」という報告をあちこちのバラエティ番組で繰り返した。夫と観覧車デートをして、付き合っている頃に戻ったかのよう、とノロケてみたり、1週間洗わずに同じ服を着続けているズボラな性格だと明らかにしてみたり、「意外性」を持ち出している。

それでいて、選挙の前になれば、政局についても語り始める。構成要素が、「かつて政治家だった」と「それなのにこんなにポップなことができる意外性」の二つの使い回しである。「かつて」と「意外性」の掛け合わせなので、今現在、そこで何を考えているのか、という話にはなりにくい。「美人議員」云々の称号が乗っかったところで、いつまでも軸は見えないのだが、「かつて政治の世界にいました」の諸先輩方が「別に軸なんていらないよ」と言わんばかりの言動を続けていれば、その背中を追いかけたくなるのは当然のことではある。

以前、財務省の福田淳一事務次官（当時）による、テレビ朝日の女性記者に対するセクハラ行為が発覚したが、セクハラ行為自体を矮小化して、そんなことでいちいち騒ぐなと言わんばかりの中枢の振る舞いを野党議員が問題視した。この動きに対し、金子は『正論』（２０１８年７月号）に「セクハラの政治利用が許せない　結局、ただの安倍叩きじゃないですか」とのタイトルの原稿を記し、「麻生大臣が『「セクハラ罪」という罪はない』と発言して批判されましたが、事実を述べただけでどうして叩かれるのか理解に苦しみます」とした。

あの発言は、麻生が身内のセクハラで体制がグラつくのを恐れたがゆえに放たれた、ヤケクソの一擲だった。いくら#ＭｅＴｏｏ運動が広まろうとも、そんなことは自分たちにとってはどうでもいいことなんで、と宣言するかのような問題発言を、金子は問題だとすら思わずに、むしろ野党批判に転ばせた。原稿には、自民党も反省すべきと添えられていたが、原稿のバランスからして、政権サイドの鈍感さをそのまま受け継いでいた。「かつて政治の世界にいました」という人にテレビの世界は甘い。元も子もないことを言うが、かつて政治の世界にいた人って、ただ、かつて政治の世界にいただけである。空疎な肩書きにいくつかの要素をトッピングし続ける状態に、耳を傾けすぎではないか。

お相手は「一般人」

芸能人が結婚したり、交際が発覚したりすると、相手の詮索が始まる。本人が「一般人です」と答えていたのに、実業家や医者だったと発覚すると「いや、一般人じゃないじゃん！」という声があちこちから飛ぶ。

　さて、一般人とは誰のことだろう。当人が特別な存在なのではなく、当人に付随する地位、つまり、一流企業に勤めていたり、親が金持ちでも、一般人ではなくなる。「30代前半になれば年収1500万円を超えるような超一流企業で働き始めた新入社員」って、一般人なのだろうか。そのまま15年間勤めて30代後半でチームリーダーになっていれば、一般人扱いされなくなるのか。一体、どこからが一般人なのだろうか。『女性自身』でも頻繁に交際発覚の記事を見かけるが、

相手が一般人かどうかを誰がどう決めているのだろうか。「今の編集長は一般人にしがち」とかあるんだろうか。

　記者「○○の相手、荒稼ぎしている『○○○』の幹部ですよ。かなりのやり手ですね」

　編集者「やり手かどうかわからないし、創業者じゃなくて、幹部ってだけだからな」

　編集デスク「しかし、一般人、ってわけでもないでしょう。最終的には編集長判断かな」

　編集長「……一般人だな」

　最終的に一般人かどうかを定める誰かがいることは確かなのである。芸能人って、一般人ではない代表格なので、交際相手・結婚相手として一般人ではない人を選ぶと、「やっぱり別世界の人たちだよね」との失望が充満する。どちらも芸能人

ではないものの、「アナウンサーと野球選手」というペアなんて、羨望の眼差しというより、一斉攻撃開始の合図が聞こえてくる。

「一般人って本当に一般人かよ」という疑いをしっかりと乗り越えてくるのは稀有だ。元モーニング娘。の後藤真希が地元の友達と結婚した事例などが知られているが、先ごろ結婚を発表した新川優愛もそのひとつに加わった。

お相手は9歳年上のロケバスの運転手。新川が、忘れ物をしていないのに「忘れ物しちゃったんです」とウソをついてロケバスに戻り、会話の機会を作ったとのエピソードが大きく報じられた。「俺もバスの運転手になる!」といった安っぽいツイートがいくつも飛び交う事態となったが、その後開かれた記者会見をしっかりと確認すると、相手とは、10代の頃に仕事の現場で会い、長らく顔見知り程度の関係だったが、3年ほど前から意識し始めたとある。

自分の感覚では「一般人じゃないじゃん」である。芸能人が同じ業界の人と結婚するパターンはよくある。敏腕ディレクターや、長年苦楽を共にしてきたマネージャーと結ばれた時には、「一般人」との表記にはならず、その存在の詳細が明記される。

映画のエンドロールやミュージシャンのライブDVDのクレジットを見ると、ロケバスやツアーバスなど、移動手段を担う人たちも作品を一緒に作った一員としてクレジットされている。今回、メディアの人間が、ロケバス運転手を「一般人」と捉えていることを知った。そんなに何度も出演経験はないが、ロケ込みのテレビ番組の台本にはちゃんとロケバスの会社もクレジットされていた。一緒に作っているのだから当然のこと。でも、今回、こぞって「一般人」とクレジットされた。

ロケバス業界の人々は、今ごろ、「うちらって、一般人だったのか!」と憤り、様々な現場で微妙な距離が生じているのではないか。ちっとも知らない業界だが、その点を心配している。

矢沢は矢沢に興味がある

新作が発売される時期に、矢沢永吉があちこちのテレビに出ていた。「矢沢、今回、大切なアルバムなんで、頑張ってプロモーションしちゃいます」との思惑が気持ちよくこぼれていた。

今、テレビに「わざわざ出ています」という態度で臨める人って少ない。大御所ミュージシャンは日頃、今、テレビの世界がどんな感じかなんて考えていないはず。数年に一回、要所でテレビの世界に舞い降りてくる。その場でようやく「今のテレビの感じ」を認識するはずだが、それは見ているほうも一緒。久々にテレビに出ている矢沢が安定の存在感を示している、という状態は、同時にテレビの存在感をも示してくれる。「矢沢がテレビに！」という一定の興奮は、矢沢と同時にテレビを肯定しているのだ。

ＮＨＫ『ドキュメント矢沢永吉』では、アルバム制作のために、単身でロサンゼルスでのレコーディングに臨む矢沢を追いかけた。スタジオで旧友たちと再会、早速プレイしてもらい、「これよ、これ、この音のためにこっちきてんのよ」などと興奮する矢沢の奥でミュージシャンたちが破顔している。

理論に基づいた注文をするのではなく、要求するのは「グッとくる音」。「矢沢、本物知ってます」という顔をカメラに向けてくるのだが、「矢沢が本物を知ってるの、こっちはもう、知ってます」と返したくなる。その場で小切手を渡し、これが矢沢のやり方なんで、と車をかっ飛ばす。旧友たちとＬＡをハーレーでひた走り、バーベキューをする。事前に寄ったスーパーでは、高い肉ではなく、それなりの肉を買う。カメラを見て、「これが矢沢」という表情をする。

矢沢永吉のドキュメンタリーやインタビュー映像を見ると、多くの人が笑顔になる。なぜなのだろうと思ってきたが、いくつかの番組を重ねて見て気づいたのは、自分のことを「自分、こんな人間です」とプレゼンし続けているから。私たちはもう、矢沢がどういう存在かを知っている。それなのに、矢沢は「矢沢ってこういう人間なんです」と伝えてくる。矢沢自身が、その都度、矢沢という存在を再確認している。久しぶりに見かけた矢沢に対して、こちらは「いや、昔からそうでしょ、矢沢は」と見つめている。笑顔になる。

矢沢は矢沢を挑発し続けてきた。自伝『アー・ユー・ハッピー？』には幾度となく、自分で自分を挑発する場面が出てくる。「とんでもないぜ、矢沢よ。オマエは狭い日本ごときであぐらかいてる場合じゃない。世界にはすごいヤツらがいっぱいいるぜ」といった具合。で、矢沢は、依然と矢沢に問いかける。矢沢、調子はどうだい。矢沢、本当にそれでいいのか。矢沢、いい感じじゃん。

私たちは日頃、あらゆる言動について、多少なりともホントにこれでいいのかな、と迷っている。人に尋ねて、ヒヤヒヤしながら生きている。矢沢は、その問いかけが全部自分に向かう。「どう思う？」の矛先が全て自分。だからこそ、矢沢の映像って安心して見られる。野心も悩みも自己完結。

日本社会は積極的に意見を交わして議論するのが苦手とされる。空気を読む、忖度する、なんて言葉が定着している。空気読まない、忖度しない、そういう型破り野郎はあらゆるジャンルにいる。矢沢はそれらとは違う。自分で自分に問いかけているので、この人を近くで見ても自分が問われることはない、という安心感がある。「相変わらずだね矢沢は」なんて、ちょっと偉そうに評定し始める。矢沢はそれを咎めない。矢沢は、私たちではなく、矢沢のみに興味があるからだ。

馴染もうとしない真矢ミキ

朝のワイドショー『ビビット』が終了するという。ジャニーズ方面のスキャンダルが発生すると、必ず、冒頭で国分太一が何をどのように述べるかが注目されたが、もちろん、こちらが注視していたのは、隣にいる真矢ミキである。

　この人は、どういった状況であろうとも「心ここにあらず」という成分を残している。興味がなくても、無理やり「心はここにあります」と振る舞ってみせるのがワイドショーの作法だと思ってきたのだが、誰かが結婚しても、誰かが亡くなっても、国際情勢が危うくなっても動揺しない真矢ミキを確認するのが、いつしか習慣化していった。

　関東圏で、同じ時間帯の他チャンネルのワイドショーを仕切っているのは、加藤浩次、小倉智昭、羽鳥慎一と中年男性ばかり。この3人とも、自分の感情を信じ込みすぎているところがあり、自分が苛立っているんだから視聴者の皆さんも苛立ちますよねと、自分を指針として機能させたがる。その行為に文句を言いたいわけではない。そうやって多くの視聴者の共感をかっさらうのって、ワイドショーを仕切る人の基本的態度としてベストなのだろう。

　真矢ミキは、「指針」というか、「私信」が多い。共感ではなく、私、今、こう思っています、という姿勢を崩そうとしない。ワイドショーが、いわゆる「世の中の意見」ってこうだよね、と一般化してくる動きに乗っかれない性分なので、そこから外れたままでいる真矢ミキに目がいく。

　樹木希林が亡くなってから1年が経ち、娘・内田也哉子と対談することとなった真矢ミキ。オシャレな喫茶店に入ってきた真矢ミキが開口一番何を言ったかと言えば、「(貸切ではなく店内で一般客がお茶している様子を見て)皆さんいらっしゃって……」である。わざわざ言わなくてもいいことを、真っ先に言ってみる。そんなことをそこで言わなくてもいいのに、と思うのだが、そういう態度が誰からも注意されないまま残っているのである。

ワイドショーでもニュース番組でも特定の帯番組を見る習慣ができると、その人を週に5回も見ることになる。「芸能人摂取量」として最も多くなるのがワイドショーに出ている芸能人で、「真矢ミキ×週5回」というのは明らかに摂取量オーバー。それなりに長い間、朝の顔として出演しているというのに、いつまでも体が真矢ミキに慣れない。このところ、長嶋一茂、石原良純、高嶋ちさ子といった人達が、用意された道を自由に外れていく話者として重宝されているが、彼らが出る番組を見ていると、あれらは「用意された道を自由に外れていくことが約束されている話者」として定められている気がして、それはそれで、外れ方がお約束に見える。

真矢ミキの外れ方は、ちょっと違う。世の中はこうだから自分はこう出てみる、ではなく、世の中はこう、という基準を探さぬまま、自分が思ったことを話し始める。基本的には常識を知っている人なので大幅にズレることは少ないのだが、共感をベースにせずに自分をベースに動く。それが今のテレビ向きではないという自覚が、ずっと芽生えなかったたって貴重だ。

正直、真矢ミキはワイドショーには馴染まなかった。でも、ずっと馴染まないって、もはや実績である。どんなに面白い芸人も無難になるワイドショーという装置の中で、真矢ミキは無難にならなかった。今朝も「私はどうしてここにいるのだろう」というような表情をしていた。もうすぐ終わるのに。

小泉進次郎の実力が不足している

「今日も、東から太陽が昇りましたね。そして夕方になり、太陽が西に沈んでいく。また、明日がやってくる。そういう毎日を大切にしたい。私は、常日頃からそう考えています。曇りの日には太陽が見えないこともあるでしょう。しかし、曇る日もあれば、晴れる日もあるんです。今、あなたは傘を持っていませんね。でもですよ、傘を持って家を出る日が、明日にはやってくるかもしれない。今はね、そのことを信じることができないかもしれない。でも、信じてほしい。私はそれをお伝えしたいんです。そういう強い思いを持って、ここに参りました」

いくらでもいける。何がいけるかって、小泉進次郎っぽい、「何かを言っているようで何も言っていない答弁」の妄想創作である。もう1つ作ら

せてもらっていいだろうか。彼の声を真似ながら、ご一読いただきたい。

「もう10年も前になりますが、私のもとに、話を聞いてほしいと1人の女性がやってきたのです。私は、どうしたのですか、何か悩んでいることはあるのですか、と聞きました。そうすると、その女性が言うんです。今まで誰にも言えなかったことを言います、と。そこで思ったんです。この話を聞くべきは私であると。少しの迷いもなかったかといえばウソになります。しかし、そこで迷うべきは私ではない。じっくりと話を聞きました。大切な経験になりました」

国連気候行動サミット出席のためにニューヨークに出張した小泉進次郎環境大臣が「気候変動のような大きな問題は楽しく、クールで、セクシー

に取り組むべきだ」と英語で発言、その「セクシー」という言葉の選択に呆れたが、実際に使われることもあります、という〝仲間〟からの擁護も重なった。

小泉は、記者から「環境省では化石燃料脱却に向けて、どのように取り組むつもりですか」と問われると、「減らす」と断言。「どうやって?」と具体的な策を問われると、沈黙した後に、「私は、先週、環境大臣になったばかりで同僚や省内の職員と話し合っている」と答えてみせた。方針は決まっていないのに、減らすことは決まっているらしいのだ。問題をどうやって解決に向かわせるか、を聞きたいのに、解決します、とだけ宣言する。

「今日は、どこのスーパーに行けば卵を安く買えるんだっけ?」と聞いているのに、「私は、卵を安く買います」と返してくる。

「セクシー」も同様である。中身のない断言を繰り返している様を問題視するにあたり、その限られた言葉から議論を始めるのは当然のこと。それなのに、「一部を切り取るマスコミはクズ」なんて批判が出てくる。「セクシー」が一部ではなく骨子になっているから、それを問うているのだ。

福島第一原発事故で発生した除染廃棄物の最終処分場が決まっていない現状を問われた彼は、「私の中で30年後を考えた時に、30年後の自分は何歳かなと発災直後から考えていました。だからこそ私は健康でいられれば、30年後の約束を守れるかどうかという、そこの節目を見届けることが、私はできる可能性のある政治家だと思います」と答えた。30年後の自分が何歳かは、今の年齢に30を足すとわかる。就任から数週間で、いくつもこの手の発言が続く。

彼の言葉を問題視するには、彼の言葉を捕まえるしかない。放置すると、彼はあの言葉遣いのまま、政界を、そして世界を、自由にはばたくことになる。かつて有吉弘行は山崎邦正に「実力不足」というあだ名をつけたが、今、そのあだ名が似合うのは彼である。実力が不足している。

夏。織田裕二。

ラジオ出演の為、毎週TBSに通っているが、地下鉄の出入り口から社屋までの道がアーケードになっており、天井からイチオシ番組のポスターがぶら下がっている。夏の間はその屋根からミストシャワーが出ていた。この夏、そこにぶら下げられていたのが『世界陸上』の織田裕二だった。

詳しい説明は不要だろう。「あの顔」をしている。ニコッと笑った横顔にミストシャワーがあたっている。気持ち良さそうな織田裕二。でも、なんだか、こっちの体感温度が上がった気がする。「ミストシャワー×織田裕二」の逆効果を関係者に伝えたかったが、そのまま夏が終わった。

世界陸上というのは、「オリンピックではない」「陸上しかやらない」という引き算をそれぞれの

頭の中で済ませた上でテレビの前に座るイベントだ。マラソンにしろ、4×100メートルリレーにしろ、日本人選手が上位に食い込む可能性がある種目も多いので、それなりに期待値も高いのだが、「待ちに待った!」というよりも「やってたから見たらハマってしまった!」くらいの距離感になる。

世界陸上のキャスターを、12大会連続22年も担当しているのが織田裕二と中井美穂。織田裕二が興奮する姿を定期的に思春期から見届けてきた。「やってたから見た」程度の視聴者の前に現れる織田裕二は、もれなく「待ちに待った!」表情をしている。彼が「いよいよですね!」と興奮している様子を見て、「そうか、いよいよなのか!」と素直に思えたのは20代半ばくらいまでで、さす

がに何度も繰り返されると「この人はいつも『いよいよ』という表情をしているが、本当にいよいよなのだろうか？」なんて疑問も生じる。

今回の世界陸上は、「やってたから見たらハマってしまった」という需要が、日本で行われているラグビーやバレーボールのW杯に引っ張られており、興味が膨れ上がっている感じが薄い。気温が40度近いドーハで行われている今大会、織田は「番組のスローガンが〝史上最も熱い戦い〟ですから、どうしても〝暑さ〟と〝熱さ〟からは逃れられず、灼熱の地から熱戦の模様をお伝えすることになります」と宣言している。これまで、織田の熱さを複数回確認しながら、「見ておいたほうがいい感じ」を高めてきたのだが、今回は放送時間が少し遅めであること、そして他のスポーツが盛り上がっていることもあり、織田の暑苦しさを受け止めきれない日々が続いている。

彼の熱さを最終的に受け止めてしまう、これが世界陸上観戦の流儀だったのだが、今回は織田の摂取量が足りていない。今日こそ補給しよう、と思っているのだが、他のスポーツに浮気してしまう。でも彼は、いつだって変わることなく「〝暑さ〟と〝熱さ〟からは逃れられず」と相当な覚悟で臨んでいる。

芸能界では、東京オリンピックの各局の放送で、誰がブッキングされるかのせめぎ合いが起きているらしい。メインキャスターは概ね決まっていても、それぞれの現場に誰が行くか、スタジオに誰を呼ぶか、などの判断が下されようとしているはず。

諸問題を放置している東京オリンピック開催にしつこく反対している自分。だとすると、どうせ来年オリンピックあるんだしと世界陸上にイマイチ没頭していかない国民を尻目に、「いや、世界陸上だろ！」と興奮してみるのも1つの選択肢だとは思うのだが、放置する日々が続いている。織田裕二のいつもの情熱に応えられていない。反省している。

徳井義実の金持ちくささ

東京国税局から1億3800万円の無申告と所得隠しを指摘されたチュートリアル・徳井義実。

2016年から3年間の法人所得を一切申告していなかったという。毎年、レシートをかき集め、出版社などから送られてきた支払調書の類いを整理しているフリーランスの私が、それを聞いて真っ先に発した言葉といえば、「ふざけんな！」ではなく、「まぁ大胆！」であった。バレるに決まっている。

ズボンのポケットに入れていた薬物が見つかって逮捕されるのと、全裸でコンビニに入って買い物をしているところを逮捕されるのと、どちらが重罪かといえば前者になるはずだが、「まぁ大胆！」の度合いは後者が強い。徳井の申告漏れには、そういう大胆さがある。この上なくだらしない大胆さなのだが、本人が記者会見で「想像を絶するルーズさ」というインパクトの強いフレーズで語っていたから、自覚症状はあったのだろう。

言葉遊びかもしれないが「想像を絶するルーズな状態を自覚している」というのは、もはやルーズではない。自分は、たとえば27日までに支払うべき水道料金を、25日「まだいいや」→26日「明日でいいや」→27日をそのまま過ごす→28日「ああ昨日までか！次に督促状が来た時に払おう」と、想像を絶しない程度のルーズさを繰り返している。重要なのは、ルーズさをこの程度にとどめておく、という最低限の自己管理である。

若手のお笑い芸人が大きな賞を獲り、一挙に仕事が集中すると、番組を仕切る大物芸人が「給料なんぼになったん?」「ええ部屋に引っ越したん?」などと尋ね、その激変を拾い、「ええなぁ!」と驚くという流れがある。もちろん、テレビの前で「オマエのほうがもらっとるやろ!」とエセ関西弁で突っ込むのを忘れない。

お笑い芸人と仕事をする機会は多くないが、数年前に、たくさんの芸人たちと同じ楽屋になる機会があった。芸人たちはずっとお金の話をしていた。待ち時間が多い仕事&かといって外に出歩けるわけではない仕事&儲かる仕事をした結果、オンラインゲームで課金する芸人が多く、あるゲームのランキング上位に芸人仲間が何人もランクインしている、なんて話を小耳にはさんだ。なんだか寂しい話だな、と思った。

彼らは、「あっちのスーパーのほうが卵や肉は安いんだけど、惣菜関係はこっちのほうが充実しているから、こっちに来る回数が多くなる」というお金との付き合い方がしにくい。こちらの行為を「ケチくさい」とすることもできるけれど、彼らのような、使い道を見つけられないほどの「金持ちくさい」もなかなか貧相。

テレビでよく、「芸能人が選ぶナンバー1グルメ」みたいな企画をやっているが、彼らが行けるお店って、それなりのお店に限られているから、行ける店の分母が小さい。「ナンバー1」には興味があるが、「芸能人が行ける店の中のナンバー1」には興味がない。お金を持っている人は、お金を持っていない人を不自由と思うかもしれない。あまりに持っていないと確かに不自由だが、そこそこ持っていれば、そこには確かな自由があり、その自由は、たくさん持っている人の自由の幅よりも広いのかもしれない。

それって妬みでしょ、と言われればそれまでだが、謝る徳井を眺めていると、彼に対する怒りより、「なんかつまんなそーだな」と思ってしまった気持ちが消えない。すごい金持ちって、すごい面白いのだろうか。誰か教えてほしい。

沢尻エリカ逮捕報道が雑

合成麻薬MDMAを所持していたとして、麻薬取締法違反の容疑で逮捕された沢尻エリカ。薬物を所持していたので逮捕された→これから薬物を断つ長い道のりが始まる→薬物での再犯率は突出して高い→ならば、私たちは外からじっと見守りましょう。シンプルな話だ。それをせず、あれこれ介入して、楽しそうにほじくる行為が続く。いつもながら、とっても乱暴である。

おびただしい報道に溢れたので、条件を絞り、逮捕された翌週11月18日（月）のラテ欄からのみ引用する。こんな文字が並んでいる。①「独自証言『クラブ通いを見た』謎のプライベート追跡」（『スッキリ』日本テレビ系）。②「逮捕直前にクラブで踊り明かす姿」（『羽鳥慎一モーニングショー』テレビ朝日系）。③「前夜自宅出る際には…」（『Nスタ』TBS系）。④「ご機嫌に『フォー！』」（『直撃LIVEグッディ！』フジテレビ系）。

ため息が出る。まずは①。プライベートって基本的に謎である。昨日私は、夜遅くコンビニに入り、菓子パンを手に取り、一度戻し、店を2周して、やっぱり買おうと手に取った。その一部始終を追跡されたら、私のプライベートは謎めいてしまう。さらに「クラブ通いを見た」との証言って、「独自」を謳うほどのものなのだろうか。そして、②。とにかく「クラブ通い＝危ない」というイメージを強化していく。クラブやライブハウスのような、夜な夜な若者が集う場所って危険、とのイメージを植え付けるのはワイドショーの得意技だ。

続いては③。「…」で視聴者を引き付けているのだろうが、前夜自宅を出る際の映像が繰り返されただけだった。自宅って、出るものだ。そして、④。これまたクラブでの出来事。クラブやライブハウスに行くとわかるが、過半数がご機嫌になっている。「フォー」と叫ぶ場所だ。何かを指摘しているようでいて、何も指摘していない。

このところ、薬物についての報道に慎重になるべきとの考えがようやく浸透してきており、重々しいBGMとともに白い粉や注射器を映し出すようなやり方はよろしくない、という考えが定着し始めている。とはいえ、「よし、叩くぞ！」といきり立つのはやめられない。今回は、なにかと「クラブ」が持ち出された。ご機嫌にフォーしているだけで薬物使用を疑ってはいけない。

こんなタイトルの記事を見かける。「沢尻エリカ容疑者とピエール瀧　誕生日が同じだった…とともに大河ドラマにも」（デイリースポーツ）。2人とも誕生日が4月8日なのだという。仰天する。私の誕生日は、前園真聖、堀江貴文、つんく♂と同じなので、もしもこの方たちに何かあったら、自分も疑われるのだろうか。「沢尻容疑者、逮捕前日クラブで酒　同席男を呼び捨て」（日刊スポーツ）。なんだそれ。同席した男って呼び捨てにしてはいけないのだろうか。呼び捨てにするような人だから、こんなことになったのだろうか。よくわからない。

なんでこんなことになったのか、答えを探したがる。そんなの当人でさえ、わからないはずである。再び薬物に手を出さないように自分と戦っている人は、毎日が勝負なのだと聞く。薬物を使った芸能人の誕生日が同じだったとか、同席した男を呼び捨てにしていたとか、そんな報道を目にしたら、気が滅入るだろう。気分が揺らぐだろう。「どうせこいつまたやるんだろ？」と前のめりに報じている。楽しそうだ。でもそれ、人としてヒドくないか、と思う。もしかして立ち直って欲しくないのだろうか。

田中みな実に向かう「すごい」

とにかくあちこちの番組に田中みな実が出ている。そして、番組が終わる頃には「とにかくすごかった」との印象を残して立ち去っていく。美容へのこだわりがすごい。男性を虜にする所作がすごい。写真集がセクシーですごい。ドラマに出ても存在感がすごい。「すごい」の種類が複数用意されており、あらゆる角度から突っ込まれても、いくつかの「すごい」を自分で調合しながらペースを握る。目的達成に向かうまでに無駄な動きがない。

　TBSの若手アナウンサーとしてテレビで見かけた頃には、カメラに向かって目を潤ませながら「みな実はみんなのみな実だよ」とつぶやいて、周囲からの反感を買う流れを繰り返していた。そこで何がしかの手練が生じることはなく、補足的

業務をする立場の人が、その補足的業務から抜け出そうとはしゃぐ様子を見て、その場を仕切る人から止められるという、テレビや芸能界の強固な構図を素直に踏襲していた。「女子アナ」という存在は、慣例から抜け出すことの難しい職業である。なぜって、まず認知されるのが、バラエティなら芸人の、ワイドショーなら司会者の、いずれもその場を仕切る男性の隣にいる存在としてだから。そこから抜け出ようとすると、過剰な野心を指摘される流れが起きる。

　誰と特定するわけでもないが、「おまえ、フリーになるんやって？」「そんなことないです、私、〇〇テレビが好きなので！」「めっちゃ儲かるらしいで！」「本当ですか！」「すっかりその気やないか！」という流れを何度も見せられてきた。ひ

とまずは補足的、でも野心を持って外へ、という流れを、テレビの中も外も把握している。

　小倉優子は、デビュー当初、「こりん星から来た」という設定で大人たちを困惑させていたが、周囲が団結して素直に困惑する阿吽の呼吸が繰り返されるうちに、私たちはそこへ向ける新鮮な感情を用意できなくなった。

　結婚相手の不倫騒動や離婚を経てテレビに舞い戻った小倉は「こりん星」時代を総括しつつ、ユーモアの一環として「こりん星から来てますので」を使うようになった。突っ込んでもらうのを待つのではなく、突っ込みを管理できるようになった。こうなるとコミュニケーションの幅が広がる。何より、あらゆるタイプの芸能人への対応が可能になる。

　今、テレビに頻出している田中みな実は、これまで言われることの多かった「女に嫌われる女」を受け入れながら、自分がずば抜けるためのテクニックを磨き上げている。迎合するのではなく、むしろ、突き放していく。

　なにかと「すごい」という帰結に持っていく確かな力量を認めた同性が、その圧倒的な突き放しに惚れ込んでいく。逆に言えば、その場を取り仕切っている男性に対しては、本格的に苦言を呈することはない。さほど逆らわない。その場における沸点を正確に把握し、決して沸騰しないような文句を言う。彼らがご機嫌を保つ温度で文句を言うセンスに長けている。制約などなく自由にものを言っているように見えて、変わらない構図には盾突かない。

　不定期で放送される『女が女に怒る夜』は、その名の通りのトーク番組だが、田中はこのところ欠かさず出演し、横綱相撲のような安定した試合運びを見せている。無駄な動きをしない。次は、テレビの真ん中で仕切っている男性への直接的な抵抗を見せてほしいな、と勝手に願うのだが、それを見せずに従属するところが、現在の「すごい」を支えている。

新型コロナウイルスの感染拡大によって、「テレビの力」（それは、テレビ局がスローガン的に使う感じのやつではなく、文字通りの使われ方）が問われた。テレビはなんだかんだで頼りにされたし、もちろんしっかり疑われた。県をまたぐ移動はやめましょうと言われたタイミングで県境にロケ車を飛ばし、「あっ、品川ナンバーですね！」と騒いでみせたが、君たちはわざわざ東京からやってきているのでは、とのツッコミを浴びた。

ルールを守らない悪者を探す前に、この異例の事態に政治がちゃんと対応できているか、厳しく監視しなければいけなかったはずだが、その力は弱かった。毎日のように田﨑史郎が登場し、自分は内情を知っていますとのPRに勤しんでいた。「自分と妻と田﨑史郎」と題したコラムを書いたが、テレビに映る田﨑史郎を見ながら朝ごはんを食べ、テレビに映る田﨑史郎を見ながら昼ごはんを食べる。日頃、誰かと会いたくてたまらない人間ではないのだが、この時期の人恋しさは、田﨑史郎ばかり見ていたからなのかもしれない。

安倍首相が「家」や「自宅」ではなく、「おうち」にいてくださいと、星野源の動

2020

画に便乗し、星野が大切に歌を届けてくれている様子の横で、犬を撫でている映像が批判された。でも、あの動画には、リモコンを持ち、チャンネルをザッピングする様子も含まれていた。何を見ていたのだろう。何が退屈で、別のチャンネルに変えたのだろう。

「それは本当に必要なのか？」という問いが浮上してしまった。山田隆夫の座布団運びは本当に必要なのか、との問いかけなら笑えるし、「要らないよ！」に至ったとしても、それは山田隆夫が積み上げてきた存在感があってこそ。個人の労働、存在、所作が「それ必要？」と問われるのってしんどい。一方で、元々その存在が強く肯定されている人、それこそ政治家は、この緊急事態を活かすように自分の都合に合わせて黙ったり逃げたりした。

文書改ざんを強制され、残念ながら自ら命を絶ってしまった赤木俊夫さんは「僕の契約相手は国民です」が口ぐせだったという。当たり前の話ではある。それが「とってもいい話」に聞こえたのは、国民と契約しているわけないじゃんと開き直る人たちが目立ったからなのだろう。なかなか身動きがとりにくくなってしまったこの年、喜怒哀楽をテレビにダイレクトに向ける頻度が高まった。毎日のように取材を受けていた、テレビ局が出向きやすい位置にあるやきとん屋は元気にされているのだろうか。

この記事が載る頃、「桜を見る会」についての報道がどれくらい続いているかとなれば、おそらくすっかりなくなっているのではないか。首相の地元後援会から反社会的勢力まで参加していたとされる会の招待者リストも、前夜祭で使用したホテルの明細書も、何から何まで「もうない」「今さらわからない」「記憶にない」方面の言い逃れを重ね、「いつまでこの問題をやっているのか。他にも考えるべきことがあるだろ！」に移行させる。

たとえ話をする。浮気が疑われる夫に「火曜の夜は何をしていたの？」と尋ね、「ずっと会社にいたね」と返ってきたので、「近くで働いている友達に聞いたら、会社は真っ暗だったそうだけど」とぶつけると、「その指摘は当たらない」などと目を泳がせていたとしたら、その夫は浮気が強く疑われる。

ウソがバレても認めない安倍首相

ただ、それだけでは立証できない。なので、「スマホの履歴を見せて」と言う。「あ、なんかちょうどさっきトイレに落としてしまって」と返ってくる。「それは大変。明日、携帯ショップに駆け込んで見てもらいましょう」と言う。「いや、いいんだ、確かにトイレに落とすなんて、自分の不手際だった。だから、今度買うスマホは慎重に使おうと思っているよ」とブツブツつぶやいている。浮気をしている可能性が極めて高い。

「疑いすぎかもしれないけど、じゃあ、火曜の夜、会社にいた証拠を持ってきてくれないかしら。ほら、タイムカードが廃止になって、ICカードを使って出退勤が自動記録されるようになったって言ってたじゃない」。さすがに目が殺気立っている。

翌日、夫が帰ってくる。「あっ、出退勤記録なんだけど、すぐに消去されちゃうんだって。だから、火曜の夜のことは証明できないや。信じてもらうしかない。ってか、いつまで怒ってんの?」「そんなはずないでしょ。じゃあ、どうやって毎月の残業時間を算出するのよ。明日、経理に電話をするからね」「勘弁してくれよ。確かにこの仕組みには不備があるからさ、こちらから指摘しておくよ」。翌日、部下から電話がかかってくる。「旦那さんはもう十分説明していると思いますよ。私は納得しました」。さて、夫は本当に、会社で夜遅くまで仕事をしていたでしょうか。

こんな感じ。もうウソはバレている。バレているけれど、頷かない限り、ウソを認めたことにはならない、という作戦を強引に続ける。臨時国会が終わった日の安倍首相の会見をテレビで見ていたら、「桜を見る会」について、「招待者の基準が曖昧であり、結果として招待者の数が膨れ上がってしまったという実態があると認識をしています」と述べていた。実態を作り上げた本人が、いやはや、そんな実態があるそうですね、と言っている。「私自身の責任において招待基準の明確化や、招待プロセスの透明化を検討する」とも述べた。自分の責任を認めていないのに、自分の責任でどうにかします、と言っている。

人は、ピントの外れたことを言う人を見ると、「ああ、この人おかしい」と思う。だけど、ピントが外れまくっている人を見ると、一瞬、「その人の言うことも一理あるのではないか」と思ってしまう。これ、不思議だ。詐欺のテクニックにも近い。首相や周辺から、こういう言動ばかりが続く。こっそり隠蔽するのではなく、堂々と隠蔽し、「隠蔽していません」と強気で言い張る。先の浮気の例とまったく同じなのだ。ウソをついているのだ。ウソをついているなら、「ウソをつくな」と言い続けなければいけない。ウソをつくな。

ゴーンの気持ちが知りたい

カルロス・ゴーンの逃亡劇には様々な着眼点がある。まず、あらゆる違法な手段を重ねて逃亡したゴーンは許されない。（彼の会見の前にこの原稿を書いているが）彼はこれから日本の司法制度を批判するのだろうし、彼の行為によって、保釈への考え方が見直されることにもなるだろうし、出入国管理の厳重化にも拍車がかかるはず。カリスマ経営者と呼ばれてきたが、大幅な人員削減という無慈悲な方法で延命した手腕が、今になって疑問視される流れにもつながるのかもしれない。

と、かしこまった見解とは別に、今回の事案はどうしても下世話な着眼点を用意したくなる。逃亡するゴーンの気持ちを想像する。早くも映像化決定か、なんて憶測記事を読んでそれなりに興奮してしまうのは、この報道を聞いた時から「逃亡するゴーン」を好き勝手に思い浮かべているからだろう。

プライベートジェットに乗り込む際には楽器を運ぶ巨大なケースの中に入って運ばれたという。いくつかのワイドショーで、どれくらいの大きさだったのか、人が入ることができるのか、スタジオにケースを持ってきて検証していた。『ひるおび！』では、TBSの男性アナウンサーの中では華奢と思われる杉山真也アナウンサーが実際にケースの中に入り、それなりに余裕がありますね、などと述べていた。彼の体にそもそも余裕がある。

ゴーンが保釈された時には、誰もが気付く作業着姿での変装で失笑された。「ばいきんまん」が誰かを騙す時の変装って、いつも詰めが甘い。誰が見てもばいきんまんだ。ゴーンの変装には、あのばいきんまん的な粗さがあった。なぜあんなに雑な変装をする必要があったのかわからなかったのだが、もしかしたら、関係各所を「ゴーンの隠蔽能力や逃亡能力って相当低いよね」と安心させるためだったのではないか。あの「作業着での変装」と「国外への逃亡劇」には、学芸会とハリウッド映画のような落差がある。

ゴーンを問い詰めるのとは別に、楽器ケースの中でゴーンは何を思ったのだろうと想像するのを止められない。決して運動神経に秀でた人ではないだろうから、ちょっとした揺れでグラつかない体幹を持っていたとは想像しにくい。楽器ケースの中から不自然な物音がすればさすがに荷物チェックが入っただろうから、ゴーンは「コレでバレたらマジ終わりだぜ」などと、声にならない声で、集中力を高めていたのではないか。

東京から大阪までは新幹線で移動し、空港に向かう前に楽器のケースに入ったという。ケースを閉じる時、ゴーンは何を言ったのだろう。どんな目をしていたのだろう。ケースの蓋を閉じる人は、何と声をかけたのだろう。

ゴーン「いや、実はね、もしもの時のために、チューバの音を真似る練習をしてきたんだよ」

手助けする人「ボス……さすがですね」

ゴーン「あっ、でも、中から音がするってことは人がいるってことになっちゃうか。ワハハ」

手助けする人「ボス……さすがに冗談キツいですよ」

ゴーン「もしものことがあったら、世界の音楽家たちに伝えてくれ。楽器ケースには、楽器を入れておくべきだった、ってな」

手助けする人「ボス……おっしゃっている意図がわかりません。ジョーク、なのですか？」

ゴーン「もういい。閉めてくれ」

茶化してはいけない。でも、この手のやり取りを頭の中で用意するのが止められない。彼は箱の中で何を思っていたんだろう。

いかにも島田紳助

島田紳助がmisonoのYouTubeチャンネルに登場した。2011年夏に芸能界を引退してから、8年半ぶりの映像での登場である。

　吉本興業を中心に発生した「闇営業問題」は、会社の偉い人と偉い芸人がぶつかり合うかと思いきや、偉い人同士でうやむやにした。当人やその周辺が、早速「闇営業」という言葉を「あえてネタにしちゃうオレたちの面白さ」というアピールに使い続けていたのには辟易した。年末年始のお笑い番組の多くで、「まっ、これは闇営業じゃないですけどもね！」「それ言うたらアカン！」といった流れを何度も見かけた。「お笑い」には、勢力をひっくり返す、権力者を茶化す成分が備わっていると思っているが、「闇営業ネタ」周辺からは、そういった力学がほとんど感じられなかった。

　久しぶりに登場した島田が、一緒にYouTubeに登場していた山田親太朗に対し、早速「闇営業」イジリをぶつけた。感度は鈍ってないぞ、というアピールなのだろう。彼が引退前に出演していた『行列のできる法律相談所』や『クイズ！ヘキサゴンII』では、お気に入りの芸能人を並べ、ツッコミを入れ、ツッコミを返され、さらにツッコミを入れる、という重層的な作りで、面白い空間、というか、ワイワイガヤガヤする空間を作り上げていた。

　自分の話力によって「阿吽の呼吸」を作り続けていく様子に圧倒されたものの、その上手さに鮮度があったかといえば、そんなこともない。バラエティ番組に限らず、ドラマでもトーク番組でも、

「いつもの感じ」が安定的に流れている状態を好むので、さほど好きではないのに、その感じを味わうために、島田が率いる番組にチャンネルを合わせてきた。出演する芸能人が「結果を出さなきゃ！（＝トークを採用される）」と前のめりになる『踊る！さんま御殿!!』を消極的ながら頻繁に見てしまうのは、その「いつもの感じ」を浴びたいから。

YouTubeでの島田は、共演者が「ヘキサゴンファミリー」だからか、ちょっとした隙間さえあれば突っ込むことを忘れない。その速度と角度に衰えはない。「R」と大きく書かれた帽子、その「R」の部分がキラキラと光っていた。いかにも大御所芸人特有のバッドセンスな私服にも安定感があった。

20分ほどの出演の中で驚いたのが、今は、筋トレをしたりゴルフをしたり、時間を自由に使えているが、現役の頃はヒマな時間が多かった、と発言していたこと。ものすごく忙しく働いていていても、テレビの仕事って、どうしても待ち時間が多くなる。あたかも病院で診察を待っているかのよう、と表現していたが、自分の都合が優先されるはずの、日々繰り返し見かける芸能人であっても、そういう意味では、自由気ままに刺激的な毎日を過ごせるわけではない、と改めて知る。

島田が、現在の芸能界について「芸能人がバラエティに出てこれ言ったらアカンとか、芸能人が浮気をしたらアカンとか、不倫をしたらアカンとか、芸能人のなり手なくなるで」などと、いわゆるコンプライアンス問題に苦言を呈していた。いかにも島田が言いそうなことを島田が言っている状態に「健在！」とする判断もできるのだろうが、この感じを、誰が待ち望んでいるかといえば、業界の外というより、業界の中なのだろう。数年前、ヒロミが復活し始めた時に、それを強く思った。それとは待望の規模が違う。いかにも島田紳助っぽいことを、まだ島田紳助が言っている、この状態に、どんな続きがあるのだろう。

麻世とカイヤと日本

2019年は、浅香光代と野村沙知代が争った、通称「ミッチー・サッチー騒動」から20年のメモリアルイヤー。事の経緯を詳しく覚えている人は少ないだろうし、改めて説明するつもりもないが、1行でまとめれば、ワイドショーを駆使した壮大な口喧嘩だった。十勝花子、渡部絵美、神田うのなどの脇役も多数登場し、トリッキーなメンバーによる騎馬戦が終わりそうで終わらなかった。

メモリアルイヤーと書いたが、騒動は足掛け3年に及んだ。当時、自分はまだ高校生だったが、それなりに素直な頭で「大人って、こんなにヒマなのか」と思った。コメンテーターも真面目な顔で、どっちが悪い、自分はこっちの味方、と応戦していたから、「もしかしたら日本は、まだまだ平和なのではないか」と達観していた。ナイスな反応である。

自分にとっては、そんなに平和な空気ではなかったはずなのだ。とりわけ、1997年に神戸連続児童殺傷事件が発生、その犯人は自分と同じ14歳だった。2000年に発生した西鉄バスジャック事件、岡山金属バット母親殺害事件など、自分と同世代が次々と大きな犯罪を起こし、「キレる若者」と呼ばれた。自分の世代が世間から指をさされているイヤな感じを覚えている。

2000年の新語・流行語大賞のトップテンには「一七歳」がノミネートしている。つまり、あの頃、ワイドショーは「ミッチー・サッチー騒動」と「キレる若者」を交互に報じていた。当時の自分の実感が、「世の中は平和そうだけど、自分たちに対する目は冷たい」だったとするならば、今、自分がこうして、ひねくれた性格になったのも納得がいく。

このところ、「ミッチー・サッチー騒動」クラスのどうでもいい小競り合いが延々と報じられる機会はなくなった。もしかしたら、日本がそんなに平和ではなくなった証拠なのかもしれない。首相が追及から逃げまくり、新型コロナウイルスの感染拡大に怯えている現在。だが、河野景子が、東出昌大と不倫関係にあった唐田えりかについて「そもそもあんまりモテない女性なんじゃないかと思う」などとワイドショーで述べていたと聞けば、いや、やっぱりまだ平和なのではと、堂々巡りに陥る。

裁判の結果、川崎麻世とカイヤの離婚が成立したという。カイヤによる2000万円の慰謝料請求は棄却された。カイヤは麻世からのDVを訴えていたが「認められないか、仮に存在したとしても、被告（カイヤ）による暴行も同程度あったとうかがわれ、原告（麻世）のみに婚姻破綻に関する有責性があるとまでは言えない」という結論が出た。どんな人間関係にも常習的な暴力が介在してはいけないと考えるので、この結論を素通りはできないものの、とにもかくにも、この模様を報じるワイドショーは、極めて少なかった。

もう、それどころじゃないのだ。川崎麻世とカイヤのトラブルどころではないって、そんな社会は危ういのではないか。カイヤが「鬼嫁」としてテレビに出るようになったのは1990年代前半のこと。モデルとして活躍していた、という過去形での情報を信じ込みながら、テレビで苛烈な発言を繰り返してきた。あれからもう30年近くが経ったのだ。

今回の裁判は、この二人をもろもろ取り上げてきた中でも集大成的な出来事だったはずだが、反応は乏しかった。川崎麻世はすっきりとした表情で豆まきイベントに参加していた。もしかして日本は平和ではなくなったのだろうか。

「こんな政治家もいるのか」と、私たちを驚かせる存在が定期的に出てくるのは、「こんな政治家しかいない」からなのかもしれない。

国会で「桜を見る会」への追及が続いているが、公文書管理を担当する北村誠吾内閣府特命担当相の答弁がとにかくひどい。彼の席の後ろには複数の官僚が待機しており、前を向いて立ち上がる北村大臣と、屈んで待機している官僚たちの構図は、ラグビーの「ラインアウト」に似ている。北村大臣が官僚たちに持ち上げられて楕円形のボールをキャッチする姿を想像すると、その答弁を楽しむこともできるのだが、なかなか笑い事にはできそうにない。

彼は、2000年に初当選して以降、7回連続当選を果たしているが、大きな役職に就いた経験はない。いわゆる「入閣待機組」の古参。「そろそろ彼にも出番を与えてやるか」との意図で担ぎ出された存在なのだ。

オレたち入閣待機組

相次ぐ暴言でオリンピック担当大臣を辞したのが櫻田義孝議員だが、サイバーセキュリティ戦略副本部長を兼務していた彼は、日頃、パソコンを使うことはないと豪語し、USBの存在について問われると、「使う場合は穴に入れるらしいが、細かいことは、私はよくわからない」と答えた。「USBを使う場合には穴に入れる」とだけ教えたのは、一体誰だったのだろう。彼に強い恨みを持つ人物だったのではないか。

北村大臣の答弁は、「この人、無理やりやらされているんだろうな」とわかる空気が保たれていて、「ふざけんな！」より「大丈夫かな？」が先に立つ。「桜を見る会」について、内閣府が国会に提出した推薦者名簿の一部が白塗りにされていた問題について、「別の文書を新たに作成した」と主張し、「公文書管理法違反にはならない」とした。

これ、なかなかすごい。たとえば記事にある武田砂鉄の名前を修正ペンで消してコピーし、近所の人に配り歩いた誰かがいたとして、それに気づいた自分が、「許可とってないですよね」と苦言を呈したところ、「あっ、別文書です」と言われたら、「ちょっと話し合おうじゃないか」となる。でも北村は、あくまでも別文書だと言い張る。

これでは、フェイクだらけの資料が作成し放題になる。加えて北村は、本来存在していない「文書管理課」という謎の部署名を挙げて答弁した。「Yahoo!」とか「Miclosoft」とか、本家とスペルの異なる迷惑メールに引っ掛かりそうになるが、あれと同じような感じ。なにせそんな部署はないのだ。北村は「文書管理者」と言い直し、「発音が悪くて申し訳ない」と弁明したものの、どこまでも適当だ。

知ったかぶりって、誰にも経験がある。知ったかぶりってネガティブに捉えられるけれど、ひとまずその場をしのぐためにそれなりに有効だったりする。だが、知ったかぶりをするためには、それなりに時間をかけて最低限の知識を入れ込んでいくことが必要。優秀な官僚の手助けを受けた上での知ったかぶりって、知ったかぶりの中でも、かなりやりやすい部類に決まっている。

最低限の基準をクリアできない人たちが、重要なポジションで国の動きを仕切っている。こんな人、会社にいたら間違いなくクビだよな、と即断できる人たちが、国民生活に直結する判断を下せるところに次々と登用されていく。「入閣待機組御一行様」なんて札がかかった旅館があったら、「夕食のランク1つアップしていいから、頼むからずっとここにいて」と心から嘆願したい。

芸能人が芸能人を査定する

芸能人が記者会見を開くたび、その模様を、ワイドショーに出演している芸能人が査定し始めるのは奇妙な光景。「思いが伝わったイイ会見だった」「これでは逃げている印象が拭えないね」などといったコメントが頭に記憶されているが、脳内再生するといずれも坂上忍の声が聞こえてくる。「芸能人を査定している芸能人」の筆頭である。

　中居正広が、ジャニーズ事務所の退所を明らかにする記者会見を開いた。中居は、ジャニー喜多川氏が死亡した後、夏から秋にかけて事務所と相談しようと考えていたそうなのだが、他のグループから抜けるメンバーが出るなどバタバタしてしまった。でも、「ずっとタイミングみてたら俺、辞められないなって」と決断したそう。

　その会見について、坂上忍が『バイキング』で「バランス感覚が天才的」と褒め称えていた。『NG一切なし』と言いながら、実はNGのことはあったりするんだけど、それに対しても手前のところまではちゃんと話して笑いに変えて次の質問、というのはなかなかできない」とも述べている。つまり、こういった会見では美辞麗句が並びがちだが、自分の周辺にあるネガティブな要素も盛り込んだ姿勢を評価していた。

　こう述べた上で、「実はNGのことはあったりする」を具体的に述べないのがいかにも坂上なのだが、芸能人が芸能人を査定すると、こうやってすぐに限界がやってくる。この状態が続いた結果として積み上がるのは、皮肉なことにNG項目。

業界内の空気を、私たち視聴者が察知しすぎている。「テレビの前で、5人で謝った時、なんで謝るんだろうか、別に謝る必要なんてないですよ、と思ったのですが、あれはやはり謝らされたのでしょうか?」という質問はやっぱりNGなのだ。『アッコにおまかせ!』に出演した泉ピン子が、SMAPのメンバーについて、「昔から知っている」などと、親戚の叔母様っぽい前置きをした上で、前説として登場→仕切り直して再登場という中居の会見の構成について、「(このやり方に)アイデア出した人いるんじゃない? 中居くん一人で考えられないと思うけど」と述べるとネットで大炎上した。

いかにも泉ピン子らしい、土足で踏み込んで足跡をあちこちに残して立ち去ろうとする態度だが、この雑なコメントには「問いかけ」が含まれていた。周囲の厳しい反応は皮肉にも「NG一切なし」ではなかったことを知らせている。失礼な人の失礼な問いかけに、「失礼な人だ!」との評定が下されたが、実は「失礼な問いかけ」自体は宙ぶらりんになっている。

記者会見の模様を見ていると、中居の一挙手一投足に対して、とにかく大きな声で笑っている複数人の声が確認できる。どの立場の人かは知らないが、場のテンションを作り上げていた。長年同じグループや会社にいれば、揉め事は起きる。そんなのどの世界でも同じ。この際だから言っておきたいことがあれば、それでもまだ言えないこともある。新しい道を選んだ大物が、次なる道をどう伝達するか、ある程度、プロデュースするのは当然のこと。確かに巧みな話術に圧倒されたが、芸能界の内部から「天才的」などと査定されるほどの会見だったのかとも思う。

記者会見でその芸能人の運命が決まる流れが続く。「世間が芸能人を叩きまくる風潮がそうさせているのだ」なんて分析を見かけるが、実際、芸能界の中にいる芸能人が、芸能人の会見を査定しているからその風潮が強まっているのだと思う。

新型コロナウイルス感染拡大によって、それぞれの生活が制限されているが、「一丸となって乗り越えましょう」と呼びかけてくる政府の方々の声に素直に頷けないのは、後手後手だった自分たちの対応をうやむやにしようとしているのではないか、と疑うから。

不安が膨らむのを阻止しなければいけない人たちが、むしろ、新たな不安をどんどん投じてくる。コロナに対する不安と政府に対する不信、この2つが混じり合い、大きな不安を生み出している。この原稿を書いている時点では、デマに基づくトイレットペーパーの品薄状態が続いているが、「これからパニック状態になるかもしれないというパニック」が起きている。ドラッグストアに並ぶ人たちを嘲笑する人たちも多いが、不安と不信が連日更新されていくのだから、この先どうなるかわからない、と警戒心が高まるのもわかる。

国民の生活を見ない政治家

小中高一斉休校を呼びかけた安倍晋三首相は、驚くべきことに専門家に相談することなく、判断を下した。なんと、科学的な根拠はない。休校にすることで生じる経済的な負担について具体的に示したわけでもない。その後に開かれた安倍首相の記者会見で詳細が明らかになるのかと思いきや、「私が決断した以上、私の責任において、様々な課題に万全の対応を採る決意であります」と意気込みだけを述べた。挙手する記者の質問に答えず、さっさと立ち去ってしまった。「私自身、その責任から逃れるつもりは毛頭ありません」と言ったそばから、早速、逃げたのだった。

私たちは日々、街を歩いているだけで、様々な人に出会う。朝、ゴミ捨てに出るだけでも、「仕事場に向かう人」「保育園にあずけるのか、子どもを乗せて自転車を走らせる人」「幼稚園のバスを見送り、少し駄弁《だべ》っている人」「夜勤明けなのか、マンションに戻ってくる人」「杖をつきながらゆっくり散歩している人」などたくさんの人たちを見かける。感染拡大を抑えるために、国民の動きを制限しようとする人たちは、果たして、こういった国民の暮らしのバリエーションをどれだけ想像できているのだろう。

具体的な支援策を明示せずに投じられた「一斉休校」の宣言。安倍首相の頭の中には「お父さんが会社で働いて、お母さんが家にいて、元気なおじいちゃんとおばあちゃんが近くにいる」、そんな家族像ばかりが存在しているのではないか。

国会で、立憲民主党・蓮舫議員が高齢者施設の対策強化を求める旨を述べている際、自民党・松川るい議員が「高齢者は歩かない」とのヤジを飛ばした。なかなか信じがたいヤジだが、直後にアップされた松川のブログでは「(要介護施設入居の)高齢者は(子供達のようには出)歩かない」との言い訳が綴られている。

こんな強引な言い訳もあるのか、と感心しそうになる。今回のように、個人がいつもの生活を制限するよう迫られた局面で明らかになったのは、政治家たちが、そもそも国民の生活とはどういうものかを想像できていないという、絶望的な前提ではなかったか。

人が多く集まるイベントなどの自粛をお願いしておきながら、パーティーに勤しんでいた政治家が問題視されたが、彼らはもうちょっと、街を歩き、世の中を知ったほうがいいのではないか。

高齢者は歩く。歩きにくそうな人も、頑張って歩く。たとえ、街では見えなくても、歩こうと頑張っている人たちもいる。困っている人がどこにいるかを探すのが政治なのに、困ってないだろうと決めつけるのが政治になってしまっている。

「妻の告発」から逃げる権力者

森友学園問題で公文書の改ざんにかかわり、自ら命を絶った財務省近畿財務局職員・赤木俊夫さんの手記が『週刊文春』に掲載され、大きな話題となった。

　国の真ん中にいる人たちは、それを「たいしたことではない」という位置に押しやろうとしている。新型コロナウイルス感染拡大が問題視され、東京五輪が延期になった今、「それどころではない」という雰囲気を急いで作っているが、上長の命令によって部下が自殺に追い込まれ、その上長の更なる上には、首相の顔がはっきり見えている。

　赤木さんの手記には、公文書の改ざんは佐川宣寿理財局長（当時）の指示だったと書かれている。安倍晋三首相や麻生太郎財務相は再調査をしない意向を示したが、その後、この手記を公表した赤木さんの妻がコメントを発表。そこには、「この2人は調査される側で、再調査しないと発言する立場ではないと思います」とあった。これほど端的な指摘もない。

　国会で、麻生大臣が「手記と財務省の調査報告書は、趣旨としては同じ内容で両者に齟齬《そご》はない」と述べるなどして逃れる様を見て、赤木さんの妻は改めてコメントを出した。「夫の遺志が完全にないがしろにされていることが許せません」「調査報告書と遺書も齟齬がないということですが、齟齬はあると思います」。痛切な想いが伝わる。

　そう、齟齬はあるのだ。財務省の調査報告書では佐川氏が「方向性を決定付けた」としたが、指示の有無を明記していない。しかし、今回の手記には決裁文書改ざんは「元は、すべて、佐川理財局長の指示です。パワハラで有名な佐川局長の指示には誰も背けないのです」とあった。齟齬はある。加えて、報告書には「今後、新たな事実関係が明らかになる場合、さらに必要な対応を行っていく」と書かれていた。新たな事実関係も明らかになった。再調査をしない理由がどこにも見当たらない。

不誠実の極みは、「安倍首相は2017年2月17日の国会の発言で改ざんが始まる原因をつくりました」と記した赤木さんの妻のコメントを受けて、安倍首相が「奥様がそういう発言をされたというのは今初めて承知をしたところでございますが、改めて申し上げますが、これは赤木さんが手記で書かれたことではない」と述べたこと。どういうことかといえば、赤木さんの妻はそう言ってますけど、赤木さんの手記に書いてあるわけじゃないのでその話は受け付けられないですね、ってことらしい。

妻には当初、夫の勤め先を悪く言いたくない気持ちもあった。だが、度重なる軽視もあって、公表を決めた経緯がある。財務省の事務次官が弔問に訪れた際、同行した近畿財務局の職員に「一番偉い人ですよ。わかってます？」と言われたという。赤木さんが亡くなられた後、残された妻は、組織から乱雑に扱われていた。告発を国家の中枢が軽視する。安倍首相はこの話題の国会答弁でニヤける場面さえあった。赤木さんの妻は、どれだけの恐怖を味わっただろう。

赤木さんの口癖は「僕の契約相手は国民です」だった。テレビに映る政治家たちを思い出そう。そう言える人たちが、そこにいるだろうか。この件を、「赤木さんの妻の勇気」に任せてはいけない。権力者たちの「不正」の追及は、メディアの役割だ。コロナウイルスで不安な日々が続くが、それを、自分への追及から逃れる政治家たちのアイテムにさせてはいけない。コロナを言い訳にせずに再調査すべきだ。

利用された志村けん

志村けんが突然いなくなってしまった。『東村山音頭』は「東村山　庭先ゃ多摩湖」と始まるが、生まれてから20年間、多摩湖のほとりで暮らしていた自分にとっては、勝手に近しく思っていた芸能人だった。多くの人にとっても同様に「勝手に近しく思っていた」存在だったはず。

編集者時代、ダチョウ倶楽部・上島竜兵の『人生他力本願　誰かに頼りながら生きる49の方法』(今振り返っても、とても素晴らしいタイトルだと思う)と題した本の編集を担当したこともあり、一度だけ舞台の楽屋で見かけたが、よく伝え聞くように寡黙でシャイな印象を受けた。どんなジャンルにおいても「同じことをずっとやっている」人が好きなので、志村けんのコントは、そのど真ん中にあった。

急遽放送されたフジテレビの追悼番組でこれまでの名コントをいくつも見たが、これからどう展開していくか、おおよそ知っている。大量の水が頭から降りかかる、穴に落ちる、引《ひ》っ叩《ばた》かれる、頭をぶつける。その様子を見て笑う。そうそうこれこれ、と手を叩いている。

落語家の名人芸なんてのとは違う。さすがだね、と客観視するのではなく、繰り返されるくだらない展開に巻き込まれていく。追悼番組のスタジオには、ドリフターズのメンバー、研ナオコ、いしのようこが並んでいた。コントを見る彼らの様子がワイプに映っていたが、「こんな時だから笑おうよ」ではなく、「ただ面白くって笑っちゃう」という顔をしていたのが印象的だった。

誰かを追悼する時、テレビって、強引にイイ話方面に持っていく。そして、泣かせようとする。スタジオではあたかも葬儀場のような厳かなBGMが流れていたが、仲本工事が「音楽がちょっと暗いと思う。もっと明るくいってほしいな」と言い、研ナオコが「ホントに、この音楽、嫌だな。これは選ばなかっただろうな。しくじったね」と続けて笑わせた。既存のフォーマットに押し込んだところ、そこから早々にこぼれていく感じがいかにも志村けんだった。

コロナウイルスによって亡くなったとはいえ、志村の死を象徴化しようとする首長が相次いだのがまったく情けない。小池百合子都知事は「コロナウイルスの危険性について、しっかりメッセージを皆さんに届けてくださったという、最後の功績も大変大きいものがあると思っています」と述べ、松井一郎大阪市長は「大変残念ですが、志村さんがコロナの恐ろしさを教えてくれました。『ありがとうございます』」とツイートした。

いかなる理由があろうとも、人の死を功績にしたり、感謝を投げたりしてはいけない。社会の不安が高まっている中で、人の死そのものに大きな意味を与えるのは、あまりに軽率だ。

大物芸能人が亡くなると、いつも、「天国の○○さんと酒でも呑んでんじゃないかな」という談話を聞く。よくある展開で終わらせようとする手癖に巻き込まれるのが苦手だが、志村けんの場合、彼のコントではやたらと「あの世」を題材にしていたから、「呑んでんじゃないかな」が似合う。

突然の死を皆が悲しむ中、「同じことをずっとやってきた」彼がいつものように軽やかに駆け抜けた感じがする。でも、それもこちらの勝手な思い。いなくなってしまったのが寂しい。「意味」は必要ない。「意味」を発表しあって、どの発表にもっとも「意味」があったのかを比べ始めるような動きが続くと、亡くなった人そのものが放置されてしまう。「いいこと言ってやろう」という前のめりの浅はかさが目立つ。

自分と妻と田崎史郎

朝ごはんを食べながら、テレビをつけるとワイドショーに田崎史郎が出ている。仕事場に出かけ、昼ごはんを食べるために家に戻ると、テレビに田崎史郎が映っている。朝とは別の放送局だ。つまり、田崎史郎がずっと出ている。日頃は録画しておいた番組を見るのだが、こういう事態になると、ワイドショーをザッピングしながらの食事になる。結果、3食のうち2食が田崎史郎と一緒なのだ。自分と妻と田崎史郎の日々。緊急事態である。

　彼が安倍晋三首相や政権中枢に近い主張を繰り返すのはよく知られているが、いよいよ首都圏などに緊急事態宣言が発出され、不安な世の中を生きなければならなくなった現在、彼の「僕は事情を知っています」には需要が高まるのだろう。

　井上公造が「芸能ジャーナリスト」ではないのは、芸能界の中に入り、中の事情に基づいて、言っていいことと悪いことを見極め、イニシャルトークなどでお茶を濁しているからだが、田崎史郎もそれに似ている。政治の中に入り、何がしかのスクープを引っ張り出すのではなく、事情を察知して外に小出しにする。

　田崎の見解に対して、厳しく突っ込む人がいると、彼は微笑みながら、その点は問題ない、だとか、まだ調整中のところもあるが、これから方針が示されるのではないか、などと語る。あたかも窓口業務のような口ぶりは、決してジャーナリスティックではない。しかし、テロップには「政治ジャーナリスト」と出ている。

　安倍首相が緊急事態宣言を発出する会見を開い

た。その締めくくりがどうだったかといえば、「私たちは大きな困難に直面しています。しかし、私たちはみんなで共に力を合わせれば、再び希望を持って前に進んでいくことができる。ウイルスとの闘いに打ち勝ち、この緊急事態という試練も必ずや乗り越えることができる。そう確信しています。私からは以上であります」である。

多くの業界に自粛要請をするものの補償はしない、という残酷な手を投じておきながら、その詳細を語らずに感情的な言葉で塗り固める。いつもの軽薄な言葉の羅列に打ちひしがれた人は多い。

騙されてはいけない。こういう言葉の羅列には意味がない。今日から、明日から、生活をどう守ったらいいのかが含まれていない。コロナウイルスの蔓延をおさえることができれば自分たちの成果、できなければ国民のせい、になりかねない。そこに向けて整えているのだろう。

本来、メディアにいる人間は、こういう姿勢に疑いの目を向けなければいけない。でも、朝も昼も田﨑史郎が「僕は知っている」をベースに物を言い続ける。彼がフリーランスとフリーターを混同する場面さえ見かけたが、政治の世界に没入すると社会が見えなくなる典型例に思えた。

大正を生きたアナーキスト・大杉栄はこう書き残している。

「奴隷根性を生んだのは、もとより主人に対する奴隷の恐怖であった。けれどもやがてこの恐怖心に、さらに他の道徳的要素が加わって来た。すなわち馴れるに従ってだんだんこの四這い的行為が苦痛でなくなって、かえってそこにある愉快を見出すようになり、ついに宗教的崇拝ともいうべき尊敬の念に変ってしまった。本来人間の脳髄は、生物学的にそうなる性質のあるものである」（『奴隷根性論』）

このご時世、誰もがこうなる危険性をはらんでいる。不満があれば、「私は不満です」と言えばいい。田﨑の饒舌が続く様子を見ていると、結構危ういところに来ているとわかる。

星野源の動画に安倍晋三首相が便乗した。「コラボ動画」と報じたメディアも多いが、コラボレーションとは「共同制作」を意味するので、(現政権が好きな言葉遣いを踏襲すれば)「これはコラボにはあたらない」。

星野源が自身のInstagramで公開した楽曲に合わせ、多くのミュージシャンや俳優や芸人が、歌ったり踊ったりする動画をSNSにアップした。星野からの「誰か、この動画に楽器の伴奏やコーラスやダンスを重ねてくれないかな?」との呼びかけに応える形で広がっていったが、首相官邸のInstagramにアップされた動画で安倍首相が何をしていたかといえば、犬を抱き、茶を飲み、読書して、リモコンでチャンネルを変えているだけ。

星野源便乗動画

星野源に対して何の反応も示していない。せめて、「アベノマスク」と揶揄される布マスクの洗い方を指南するとか、星野の楽曲に合わせてキャベツの千切りをしてみるとか、少しの生活感を出せばそれなりに賛同も得られたのではないか。

私はTwitterで「ミュージシャンが歌い、楽器を演奏し、ダンサーが曲に合わせて踊る。たとえ家の中であっても、『いつもの仕事を見せてくれた』動画。官僚からの原稿の到着を待つ、という意味で、あれも、いつもの仕事を特別に見せてくださっているのかもしれない」と皮肉ってみたのだが、ああやって椅子に座っているだけで周りが動いてくれる環境に慣れてしまうと、これが国民の日常と乖離しているとすら気づけなくなってしまうのか。

みんな、あんな生ぬるい仕事してない。あと、安倍さんの休日、とてもつまらなさそう。

今、しきりに「STAY　HOME」と言われている。たとえ「ホーム」に「スティ」していても、ただスティしているだけではない。子どもがずっと家にいて大変な人。なんとか家の中で仕事をしなきゃいけない人。とりあえず会社から家にいろと言われたけど、この先の雇用が不安な人。じっと椅子に座っているだけではない。家にいては稼げないので、外に出なければいけない人もたくさんいる。

安倍首相が献身的にメディアや国民からの疑問に答え続けているならば、休んでいるだけの動画も許容されるだろうが、この数ヶ月の首相といえば、とにかく直接質問をされる機会を減らそうと力を尽くしてきた。森友学園問題で公文書改ざんに関与し、命を絶った財務省近畿財務局職員による「手記」が公開された件、いまだに逃げ回っている「桜を見る会」の件など、聞かれたくない事柄が多いから、とにかく逃げる。国民の不安より、自分が記者から詰問される不安を優先してきた。でも、支持は得たい。その結果が、星野源への便乗だった。

それなりに反省するかと思いきや、菅義偉官房長官が記者会見で、この動画について「Twitterでは過去最高の35万を超える『いいね』をいただくなど多くの反響があった」と述べた。ポジティブなメッセージを書き連ねるインフルエンサーがその言葉を書籍化する時には「〇〇万いいね！を獲得」などと宣伝文句に使われることが多いが、あれと同じ感じだ。

Instagramには「国民を馬鹿にしすぎてる」などのコメントが並ぶ。でも、批判には耳を傾けず、支持の声だけに酔う姿勢が今回も続いた。「まっ、あとはそれぞれがんばって」という動画だったのか。みんな、それぞれ、大変な日々を過ごしている。国のリーダーに言うべきことではないが、これ以上、迷惑かけないで欲しい。

政治的な発言とは

政治的な発言をした芸能人が、「よく知らないくせに政治的な発言をするな！」だとか、「そんな人だと思わなかった、もうファンをやめます」だとか、あちこちから叩かれる様子を見て、「政治的な発言をしない芸能人」はどう思っているのだろう。あぶねー、やっぱり何も言わなくてよかったー、なんて思っているのだろうか。

『しゃべくり007』に出演した小学6年生の寺田心さんが、好きな給食を聞かれ、「食べ物関連(の仕事)がありますので……」と回答を拒んだ様子を見て仰《の》け反《ぞ》った。芸能界の仕組みを熟知する少年が教えてくれたのは、周囲から要請された振る舞いを貫徹すると、自由な発言なんてできなくなる仕組みだ。それを早々に知った彼の律儀さ

は笑いに変わるものの、多くの芸能人が、自分の立場を守る律儀さの中で自由に発言する行為を抑えているのだとすれば、それは由々しき事態だ。

よく言われるが、「政治的な発言をするな」という発言ほど、政治的な発言はない。誰かに対して「声をあげるな」と強制するのは、もっとも悪しき政治性。ＳＮＳで「#検察庁法改正案に抗議します」が拡散され、その中に、日頃、政治的な発言をしない芸能人が多く含まれていたこともあり、発言した芸能人をリストにする新聞やテレビ番組が相次いだ。政治的な発言をしない、という判断も政治的。つまり、そのリストだけが「政治的な芸能人リスト」なのではなく、「タレント名鑑」丸ごと、政治的なリストと言っていい。人は皆、政治的なのだ。

きゃりーぱみゅぱみゅは、抗議を表明するツイートを削除したうえで、「ファンの人同士での私の意見が割れて、コメント欄で激論が繰り広げられていて悲しくなり消去させて頂きました」と述べた。ファンの意見が、その本人の意見と合わないなんてことはいくらだってあるだろうが、本人が投稿を削除するまで追い込むのは、本人に対して、アナタには意見を表明する自由はない、と主張しているに等しくなってしまう。

批判の声が高まったことに対して、衆議院本会議で安倍晋三首相は「インターネット上の様々な意見に政府としてコメントすることは差し控える」と述べた。国民の声を聞きません、という宣言である。自民幹部による「いまから芸能人が反対したところで法案審議は止まらない」(朝日新聞)なんて声も聞こえる。これまた、国民が反対したところで、法案審議は止まらない、という宣言である。

ネットで騒がれても、とか、芸能人に言われても、とか、そうやって、あらゆる声を「一部の人」にしたがるが、どんな規模になろうと、全体に比べれば一部なのであるから、自分たちに向かう声を「一部の人」として片付ける人は、政治家になってはいけないはずである。

「政治的な発言をしない芸能人」に対して、どうして積極的に発言しないのですか、と詰問しようとは思わない(日頃、「忌野清志郎リスペクト!今、清志郎さんがいてくれたら……」なんて言っているミュージシャンが黙り込むのはなんでかな、とは思う)。発言するのも、発言しないのも、その人たちの自由。だけど、政治的な発言をしないのも政治的な判断である、という前提をさすがにもう知ってもらいたい。意見を言わないアナタが好きでした、というファンの「意見」って、あれ、なんだ。壊れた玩具のような答弁が国会から聞こえてくるが玩具に失礼。玩具はそんなに壊れない。「壊れています」と伝えるのは極めて自然。意見するな、なんて、意見するな。

山田隆夫不要不急問題

多くのテレビ番組がリモート放送となり、スタジオに残された司会者は「今週もリモート放送でお届けします！」とハイテンションだが、視聴者はテレビの前で「やっぱりリモートか……」とテンションを落とす。この温度差が番組終了まで広がり続ける。致し方ないが、「リモートでも意外と大丈夫じゃん！」というテンションには加担しにくい。「やっぱりリモートじゃダメ」との感覚を、慎重に維持しておきたくなる。

ニュース番組がリモートワークを始めた会社員を取材すると、そもそもネット関係の会社だったり、自由に場所を選んで仕事する「フリーアドレス」のオフィスだったりして、テレビの前で「そりゃできるだろ！」と突っ込むのを忘れないようにしている。これを機に働き方を変えましょう、とのスローガンって、聞こえはいいのだが、「必要な仕事・不要な仕事」を区分けするのは往々にして組織の偉い人なのだから、この論理を無闇に走らせてはいけないと思っている。

というわけで、『笑点』で座布団を運んできた山田隆夫の話である。初のリモート収録が行われた日、司会者の春風亭昇太のみがスタジオに、その他のメンバーがリモート出演となった。そこに山田隆夫はいなかった。春風亭昇太が「不要不急の座布団運びの山田さんはお休みです」と言えば、林家たい平が「もうずっとこれでいい」と続けて笑い飛ばす。そうやってネタにすることによって、逆に山田隆夫という存在が「不急とはいえ、不要ではない」と明らかにしていて優しい。

それぞれのメンバーがお題に答え、うまいことを言えば座布団が与えられ、煮え切らないことを言えば座布団を持っていかれる。山田隆夫が突き飛ばせば笑いが起きるし、その言動にメンバーが逆らえば、もう一発笑いが起きる。この人がいなければ『笑点』が面白くならない、というわけではない。私たちが日頃、「これは座布団の増減にかかわるネタだ」「さて、山田隆夫はどう出るか」と頭の中で準備しておくのは、「役割」として明文化できるものでもない。彼は袖から姿を現した時だけ出演しているのではなく、視聴者の中で常に「出てくるかもしれない」と想定されている。つまり、常に存在している。

リモートワークが進むと「要るもの」「要らないもの」の区分けが進む。なにかと各部署の押印がないと事が進まない慣習などは確かに無駄だが、「これって家でもできるじゃん」「わざわざ別に会社に行かなくてもいいよね」が増えると、必ずや、議論が「正直、〇〇さんって要る?」と人に向かってしまう。

山田隆夫が『笑点』に絶対に必要かといえば、絶対に必要というわけではない。でも、「絶対に必要ではない存在」というのは、そこに特別な価値がある。メンバーや視聴者は理解している。言葉としては矛盾するが、不要不急の存在って、必要なのである。

今、こういう働き方が続くと、働き手それぞれの意味が問われる場面が増えてしまう。査定が無慈悲に行われる。だって、要らないっしょ、という乱暴な見解がまかり通ってしまう。いわゆるベンチャー方面の社長さんによる、コロナ禍における提言といったインタビューを読んでいたら、案の定、不要な人は切れ、と書いてあった。本当に「不要」を見分けられているのか、怪しい。不要ってことにしたい人を、この機会に便乗して不要だと決めつけたいだけではないのか。繰り返すけど、不要不急の存在って、必要なのだ。

ワイドショーのコメンテーターとしても知られる幻冬舎の編集者・箕輪厚介のセクハラ・パワハラが「文春オンライン」で報じられた。仕事を発注した女性ライターAさんに対する、強い立場であることを利用したハラスメントだ。記事に掲載されたFacebookメッセンジャーでのやりとりで、Aさんは笑いを意味する「w」や顔文字を使っており、それを対等な関係だと決めつける声もあるが、仕事の発注主とそれを請け負う側という圧倒的な力の差を前提にしなければならない。「お城みたいなとこあったからそこ行こう！」とラブホテルに誘ったり、既婚男性が独身女性の家に上がり込んだ後で「でもキスしたい」などとせがんだりしている時点で、言わずもがなハラスメント行為である。

天才編集者の主張

こういった事案では必ず、「断れなかった女性も悪い」という意見を浮上させてバランスをとろうと試みる人が出てくるのだが、自伝本のライティング（自家製野菜をスーパーで購入、みたいな矛盾だらけのフレーズ）を一冊丸ごと依頼されていたライターが、必死に編集者の機嫌を保とうとするのは当然のこと。ましてや自ら「天才編集者」と名乗り、本当は「本やトークイベントなどで話していることのすべてが見城さん（引用者注：幻冬舎・見城徹社長）のコピー」（見城徹『異端者の快楽』文庫解説より）なのにもかかわらず、自らの影響力をがむしゃらに拡散してきた人からの依頼だ。ライター個人が対等に接するのは極めて難しい。

当該の記事で報じられたことが全てではない、

事実無根だ、というのであれば、いくらでも発信するツールを持っているのだから、事細かに反証すべき。しかし、彼がまずしたことといえば、自分のTwitterに「トラップ。よろしくお願いします。」と投稿した上で削除。この嘆願が誰に向けられたものかは定かではないが、オンラインサロンを運営する彼には、いわゆる信奉者が大量におり、後で削除しても、彼からの発信をいち早くキャッチしている人には届いたはず。

全編にわたって、尖っているオレのアピールが続く彼の一冊『死ぬこと以外かすり傷』には「衝突、もめ事上等で、ただ目的地だけをにらんで走り抜けろ」とあるが、実際にもめ事に巻き込まれると、走り抜けるどころか、じっと黙り込む作戦に出た。「編集者などという仕事は善悪や倫理など関係ない。自分の偏愛や熱狂が抑えきれなくなって、ほとばしって漏れ出したものが作品に乗って世に届くのだ」ともある。私は編集者を経験した上でライターをしているが、編集者という仕事ほど善悪や倫理を重視すべき仕事もない。時に、善悪や倫理を逸脱しやすい仕事だからこそ、自分の偏愛や熱狂に酔いしれるだけではいけない。

とはいえ、それは個々人のスタイル。彼がそういうスタイルでやってきたのなら、それはそれでよくて、どうでもいいのだが、仕事相手から告発された声に無視を決め込むのは、さすがに日頃仰っていることとの乖離が激しすぎはしないか。彼の著作を通読すればわかるが、彼の周りにはありとあらゆる形の権力者がいる。沈黙したまま、そういう人たちの支えを保つことができれば、今件も「かすり傷」の一種になるのかどうか。

彼が「家族以上の存在」(『異端者の快楽』)と尊敬する見城徹は、「編集者の武器は言葉しかない」(『読書という荒野』)と語っている。そう、編集者の武器は言葉しかないのだから、逃げずに言葉で返す必要がある。「トラップ。よろしくお願いします。」と投稿して消す、って、武器をなんだと思っているのか。

松本人志の乱暴な見解

フジテレビとNetflixで放送されていた『テラスハウス』に出演していたプロレスラー・木村花さんが亡くなった。自身のSNSにぶつけられた誹謗中傷の数々に悩んでいたという。本人の存在を丸ごと否定するようなコメントを直接ぶつける人間の非道さは言わずもがなだが、こういったリアリティショーに出演する「素人ではないが、ザ・芸能人というわけでもない出演者」を軽々しく扱う風土は、当人に対する乱暴な態度を無数に生んできた。

かくいう自分も、担当しているラジオで、テラスハウス好きの人を招いた座談会企画をやったことがある。改めて音源を聞き直してみたら、誰かの人格・存在を根底から否定するような言葉を吐いていたわけではないにせよ、そうやって賑やかに語る企画自体が、本人に向かって鋭利な意見を飛ばす人の養分やエキスになっていた可能性はどうしたって残る。後ろめたさ、という言葉が正しいのかはわからないが、その可能性を頭に残さなければいけない。

こういうことが起こると「誰が悪かったのか」という特定を急ぎたがる。テレビは「誹謗中傷したSNS」ばかり問題視し、ネットは「スタジオからあれこれ述べる形で出演していたタレント」ばかり問題視していた。双方に共通することといえば、「悪いのはあっちだ」という逃げの姿勢。どちらが悪い、ではなく、どちらも悪かったのではないか、と考えてみるのが、こういったことを二度と起こさないようにするために必要な視座だろう。「どうせこういうことが起きると思っていた」という高みの見物を気取る論客も多かったのだが、どうせ死者が出ると思っていた、という吐露って、どこまでも残忍ではないか。

どんな番組でも、私たちが目にしているのは一部。編集され、BGMやテロップで肉付けされている。あらゆる加工が施されていることを認識しながら見る。こういったリアリティショーは、その加工に気づかせないような作りをする。制作者が、必死になって自然体を作り上げる、という不自然さを重ね、番組が完成する。

今回、こうして大きな問題が起きてしまった以上、まず必要なのは、どういう風に番組を作り、その作りによって出演者にどのような負荷がかかっていたのかを調査すること。それがわからなければ、検証さえできない。それなのに、番組は手短な追悼コメントを出し、制作中止を発表した。出演していたメンバーが木村さんとの大切なエピソードを語り、映し出されていたのは一部ですと弁解している。そのメンバーに対しても厳しいコメントが寄せられているというのに、番組側は、あたかも夜逃げするかのような勢いで店じまいをした。フジテレビの社長が「今後、十分な検証を行ってまいります」と述べたが、具体的なものではない。

松本人志が『ワイドナショー』で、「匿名で誹謗中傷するやつらが悪いに決まってて」「番組が悪いという方向にいくのは、あいつらを救うみたいで、すごく嫌ですね」と述べた。あまりにも乱暴な見解だと思う。なぜこういうことが起きてしまったのかを分析するためには、番組側による検証が必須。

それは「あいつらを救う」ためではない。「あいつら」を問うことでもある。どっちも悪い。そして、外から見ていた人にも問題はある。「やつらが悪い」には、オレたち（＝芸能界・テレビ界）が悪いわけではない、が含まれている。その姿勢は、再び同じようなことを起こしてしまう姿勢だと思う。

アイドル引退は「いい話」か

アイドルグループから退いたり、芸能界を去る判断を下した若い女性に対し、大人たちが身勝手な物語を投じて、感動したり悲しんだり、とにかく「いい話」として消化しようとする動きがある。

ＡＫＢ48に在籍していた渡辺麻友が芸能界からの引退を発表した。所属事務所が発表した声明には「渡辺麻友より『健康上の理由で芸能活動を続けていくことが難しい』という申し入れ」があり、「数年に渡り体調が優れず、これまで協議を重ねて参りましたが、健康上の理由でしたので身体の事を最優先に考え」た上で、契約を終了したとある。「心身の回復を図り普通の生活に戻れるよう」ともあるから、精神面での不調が想像される。

長年にわたって、投票数で価値を計測され、笑顔満開で万人との握手を求められ、すさまじい量の仕事をこなしてきた当人の苦労を知ることなんてできないが（もちろん、充実感を得た仕事も無数にあっただろうし）、こういった声明を読んだ上でも、彼女に対する評価として「スキャンダルゼロ」「ノースキャンダルを貫いた」などと、アイドル道に徹したことを褒め称える記事・報道があちこちに出ていた。

彼女に対する特段の思いはないが、長年、精神的に疲弊していたのであれば、まずはゆっくり休んで欲しいと思うし、似た苦しみが生まれ続けている搾取の仕組みを問題視したくなる。これ、あらゆるところで繰り返しているのだが、恋愛禁止なんてルールは、そもそも人権侵害。「おまえは恋愛するな」なんて言い張る大人の前に立ち、日

本国憲法第13条「すべて国民は、個人として尊重される。生命、自由及び幸福追求に対する国民の権利については、公共の福祉に反しない限り、立法その他の国政の上で、最大の尊重を必要とする」を読み上げたい。

女性が男性に搾取される社会構造をテーマにした松田青子『持続可能な魂の利用』の中に、こんな一節がある。

「日本の中高年男性にとって、女の子は、自分たちを安心させてくれる、どんな意味でも脅威にならない存在だったのでしょう」

逆に、男に媚びない力強いパフォーマンスをされると動揺する。

「パフォーマンスとして、女性たちに強さを打ち出されたくらいで脅威に感じるなんて、わたしたちは日本人男性のナイーブさに驚くしかありませんでした」

ホントにナイーブ。先日、読売新聞オンラインと読売新聞に掲載された「美術館女子」なるプロジェクトが問題視された。AKB48のメンバーが美術館を訪問し、「これほど贅沢な〝映えスポット〟があるなんて」などのコメントとともに写真を掲載。美術作品を鑑賞しているのではなく、カメラ目線だ。

彼女たちにこの仕事のイニシアチブがあるとは思えない。彼女たちをこういう感じで扱うべし、と方針を決めている大人たちが問題。若い女性はモノを知らない、という前提を保ちたがるのは、大人たちが若い女性に安心を求め、脅威にならない存在だと信じているからだ。そうじゃないと、自分が危うくなるらしい。ナイーブだ。

いつまでこんなことをやっているのだろう。できるかぎりいつまでも、この感じでやり続けたいのだろうか。精神的に疲弊し、活動を続けられなくなった女性を見て、恋愛スキャンダルを一切出さずに最後までアイドル道を貫いた、と感動する社会を維持したいのか。そんな社会、おかしくないか。

『半沢直樹』の頼り方

「届いたら、送り返す、アベノマスクだ！」「増えたら、はぐらかす、小池百合子だ！」などと、「やられたら、やりかえす、倍返しだ！」の別バージョンばかり思い浮かんでしまう昨今である。

満を持してスタートした『半沢直樹』が、好視聴率を記録している。新型コロナウイルス感染拡大によって、撮影が延期され、このタイミングでのスタートとなった。全編にわたって貫かれる「ハッキリと感情を出す」スタイルは、この数ヶ月、テレビ画面の中で目を泳がせる政治家の姿勢とは対照的。スカッとする度合いが前作以上に高まったと感じるなら、それは作品ではなく、この社会の不安定さがそうさせたのかもしれない。

「それはですね……専門家の皆さんのご意見をうかがいながら……時期を見てですね、判断すると……こう、現時点で考えている……わけで、ございます」といった曖昧な答弁に慣れてしまった私たちは、「ハッキリ」に飢えている。

皆さん、覚えているだろうか。4月7日、記者会見後の質疑応答でイタリア人記者から、諸々の対策が失敗した場合、どのように責任をとるのかと問われた安倍晋三首相は、「例えば最悪の事態になった場合、私は責任をとればいいというものではありません」と答えている。

これまでの政治家って、俺に任せておけ、とか言いつつ、いざという時に逃げるという特性を持っていたが、今の首相は、そもそも私は責任をとらない、と宣言したのである。「失敗しても、俺じゃない、誰かのせいだ！」ではドラマは成り立たない。だが、現実は成り立っている。いや、この現実は成り立っているのだろうか。

『半沢直樹』の積極的な視聴者ではない。もうしばらく、勤め人ではないからだろうか。どんな会社にも嫌なヤツ、気に食わないヤツがいて、その多くは自分より立場の高い人であった。会社員時代は、偉い人の悪口を言いながら、同僚と夜ご飯を食べていた。最初は、軽めの文句でも、時間が経つにつれて、極端な方向に向かう。

そのうち、大喜利大会みたいになる。「大切な打ち合わせの日に間違えて各駅停車に乗ってほしい」「美大に入った息子が美術以外のことに興味を持ち始めてほしい」「珍しく自分でコピーをしたと思ったら、最後の最後で紙が切れてほしい」などと、とっても小さなことを並べて、笑い転げていた。

前シーズンで足をブルブル震わせながら土下座する大和田常務（香川照之）のシーンが話題になり、あの光景を見て、多くの人が、自分にとってのあの手の存在を思い浮かべながら、「ざまあみろ！」と思ったのだとすれば、このストレスフルな社会が心配だ。あれを痛快に思える場と、自分はちょっと距離があるのだ。

半沢直樹（堺雅人）と彼を健気に支える半沢花（上戸彩）という旧来の夫婦像は、ここ最近のドラマで描かれ始めた、多様なあり方とは逆行する。だが、直截的に表情に出し、意見をぶつけ、屈服させたい感情が渦巻くドラマには、この型が似合う。この気持ち良さを『半沢直樹』の世界限定ではなく、あなたの会社で、あなたの町内会で、あなたの学校で披露すれば、この社会はもっと面白くなるのではないでしょうか、なんて真面目に考えて、どうせそうならないとすぐに諦めてしまうから、積極的な視聴者にはなれないのだろうか。「あくまでもエンタメとして」の「あくまでも」に、都合よく寄りかかりすぎているのではないか。これでいいのだろうか。

野田洋次郎の優生思想

筋萎縮性側索硬化症（ALS）の女性に対する嘱託殺人容疑で、医師二人が逮捕された。そのうちの一人は、「高齢者を『枯らす』技術」なるブログを開設、「もう見るからにゾンビとなって生きているので痛々しい」などと書いていた。二人は主治医だったわけでもなく、その場で初めて会って女性を殺害、金銭も支払われていたという。「生きる権利」への熟議がない殺人事件であり、「死ぬ権利」を議論する以前の問題。

だが、この事件を受けて、松井一郎大阪市長は「維新の会国会議員のみなさんへ、非常に難しい問題ですが、尊厳死について真正面から受け止め国会で議論しましょう」とツイート、案の定、日本維新の会・馬場伸幸幹事長が「尊厳死を考えるプロジェクトチーム」の設置を発表した。

ALSを患う、れいわ新選組・舩後靖彦参院議員がブログで「『死ぬ権利』よりも、『生きる権利』を守る社会にしていくことが、何よりも大切です」と書いたことを受け、馬場幹事長は「議論の旗振り役になるべき方が議論を封じるようなコメントを出している。非常に残念だ」と述べた。死ぬ権利より生きる権利を、と言っている議員に対し、残念、と返した。こんな人に命を考えてもらいたくはない。

石原慎太郎元東京都知事がTwitterでこの殺人を擁護した。ALSを、前世の悪業の報いでかかる病という意味を持つ「業病」と位置付けた上で、「武士道の切腹の際の苦しみを救うための介錯の美徳も知らぬ検察の愚かしさに腹が立つ」と述べた。何から何まで間違っている。前世の悪業による業病に耐えられなくなって武士道の切腹、という認識に少しの理解も示してはいけない。

優れている人間を残し、そうではない人間、そうではなくなった人間の命を選別しようとする優生思想は、定期的に政治家の口から放たれている。2013年、麻生太郎財務大臣が、終末期の医療費の高騰について、「死にたいと思っても生きられる。政府の金で（高額医療を）やっていると思うと寝覚めが悪い。さっさと死ねるようにしてもらうなど、いろいろと考えないと解決しない」と発言したし、石原伸晃元環境大臣は、『報道ステーション』に出演した際、社会保障の話の延長で「尊厳死協会に入ろうと思っている」と発言した。とにかく、議論する以前の問題なのだ。これらを議論の前提にしてはいけない。

RADWIMPSの野田洋次郎が、この事件の発覚前、Twitterで乱暴な優生思想をばらまいた。「前も話したかもだけど大谷翔平選手や藤井聡太棋士や芦田愛菜さんみたいなお化け遺伝子を持つ人たちの配偶者はもう国家プロジェクトとして国が専門家を集めて選定するべきなんじゃないかと思ってる。お父さんはそう思ってる。」優れた遺伝子には国家で選定した配偶者を。危うい思考だ。そもそも名指しされた人たちには、既に特定の相手がいるかもしれないし、どういった性自認でいるかもわからない。

この手の優生思想は、自分は優れている、自分は無事との現状認識がなければ出てこない。でも、石原も野田も、明日どうなるかわからない。事故や病で、自由に体を動かせなくなるかもしれない。少しの想像力を持てば、こんな発言は出ない。野田は「冗談で言っています、あしからず」と弁解したが、これほどだらしない弁解があるだろうか。

今こそ議論しようじゃないかと前のめりになった人たちが、軒並み、前提となる議論を理解していないのだ。前提を知らないのに、自分の結論を披露するのはやめてほしい。

小池百合子都知事が相変わらず新しいパネルを掲げているが、この原稿を執筆している時点での最新パネルは「今年の夏は『特別な夏』」である。東京新聞に、千葉に旅行へ行く予定がある東京都新宿区在住の主婦のコメントが載っている。「子どもが小さいうちは、毎年が特別な夏なんです」。見事な切り返し。付け加えるならば、どんな家庭・個人であっても、夏は特別なものだ。

自分の学生時代の夏といえば、甲子園で奮闘する高校球児に対して、「どうして、この人たちは負けても『後悔はありません!』って叫ぶんだろう」「甲子園の土って、外から補充しているんだよね」などとボヤいているような夏だったが、それはそれで特別な夏だった。

イソジン吉村知事の「特別な夏」

夏の甲子園大会は中止されたが、代わりとなる「甲子園交流試合」が行われ、その開幕を伝える記事には「特別な夏 始まる」と書かれていた。小池都知事には、言葉を先取りしちゃうセンスがあるのだろうか。だが、そのセンスは、感染対策としては具体性に欠ける。でも、彼女は、続いてはこちらでいきましょう、と新しいパネルを出し続ける。特別な夏、ってなんだろう。夏はいつだって特別です、と爽やかに切り返す記者はいなかったのか。

具体性に欠けるスローガンの連呼で困惑させたのが小池都知事ならば、いきなりの具体性で困惑させたのが大阪府・吉村洋文知事。

会見で、「嘘みたいな本当の話、嘘みたいな真面目な話をさせて頂きたいと思います。うがい薬を使って、コロナに効くのではないかという研究が出た」と切り出した。その目の前には、テレビの通販番組のようにズラリとうがい薬が並ぶ。「ご注文は、0120～」と続きそうな勢い。

宿泊施設で療養中の軽症や無症状の患者が、殺菌効果のある「ポビドンヨード」が含まれたうがい薬でうがいをしたところ、新型コロナウイルスが減ったとする結果を発表した。わずか41人への調査であり、論文が存在するわけでもない。ところがこの吉村知事の会見は、ワイドショーなどで速報として報じられ、薬局からうがい薬が消えた。厚生労働省は「国として推奨する段階ではない」とし、日本医師会は「エビデンスが不足している」とし、吉村知事の方針に乗っからずに静観した。

翌日、吉村知事が「一部誤解があるようなところも見受けられます」と述べた上で、「予防効果があるとは、ひと言も言っていない。ぼくが感じたことをしゃべり、『それは間違いだ』と言われたら、ぼく自身、言いたいことが言えなくなる」などと述べた。なかなかひどい。「コロナに効くのではないかという研究が出た」と切り出し、うがい薬を並べ、それによって起きたパニックを、ぼくは「予防効果」とは言っていない、これじゃあ、ぼくは何も言えないよ、と拗ね気味の態度。さすがに幼稚だ。

しっかりとしたエビデンスを示し、業務上、うがい薬を必要としている施設（歯科医院など）の分を確保した上で発表するなど、方法はあったはず。なんかよさげな結果が出たから会見開いて注目を浴びようと思ったんだけど、ちょっと言ったらすごい怒られてしまった、ぼくの意見に過ぎなかったのに、といった感じ。

小池も吉村も、どうやったら目立てるかばかり考えながら「特別な夏」を過ごしている。彼らの仕事とは、市民にできるかぎり負担をかけずに、それぞれの夏を過ごしてもらう策を練ることだが、誰よりも率先して「特別な夏」を過ごそうとしている。首長がやるべきことではない。

テレビをつけると、フワちゃんが出ている。今日も元気だ。エナジードリンクを飲んだ数時間後のように、効果が切れて真顔になる瞬間もあるが、その瞬間を晒すことも含めての人気なのだろう。

　フワちゃんの強度は、誰に対しても分け隔てなく接する姿勢にあるとされる。どんな大御所にも、友達感覚で突っ込んでいく。インタビューで、大御所に緊張しないコツはなんなのか、と問われたフワちゃんは、「緊張しないコツとしては、『あえてナメられるポイントを見つける』というか。TV見てるときは気づかなかったけど、『この人、意外と猫っ毛じゃん！』とか『うわぁ〜シャツの裾足りてねぇ〜』『コーヒーとタバコのにおい、ちょっぴりクサイ』とか、わりとその人の人間らしいところを見つけると緊張しなくなるよ」（『Quick Japan』Vol.148）と答えている。こうして、緊張しないコツがある、と吐露している。決して、「私、誰にも緊張しません！」ではないのだ。

フワちゃんの読み

　芸能界はやたらと芸歴を気にする。大人になるとあまりしなくなる、「えっと、1年違いで早生まれってことは、自分が小6の時に、小5だったってこと？　いや、小4？」みたいな話をずっとしている。「えっと、○○さんは、年齢的には下なんですけど、芸歴は2年ほど上でして……」というアレだ。『しゃべくり007』を欠かさず見ているが、原田泰造は無礼な態度で接してくる有田哲平に対し、「俺のほうが先輩だぞ！」と繰り返し怒鳴る。無礼講をベースに盛り上がっている空間が、その一言によ

って生臭くなる。それに対して周囲も笑い転げているし、収録番組でわざわざその言動を選び抜いているのは、その様子が好評ということなのか。

唐突ながら、私、過度な先輩後輩の関係がとにかく嫌い。高校バレー部時代、「先輩よりも早く体育館に行き、ネットを張る」「先輩の前を通るときは、屈んで通る」というルールがあった。なんだそれ、と思いながら2年間を過ごし、自分が3年生になった時、そのルールを撤廃した。早く来た人が張ればいいし、屈んで通らなくてもいい、というルールにした。我ながら素晴らしい改革である。しかし、休日練習にOBがやって来ると、そのルールというか、彼らにとっての伝統が崩されている様子に苛立ちを隠さなかった。くだらねぇ連中だな、と思っていた。

フワちゃんが芸能界を席巻しているのは、あれだけのハイテンションによって、「芸能界の上下関係がどうのこうの、というルールを根幹から崩している」からなのだろうか。そうではなく、「あそこまでハイテンションで来られると、そういう先輩後輩みたいなものを一時的に無効化せざるを得ない」だけなのだろうか。

今のところ、後者なのではないか、と感じる。本人は「大御所に緊張しないコツ」があると漏らしている。コツを自覚し、今日も明日もそれを用いようと心がける。フワちゃんは、いくつかのインタビューを読むだけでも、とてもクレバーな人だとわかる。自分に向かってくる大人の性質を冷静に見極めている。芸能界にあるルールを遵守しなくても、ハイテンションで乗り込めば彼ら（大御所）は許容してくれると見抜いている。

だが逆に言えば、ここまでしなければ許容されないのだ。ここまでしなければ、いまだに先輩後輩がそびえ立ってしまう。フワちゃんは例外、という事実は、逆説的に、マッチョな世界の残り具合を明らかにする。先輩かどうかなんてどうでもいいよという振る舞いが認められているが、それにも先輩へのお伺いが必要らしい。

唐突に「昨日の夜ご飯は何で、味はどうだったか、10秒で話してください！　さぁどうぞ！」とマイクを向けたら、多くの人はあたふたする。その時、実際にどんな料理だったか、味はどうだったか、じっくり考えるより、落ち着き払った表情で「ピーマンの肉詰めに、残っていた炊き込みご飯ですね」と淡々と答えた人のほうが、しっかりした人に見える。

内容よりも、重要なのは反射神経なのだ。ワイドショーのコメンテーターの実力というのはこれに近い。中身より反応の良さ。私は動じていない、と伝える力が問われる。

日本学術会議が推薦した候補者6名を菅義偉内閣が任命しなかった問題が連日取り上げられている。橋下徹が『グッとラック！』で、菅首相が105人の推薦名簿を「見ていない」と答えたことを受けて、「総理が全部、(リストを)見られるわけがないんです。それは部下がやるんです。105人のリストはあるけど、別に学術会議が出したリストを書き直したわけでない」とかばった。

受け流す立川志らく

こうやってズバリ言い切る様子に納得した人も多いのかもしれないが、ズバリ言っただけで、見解としてはまったく奇妙だ。問題はなぜ6名が任命されなかったのか、任命しない判断をしたのは誰なのかなのに、いつの間にか「総理が全部見られるわけがない」に移行させようとしている。この人はいつも自分の都合でズラす。淡々とズラす。そのズラしでおおよその問題に対応している。

任命権は首相にあるのだから、もし、「部下」

が6名を外していたのだとしたら大問題。「書き直したわけではない」から問題なし、とはならない。橋下のように、瞬時に強く断言されると、周辺がそれに切り返すのはなかなか困難である。あのように相手を茶化したり、(聞いてもいないのに&関係ないのに)「自分が大阪で首長だった時は」などと経験値を持ち出したりすると、立ち向かいにくくなる。彼はそれを知っている。

『グッとラック!』司会の立川志らくは、ちょっとした小言を漏らすものの、いつも、のらりくらりとしている。目の前の課題に対する煩悶が薄い。まぁ、そんなものでしょう、という反応が多い。ハッキリとした強い意見を言えば、それがたちまちネットニュースになる時代だが、志らくが、まぁ、そんなもんでしょう、をベースにして、興味はあるんだけどね、くらいで終わらせる場面をよく見る。

この番組がリニューアルされ、コメンテーターの多くが新しくなり、メインコメンテーターに田村淳、そして月曜日コメンテーターに橋下徹が加わった。いずれもハッキリとモノを言う人である。志らくは、リニューアルに先駆けた田村とのWEB対談で「毎日炎上します」と嬉しそうに言っていたが、番組を見ていると、強気に意気込むよりも、「そんなもんでしょ」が多い。

その環境の中に入ってきた橋下徹の意見をそのまんま受け流す。この番組に限らず、議論を呼ぶ発言をすぐに「炎上」と位置付け、そこで議論を終わらせる機会が増えているが、これでは引き続き、言い切る反射神経ばかりが重宝される。

日本学術会議が推薦した候補者6名を、なぜ任命しなかったのか、誰がその判断をしたのかを問い続けなければならない。「総理が全部、見られるわけがないんです」というのは、議論がズレている。「まぁ、そんなもんでしょ」と「自分はハッキリ言うよ」が混じり合うと、こうやって、そもそもの問題がズレる。今日も明日も、意図的にズラしているのである。

トランプ大統領の4年間

まもなくアメリカ大統領選挙の投票日を迎えるが、ドナルド・トランプ大統領から繰り出される罵詈雑言、自国優先というか自分優先の振る舞いが一向に止まらない。

彼はいつも自信満々な表情をしている。自信満々というか、「どうだ、俺、自信満々に見えるだろ！」と主張する表情をしている。不安なのがバレないようにイキっているのかもしれない。

記者から厳しいツッコミを浴びれば、指をさして「フェイクニュース！」とキレる。民主党のジョー・バイデンをあらゆる方法で揶揄し、新型コロナを全て中国のせいにする。マスクをせずにコロナにかかったトランプを批判した米国立アレルギー・感染症研究所のファウチ所長らを「ファウチや間抜けどもの言うことに飽き飽きしている」「彼らの言うことを聞いていたら50万人が死んでいた」と貶《けな》す。

嘘をつくのをやめようね。むやみに人の悪口を言うのはよくないよ。何かあっても人のせいにしちゃいけないよ。これは、幼稚園の先生に真っ先に言われ、小学校の先生にも言われ、中学生の頃にはさすがに言われなくても理解していた注意事項だが、自分の判断で世界を動かせる人が、それらを学ばないまま、オレの自信満々をまき散らした4年間だった。

諸外国の首脳は、彼の傍若無人な様子に苦言を呈しながら慎重に付き合ってきたが、手放しで受け入れてきた人がいる。私たちの国の総理大臣だった安倍晋三だ。首相を辞めてから、自分のことを悪く言わなさそうな媒体を選び、思う存分インタビューに答えているが、産経新聞のインタビューでは、トランプ大統領との付き合い方についてじっくりと語っている。

　記者から「トランプ氏との信頼関係は世界に注目されたが、付き合うコツは」と聞かれ、「私のおやじはよく『外交の要諦は誠心誠意』だと話していた。私も全くそうだと思う」と返答。あたかも、意中の相手を落とす技術を開陳しているかのようだが、国家のトップ同士についてのやりとりである。

　続いて「トランプ氏に示した誠意とは」と聞かれると、「国際社会はトランプ氏に非常に冷淡な雰囲気を持っていたが、私は同盟国のリーダーでもある米国大統領に対しては最大級の敬意を払わなければならないと思い、どんな会議の場でもそういう対応を取ってきた。日米の間では相当激しい議論をすることもあったが、国際会議では彼の立場がなくなるようなことはしなかった」と続けた。これまた意中の相手を落とすための話に聞こえるが、確かに、意中の相手から嫌われないようにすることばかり考えて、実際には、戦闘機を何機も言い値で買わされるなどしていた。

　嘘をつかない。人の悪口を言わない。人のせいにしない。今、自分がこれらを完璧に守れているかといえばそんなことはないのだが、その都度、本当にこれでいいのか、と確認作業をしてはいる。これを頭に入れておくと、それなりに人の気持ちがわかるようにはなる。

　トランプと安倍の仲がなぜ良かったのかといえば、もちろん、トランプにとっては「買え！」と言えば「買います！」と言ってくれる相手だったからだが、平気で嘘をついたり、人の悪口を言ったり、人のせいにしたりする共通点があったからだとも思う。なにかしら自分の近くで問題が生じたときに、なんとかして自分以外に責任を押し付けようと急ぐ様子も似ている。自己肯定力の異様な強さに、自己以外が苦しめられた。なかなか困った事態でとても迷惑だった。

糸井重里がまた逃げている

自分が長らく連載しているサイト「cakes」で、ある記事が炎上した。自分の記事ではない。写真家・幡野広志による人生相談コラムだ。タイトルは「大袈裟もウソも信用を失うから結果として損するよ」。夫からのDVに悩む女性の相談を受けたものだ。相談内容は切実で、何をやっても夫からダメ出しされ、実家に帰っても引きずり出されるような日々が続いた。非道な仕打ちを受け続け、離婚したいのだが、子供のことを考えるとそういうわけにもいかない……との相談だった。

幡野は、この相談に対し、あろうことか、「正直なところぼくはあなたの話を話半分どころか話8分の1ぐらいで聞いています。眉毛は唾で濡れています、ウソだけど」などと、相談者を踏み潰すような回答をぶつけた。家庭内暴力は、文字通り、家庭内で行われるからこそ表面化しにくい。経済的・肉体的に支配されることで、今回のような、逃げたくても逃げられない事態が生まれている。

この幡野の記事に賛同を示しながら「嘘をつかない答えって、嘘に惑わされないことなんだね。相談の文を読んでるときと違和感が、そのまま回答だった。ところで『遊びっていっても深夜に夜釣りしているのか』がサイコー！」とツイートしたのが糸井重里である。幡野の著作に推薦文を寄せるなど近しい関係性だが、幡野が嘘だと断定したことを追認し、その回答を踏まえながら「サイコー！」などと添え、幡野に乗っかった。

この記事について、幡野が、相談を投げかけた女性とのやりとりを踏まえた上での謝罪文を掲載した。「DV被害の二次被害を増長させてしまったこと、DV被害の経験者の方を苦しめてしまったこと、DV被害について無知であるにも関わらずウソと決めつけて記事を書いたことを、深くお詫びします」（幡野広志『10月19日に公開されたぼくの記事について』cakes）と、二次被害や被害者への影響に言及した。

これに対し、糸井がどう反応したかといえば、「幡野さんと相談者の方の真摯なやりとりを読みました。幡野さんの誤解に基づく回答を、軽々しくリツイートしたじぶんも悪かったと思います。相談者のみなさん、ほんとうにごめんなさい」とのツイートのみ。

妙だ。糸井がしたのは「リツイート」ではない。嘘だと追認し、「サイコー！」と締めくくり茶化していた。「幡野さんの誤解に基づく回答」に気づけなかった自分も悪いと、その行為を小さく見せようとしている。幡野は、相談者だけではなく、DV被害の経験者にも言及したが、糸井は相談者のみ。これ、大きな違いだ。

糸井の言動については自著でも度々触れてきたが、2012年のツイート「そうか。犬も猫も、告発したりじぶんこそが正義だと言い募ったりしないんだ。ああ、大好きだ、あなたたち。」に代表されるように、社会問題や政治に対して声をあげる動きに、冷笑する姿勢を見せ続けてきた。

まぁまぁそんなに腹を立てずに、おだやかに過ごしましょうよ、という力の抜き方は、個人でやる分にはどうぞご勝手に、だが、それどころじゃない人は世の中にたくさんいて、だからこそ勇気を軽んじる言動は暴力性を持つ。まさに今回のように、自分の言葉で人を踏み潰しているのに、人を傷つけている様子を見過ごしてしまいました、に薄めて逃げてしまう。巧妙に逃げ切ったつもりかもしれないが、さすがにもう、「うわっ、また逃げているよ」と、後ろ姿が捉えられている。いつまでこんな感じを続けるのだろう。

デヴィ夫人の自宅公開映像を見ると、大金持ちになるのってそんなに楽しくないのかも、なんてことを思う。高級なあれこれが、窒息しそうに並んでいる。高級なものを買ったので次はもっと高級なものを買いましたという欲望の具現化から、寂しさを感知するのは私だけなのだろうか。自分の胸に手を当て、どんなに素直になっても、羨ましいという感情が見つからない。

彼女のブログを頭から読んでいくと、とにかくパーティーと会食の日々で、別世界っぷりを伝えてくる。ブログのプロフィールには「東京都出身の国際文化人」「優雅で煌びやかな衣裳と華麗な経歴、そしてどこか浮世離れした不思議な存在感で、他に類の無い独特なキャラクターと認識され、テレビなどで大活躍している」とあり、自ら率先して「浮世離れ」している立場にあると伝えてくるのだが、自分の尊敬する「国際文化人」はあまりそういうことを言わない。

「国際文化人」デヴィ夫人

企業の人事担当と話した際、学生時代に海外を放浪したなどと、むやみに国際性をアピールしてくる学生には気をつけると言っていた。デヴィ夫人ってそんな感じだが、彼女のアピールは人事担当に向けられたものではない。では、そのアピールは誰に向けられたものなのだろう。

デヴィ夫人は、２０１９年開催された「あいちトリエンナーレ」内の「表現の不自由展・その後」への抗議に端を発した、愛知県・大村秀章知事に対するリコール運動に参加している。記者会見の場で「大村知事、あなたは日本人ですか？」

などと述べたそうで、あの展示の意図を即物的ではなく丁寧に読み解こうとすれば、賛成するにしろ反対するにしろ、「あなたは日本人ですか?」という短絡的な宣言にはならないはず。少なくとも「国際文化人」とは思えない振る舞いである。

『胸いっぱいサミット!』で、デヴィ夫人が女性の不妊について、「ほとんどの原因、9割9分堕胎」「不妊になる一番の理由は、妊娠して子どもを産みたくないって堕胎する。あれを絶対に禁じりゃいいんですよ」などと暴言を吐き、生放送中にアナウンサーが謝罪するも、彼女は「数字が間違っていたかもしれません」などと、持論を保つような言い訳を重ねた。

翌週の番組でアナウンサーが、不妊の原因は男性にもあることなどを伝え、彼女もブログに謝罪文を載せたが、「私はカソリック教徒だったため、中絶によってその方自身、または周りの方々が生涯取り返しのつかない後悔に陥ってほしくないという強い思いからの発言でした」と、やっぱり、謝罪ではなく言い訳。何を信じようが自由だが、カソリック教徒だからこんな発言をしてしまった、という逃れ方はどうだろう。

超テキトーなことを放言しておいて、その言い訳を「カソリック」に背負わせる。「私はカソリック教徒だったため」の後に(※)とあり、ブログの末尾に「※『デヴィ・スカルノ自伝』1978年発行　文藝春秋刊」と書かれている。あたかも、自分の長く華麗なキャリアを知ってくださっている方ならばおわかりいただけると思うのですが、と言わんばかりだ。

デヴィ夫人を前にすると、私たちはいまだに、「インドネシア元大統領夫人であり、政変後1970年パリに亡命。社交界で『東洋の真珠』とうたわれる」(前出のブログのプロフィール欄)という、自身からのプレゼンを素直に引き受けてしまう。今回のような暴言についてでさえ、粗雑な言い訳をばら撒く存在には、シンプルに手厳しく迫るべき。国際文化人ではないのだ。

島津亜矢と丘みどりが見たい

毎年、冬が近づくと、「〇〇が紅白に内定」との情報がこぼれてくる感じがいただけない。就職活動とは異なり、この「内定」情報からは、どうしても、大人の事情ばかりがプンプン臭う。いざ、出場者が発表されると、今年落選した人達への言及が盛んになる。今年であれば、AKB48が12年連続出場を逃したことが注目されたが、同系統のグループの中核にいないのは明らか。その落選さえ、当人の声を添えながら存在感を維持する。出場も落選も、物語の更新に用いられていく。

　紅白って、ずっと前からそういうものだ。事情が滲みまくっている。「この人は、本当に活躍しているのか?」と冷静に見つめれば、２０１０年以来、郷ひろみが連続出場し、頻繁に『2億４千万の瞳』を歌っている状態に対する納得のいく説明はできない。「紅白ってそういうもの」という諦めと、「さすがは紅白」という興奮のバランスは人それぞれだが、実際に放送されてみると、「紅白ってこういうもの」という感想に行き着きやすい。うん、これでいいのだ。長年続いてきた流れに飲み込まれるアーティストたち。曲と曲の間にある小芝居コーナーに付き合わされたり、演歌歌手がアイドルをバックダンサーに従えたら、そっちばっかり映されていたりする、アレを眺める。

　新型コロナウイルスの感染拡大で、ありとあらゆるライブが中止となったが、多くのミュージシャンがオンラインライブを配信するなど、柔軟な対応を見せた。実際に観られない物足りなさを感じつつも、それらを楽しんだ。となると、今年、取り残されたのは、地方にある1000人収容くらいのホールで行われるコンサートを楽しんできた（主に）高齢者層だろう。そういう、「年に数回、地元に演歌歌手がやってきてくれて、ご近所さんの何人かと観に行く感じ」が失われた状態へのケアはなされなかった。

だからこそ、今回の紅白で、紅組から島津亜矢と丘みどりが落選したのが腑に落ちない。島津も丘もNHK『うたコン』には頻出していたし、どんな曲でも器用にカバーする島津と、若手の実力派・丘は、いかにも紅白の「いつもの感じ」を背負える存在だった。その感じは今年こそ大切にすべきだったはず。

島津は、「ごめんなさい。」と題したブログに「本当に申し訳ありません。私の力不足です。本当に申し訳ありません。」と書き、陳謝を繰り返した。演歌歌手にとって、紅白出場は、翌年の興行に直結すると言われてきた。だからこそ、島津や丘を、というのは安直だけれども、ステイホームでじっと耐えた今年、「いつもの感じ」をどう作り上げるかという観点が抜け落ちてはいなかったか。

本来であれば、東京オリンピック・パラリンピックを賑やかに振り返る構成を想定していたのだろうが、それどころではなくなった。こんな時だからこそひとつになろうだとか、絆だとか、皆で乗り越えようだとか、そういうシンプルなスローガンが飛び交うに違いないが、こういう時には、紅白という装置にスムーズに馴染める姿が似合うに決まっている。

水森かおりがご当地ソングを歌い、三山ひろしがけん玉にチャレンジする。年に1回それを観る。まあ、いつも、こんな感じだよな、で一年が暮れていく。これでいいのだ。正直、いざ本番の紅白を見れば、落選した存在なんて忘れて、まあ、こんなもんだな、と思うに違いないので、前もって言及だけしておきたい。

宮崎謙介再不倫との向き合い方

誰かの不倫について、赤の他人が外からとやかく言うべきではないし、とやかく言える立場にある配偶者の気持ちを勝手に借りて、「奥さん（or旦那）の気持ちを考えてみたことがあるのか！」と前のめりになるのもおかしな話だ。更に外から、「ところで誰だお前！」とツッコミたくなる。

しばらく前に不倫が発覚し、議員辞職に追い込まれたのが宮崎謙介・元衆議院議員。パートナーの金子恵美も当時は国会議員だったが、今ではワイドショーのコメンテーターとして、その場で求められる内容を察知した無難なコメントを重ねている。安倍晋三前首相が辞任を表明した直後、安倍に向けられた厳しい声を「選挙に出て総理になってから言ってもらいたい」と遮ったのが金子だった。その時私は、金子に対して、民主主義の仕組みを根っこから壊すような発言は、せめて、選挙に出て総理になってから言ってもらいたいな、なんて思ったのだった。

宮崎謙介の不倫行為が再び発覚した。「4年ぶり2度目」という甲子園出場校のような記載がネットを賑わせたが、先にも記したように、誰かの不倫について、関係のないことなのでとやかく言わない。

そんな二人が『サンデー・ジャポン』に出演し、それはどうやら、妻が出演する予定となっていた番組で、妻だけに説明をさせるわけにはいかない、という夫の強い希望を受けたものだったらしい。そのやり取りを見ていて、私だけではなく多くの人が、家で済ませて欲しい、と思ったはずである。

こういった、家で済ませて欲しい内容をテレビの前でやる様子への違和感は「不倫を許すな！」との声に便乗するのとは異なるものではないか（と感じたので、その点を議論したい）。

宮崎も金子も、不倫の事案を受けてお茶の間で知られる存在になった。金子が『許すチカラ』と題した書籍を出したことからもわかるように、夫の不倫を経てもその夫を許した自分をあらゆる言動の軸足に置いてきた。繰り返し、周囲が「あなたは、こんな夫婦に共感できますか」という問いを発生させてくる。

本来答える必要のない問いかけを立て続けに受けると、人はうっかりその問いに答えようとしてしまう。いくら避けても、また改めて問うてくる。金子が宮崎の不倫を許したかどうか、その後、宮崎がどうしているかなんて、私にとってはどうでもいいことなのだが、もし、「いや、マジでどうでもいいっすよ、そんなこと！」と声高に言えば、それさえ、問いへの答えになってしまう。

最寄り駅の近くで焼き芋を売っている屋台がある。通りかかる人の目を見ながら「いかがっすか？」と声をかけてくる。ちょっとうるさいなぁと思いながら通りかかるのだが、もし、「いりません。静かにして」と返したら、それは踏み込んだメッセージになる。反応したら負けなのだ。

テレビを作る人は双方向性でなにかをやろうとするのを好むが、テレビってやっぱり一方向性、つまり、テレビの中から外に向けて一方的に流れてくるもの。テレビの中で発生し続けている問いかけを、外から変化させるのは難しい。テレビの影響力がそれなりに維持されているのは、一方的だから。宮崎謙介と金子恵美にまつわるあれこれというのは、この代表例だと思う。

どうでもいいと思っているのに、テレビをつけていると、さて、この夫婦についてどう思いますか、との問いかけが降りかかってくる。どうでもいい。でも、その、どうでもいいことが流れ続けるのがテレビという装置なのだろう。

東京オリンピックができるかどうかわからない時に、ある体操選手が言った、「〝できない〟ではなくて、〝どうやったらできるか〟を皆さんで考えて、どうにかできるように、そういう方向に考えを変えてほしい」発言はなかなか忘れられない。

どんな人にも、こうやって暮らしたい、あれをしたい、これはしたくない、というものが頭の中に並んでいる。「あそこのスーパーは野菜の鮮度がイマイチだから、できればもう一つのスーパーに行きたいけど、これだけ暑いと、移動している間に鮮度が落ちてしまうかもしれないし、だからまあ、わざわざ行かなくていいか」と判断する。その判断を誰かに詳しく伝えることはない。伝えないけれど、その人にとってはとても大切な判断で、毎日を生きていると、この繰り返しになる。

東京五輪については招致決定段階から問題視する原稿を方々で書いてきたのだが、1年延期が決まり、1年後の開催も危ぶまれている中で、「それでもやる」と言う人たちの声として、「だって五輪だよ」的な押し付けが増えてきた。先述の体操選手は「もしこの状況で五輪がなくなってしまったら、大げさに言ったら死ぬかも

2021

しれない」「それだけ命かけてこの舞台に出るために僕だけじゃなく東京オリンピックを目指すアスリートはやってきている」とも述べている。それを知って、心の中だけで「誰様だよ」と思った。さすがに言葉にすると強いので書かなかったが、そう思ったのだった。マジで誰様だよ。

アスリートに対して、そんな口の利き方をしてはいけないとする空気がある。なんだろう、その空気は。私たちにはそれぞれ大切にしている日々の営みがあって、新型コロナとの付き合いがまだ続いているこの頃は、それらがまだ奪われそうになっていた。東京五輪が大事な人もいれば、そんなものは大事ではない人もいる。それよりこっちに力を注いでくれよ、とは言わせない空気作りがあった。五輪が終わり、あれをやったところで感染爆発には繋がらなかったよね、と総括する人がいる。いや、感染者は出たし、複合的な要因は分析しきれていない（完全に分析するのは不可能）。そして、こんな時に五輪を優先してしまった以上、「優先されなかったもの」の存在がある。そのあたりの検証が切り捨てられていなかったか。そして、問題発言を連発した森喜朗大会組織委員会会長を「余人をもって代えがたい」とかばい続けたのが、その後、裏金問題で時の人となる世耕弘成議員だった。

富川悠太アナの報道姿勢

再び緊急事態宣言の中を生きている。できる限り感染対策をしているが、完全に防ぐのは難しい。極力、外出を控えているが、たとえば毎週金曜日に担当しているラジオ番組の生放送は、自宅から、というわけにはいかない。相応の設備を自宅に構えれば不可能ではないのだが、そのためにはスタッフに家に来てもらう必要もある。

……なんて書くと、多くの人が、「うん、それは仕方ないよね」と思ってくれるはず。でも、それは比較的目立つ仕事だからであって、「〇〇部の定例会議でプレゼンする〇〇さんが、やっぱり会社に行かないと資料を作ることができない」という状態に対して、「それは家でやれよ」と言ってはいけない。比較なんてできないのだ。人の動きをなるべく減らさなければいけないのはみんな分かっている。

7割リモートワークでよろしく、と言われる。どう頑張っても3割にしかならなかった。そんな会社は多いと思う。そこへ向けて、もっとやってよ、と政府は言う。十分な補償をするわけでもないのにそんなことを言う。あらゆる職種、あらゆる組織、あらゆる個人に、あらゆる理由があるのに、もっとなんとかなるでしょ、と言う。ラジオの生放送はしょうがない、と思われる。〇〇部のプレゼンはどうにかしろよ、と思われる。でもそれって、比べられるものではない。どちらも切実だ。

菅義偉首相は、昨年末の段階で緊急事態宣言を出すことは考えていないと言っていた。ところが年始すぐ、出すに至った。1月8日に『報道ステーション』に出演した菅首相は、富川悠太アナウンサーから「今日の東京都の感染者数は2392人と、2日連続で2000人を超えました。率直に、この数字というのはどうご覧になっていますか?」と問われ、「去年の暮れにですね、1300人というのがありました。あの数字を見た時に、かなり先行き大変だなというふうに思いました」「(2週間前からは)想像もしませんでした」と答えた。

その様子に対し、私は思わず『街の声』みたいな答え」とツイートしたのだが、ちょっと反省している。なぜって、「街の声」の多くは、もっと冷静に、前々から警戒していたから。「想像もしませんでした」って、街を探しても、友人・知人にメールしまくっても、親に電話しても、なかなかたどり着けない見解である。

記者会見を開いても、とにかくすぐに終わらせたがるのは前任の安倍晋三譲りだが、内閣広報官に「次の予定がありますので」と言わせ、1時間ほど(1時間に満たないこともある)で会見を切り上げてしまう。翌日の新聞に載る首相動静を見ても、その後に大した予定は入っていない。首相の判断によっては、生業を諦めなければならなくなる人も出てくるというのに、首相は、その場を手短に乗り切るのに精一杯なのだ。

こんな状態だからこそ、テレビ出演でインタビューに答える機会は貴重なのだが、富川アナウンサーは、冒頭で、「総理も休み返上でコロナ対応にあたられていましたね」「おせちなど食べる時間はあったのでしょうか」「(いや、まったくないです、との答えを受けて)本当にお忙しい中お越しいただきまして……」と、おべんちゃらを繰り返した。首相がおせちを食べたかどうかなんて、聞くべき質問として、60000番目くらいだと思う。メディアが、彼の機嫌を気にすればするほど、彼らはコロナが収束しないのを国民に押し付けやすくなる。一体、どちらの味方なのか。

かつて、『ロンドンハーツ』で、狩野英孝への大規模なドッキリが行われた。彼自身がロックスターとして海外でもブレイク、台湾で大掛かりなライブを敢行する企画だった。ドッキリがバレた後の困惑より、スター気取りで気持ちよさそうに歌う彼の姿が頭に残っている。あの経験ができたなら、それでいいのではないかと思った。

　このところ、「なにがなんでもオリンピックをやるんだ」と主張する長老たちの声を聞くたびに、狩野英孝を満足させたような感じで、どこかで1日だけ偽のオリンピックを開いてあげることはできないだろうか、なんて考えが浮かんできてしまう。

　長老たちの声を紹介してみよう。

神様に祈る森喜朗

　自民党・二階俊博幹事長「ここで五輪を開催するのしないのって、ちゅうちょしている問題じゃない。あらゆる困難を乗り越えて、国民の期待、世界の皆さんの期待に応えるべきだと思う」

　菅義偉首相「夏の東京オリンピック・パラリンピックは、人類が新型コロナウイルスに打ち勝った証として、また、東日本大震災からの復興を世界に発信する機会としたいと思います。感染対策を万全なものとし、世界中に希望と勇気をお届けできる大会を実現するとの決意の下、準備を進めてまいります」

　森喜朗・組織委員会会長「ここで私が考え込んだり、たじろいだり、もし心の中に多少の迷いがあったら、全てに影響してくる。あくまで進めていかないとならん。淡々と予定通り、進めていくという以外にお答えする方法はない」

彼らは、どうやったらできるだろうか、とは考えない。できると思っているからできる、なのだ。こうなってくると、禅問答というか、神頼みといった感じ。いや、森喜朗は、もうかなり前から神との対話を続けてきた。延期が決まる直前、毎日新聞のインタビューでこんなことを述べている。

「八百万《やおよろず》の神よ、世界中の科学者に英知を与えたまえという気持ち」

「神は私と東京五輪にどれほどの試練を与えるのか」

そして、「あとは毎日毎日、神様にお祈りする、天を敬う、それしかない」とも言っている。まだ、神とオレの対話でどうにかしようとしているのだ。

個人的に、特に信じている神はいないのだが、こうなったら、あえて対話を試みたい。神様、森さんのことをどう思いますか。

「そんなこと、こっちに聞かれても困りますが、さすがにオリンピックどころではないと思います。彼がやりたい気持ちもわかりますが、もっと他に考えるべきことがあるはずです。自分の欲ばかり追い求めてはいけません。今、どういう状況にあるか、自分なりに考えてほしいものです。世界は危機にあるのです、彼の夢を、日本の夢に、あるいは世界の夢に膨らませてはいけません。目の前の生活が揺さぶられている人たちがたくさんいるそうですね。オリンピックというのは、そういう不安を無視してまで開催されるべきだとは思えないのです。彼が対話すべきは私ではありません。窓を開けてみてください。何が見えますか。学校へ向かう小学生が見えますか。会社へ急ぐ労働者が見えますか。静かに歩く老人が見えますか。小走りで荷物を届ける配達員が見えますか。誰が見えますか。今、夢よりも優先すべきことが他にあるのではないですか」

と、神が言っている。あくまでも自分が対話しただけだが、森が対話している神よりも、よほど建設的な指摘をしてくださっているのではないか。

石橋貴明が今やっていること

とんねるずの石橋貴明が『情熱大陸』に出ていた。この番組は、その日の主役のちょっとした乱高下を見せるのが「型」になっている。あれだけ活躍していた芸人が活躍の場を失ってしまい、今ではYouTubeで復活している。これほど型通りに番組を作りやすい存在もいない、と思って見始めたら、本当に型通りに仕上げていた。

作り手が『情熱大陸』っぽく作っているのか、被写体が『情熱大陸』っぽく振る舞っているのか、その共同作業なのかはわからないが、公園のブランコに揺られながら、かつて相方・木梨憲武と、もうやめようかと悩んだ日を思い返し、「（結局この仕事が）大好きなんでしょ」と宣言する展開は、『情熱大陸』のサンプルのような回だった。

1997年から2018年まで続いた『とんねるずのみなさんのおかげでした』が終了し、テレビの世界から戦力外通告を受けたと感じた石橋は、まだやりたいことがあるのに、やれる場所がないもどかしさを抱えていた。

その後、始まったトーク番組『石橋貴明のたいむとんねる』を時たま見ていたが、周囲が石橋の進めたい方向に話を合わせていく努力が表に出てしまっていた。2017年、『とんねるずのみなさんのおかげでした』の特番で、かつての人気キャラクター「保毛尾田保毛男（ほもおだほもお）」を復活させ、「ホモなんでしょ？」「ホモじゃないの、あくまでも噂なの」などとやりとりさせたことも問題視された。「時代が読めていない感じ」ではなく、「時代が読めていないことをなんとも思っていない感じ」が、正直、なかなか痛々しかった。

YouTubeチャンネル「貴ちゃんねるず」を開始すると、清原和博との「男気ジャンケン」などの企画が話題になり、すっかり覇気を取り戻した。伝説のスタイリストTAKAKOとして、IKKOとクリスマス旅をするなど、これまでやってきたことをYouTubeに落とし込む手法がウケている。

そもそも、いわゆるYouTuberの「〜をやってみた」系のガサツなお遊びコンテンツは、旧来のバラエティの作法を、よりコンパクトにまとめた形態のものが多い。石橋が自身の得意技をそのまんまやったら、YouTubeの世界で、すっかり「本物の凄み」と受け止められたのだ。

『情熱大陸』では、マッサージを受けている石橋が、最近では働き方改革などと言っていて、ADを先に返すような現場も多いみたいだけど、それでどうやって、人よりも早くディレクターになれるのか……などと、不満をのぞかせていた。

まだこの感じなのか。わざとこの感じを出しているのか。かつて、ロバート・秋山が、架空のTVプロデューサー・唐沢佐吉の口癖として「最近のテレビは元気がない！」を用意していたが、石橋の主張はまさにそれだった。

大物芸人が司会を務め、数多くの芸人が、ひな壇で拾ってもらうための面白トークを繰り返す構図には、さすがに多くの人が飽きてきた。とりわけ尺の短いものに慣れている若い世代には、石橋の作る動画のほうが入りやすいのもわかる。

ただし、それはちっとも新しいものではない。少し前にテレビでちょっともう古いと言われたものが、場所を移したことで新しいとされる。移行は見事だが、それが「最近のテレビは元気がない！」といった雑な意見を呼び込み、テレビにはタブーがあるけど、こっちにはない、と気持ちよく区分けするだけならばいただけない。やっていることは変わらない。これって、YouTubeのあれこれを見る上で、大切な事実だと思う。

森喜朗を擁護し続ける男たち

東京オリンピック・パラリンピック組織委員会の森喜朗が女性蔑視発言をした。今回もいつものように、あの人はああいう人だから、というキャラクター付けに頼ろうとしている。

　これくらいのこととみんな言ってるでしょ、という雰囲気。今まで大丈夫だったじゃん、と過去にすがる。周辺が逃げ道を作るために尽力している。なかには、とにかく擁護しようと前のめりになるあまり、わけがわからない発言も多かった。

　たとえば、萩生田光一文科大臣の発言はこうだ。

「『反省していないのではないか』という識者の意見もあるが、森氏の性格というか、今までの振る舞いで、最も反省しているときに逆にあのような態度を取るのではないか」

「逆に」が、ちっとも「逆」ではない場合において、「どこが逆なんだよ！」と突っ込むのってよくある展開だが、その場合、突っ込まれたほうは素直に応じて、「だね、逆じゃないね」と笑う。でも、萩生田大臣は、結論として「逆に」を使った。謝罪風の会見で、記者に対して「おもしろおかしくしたいから聞いているんだろ」と逆ギレした森会長。あの逆ギレは、逆にあのような態度をとったものであり、実は最も反省していたらしい。

　この数日、私が最も反省したことといえば、家に常備してあるミカンがなくなったので、「じゃあ、今日買ってくるよ」と妻に告げたものの、すっかり忘れて家に帰ってきてしまったこと。自分から言い出したのに忘れるという情けない状態に、素直に「いやー、ごめん」と謝ったのだった。でも、あれは、最も反省してはいなかったのか。「こっちは、忘れたくて忘れているんじゃねぇんだよ」と妻に吐き捨てるのが最も反省している、これが荻生田理論である。

静岡県の川勝平太知事は、森会長について、「森会長とは20年来の付き合いがあるが、ご本人は女性を蔑視するような人ではない」と擁護した。これもまたすごい。女性を蔑視する発言をした人に、女性を蔑視するような人ではない、と言っている。前方不注意で電信柱にぶつかって、車の前方がへこみ、エアバッグがハンドルから飛び出ている状況を見て、「この人は、事故を起こすような人ではない」と言っている。

無理がある。でも、無理があっても、それを貫き通せてしまうのが、この男性社会の仕組みなのだ。なぜ通そうとするのか。お世話になっているから。その人の立場をそのままにしておけば物事がスムーズに流れると信じている人がいつまでも持ち上げる。

自民党の世耕弘成議員が森会長について、「余人をもって代えがたい」「直前のタイミングで、森氏以外に誰か五輪開催を推進できる方はいるのだろうか」と述べた。これだけの非難を浴びても、なんとかそのまんま逃げ切ろうとしている人以外、五輪開催を推進できる人がいないのならば、五輪そのものを返上したほうがいいと思う。

世耕弘成議員による『自民党改造プロジェクト650日』と題した2006年に出た本を読んでいたら、ある選挙で、森さんから連絡してもらえば選挙に協力してくれそうな団体や組織をピックアップし、森さんに電話してもらった、とある。「『今晩は。森喜朗です。よろしく』という電話をもらったら、平常心ではいられまい」だそう。平常心でいられるよ。

政治って、ずっとこういう感じ。くだらない。こちらは平常心を保つ。保った上で、森会長を問う。

キングコング・西野の商法

千鳥・大悟が「捕まってないだけの詐欺師」と形容したのがキングコング・西野亮廣。オンラインサロンの会員数7万人を誇るインフルエンサーが、現在、自身の絵本の映画化『えんとつ町のプペル』の宣伝に励んでいる。

この映画に関連したクラウドファンディングでは、「真っ直ぐ目を見て御礼　500円」「西野があなたを意識する権　10000円」を売りさばくなど、信者向けビジネスに批判の声が向けられたが、「宗教みたい」という揶揄を向けたとしても、当人はそれを逆境に立ち向かっていく物語のスパイスとして活用するだけなので、大した意味を持たない。

なので、彼の考えをしっかり知ろうと思い、著書『ゴミ人間　日本中から笑われた夢がある』を

読んでみる。早速サブタイトルにある「日本中」に引っかかる。自分は日本中からバッシングを受けたが、それを撥《は》ね除《の》けてきたと自ら繰り返す。

「僕には、日本中から笑われて、日本中から殴られても、捨てられなかった夢があります」

言葉がデカい。とにかくデカい。彼に対するネガティブな意見が多いのは事実だが、それは決して「日本中」ではない。でも、こうやって、向かってくる相手の存在を大きくすれば、自分の存在も大きくすることができる。オンラインサロンの会員が7万人とは驚くものの、日本や世界という言葉を用いながらどうこうする数でもない。

使う言葉がデカい状態を、カッコイイ、と思う人もいるのだろうが、自分はやっぱり、雑だな、

が出てくる。ただ、そういった反意を探して吸い寄せて活用してきた。

最初の絵本を出すために出版社を探している時に、幻冬舎の編集者を紹介された。すると、その編集者は「西野さんが、他社で作品を発表したら僕は自殺します」と言った。西野はその言葉を「胸に刺さりました」などと語るのだが、使ってはいけない言葉である。そして、感銘を受けてはいけない言葉である。

我が道を行く人なのかと思いきや、本を読むと、タモリさんに絵を描けと言われたとか、炎上していたクラウドファンディングのリターンとして用意していた、30万円でオリジナルの絵を描く権利を博多大吉さんが買ってくれたとか、映画の声優を立川志の輔師匠にお願いしたら快く引き受けてくれたなどと、影響力のある人との接点を丁寧に書き記している。

つまり、「すごいっすね！」と言われるであろうことは、丁寧に記す。自分のための有効活用なのだろうが、いつも、嫌われ者でいたがる無頼派を気取る感じとは相反する。

「コロナに襲われた？　関係ない。そんなものは全て言い訳だ。『言い訳じゃない』と言うのならば、コロナに襲われているのに生き残っている同業者の存在を、キミはどう説明する？」

はい、説明します。全世界にまんべんなく襲いかかったコロナは、多くの業種を叩きのめし、ある特定の業種には有利に働いた、と分析されるものの、たとえ同業でも、地域や規模によって、生じた影響に差異があります。

こういう説明をしたところで、そういうことじゃないんだよな、と言われるのだろうけれど、この日本社会が閉塞感の中にあるのは、「コロナに襲われているのに生き残っている」勝者に位置付けられる人が、自分の勝因の証明にひた走り、社会全体を見ようとはしないからだと思う。しかも、そういう人こそ、日頃から「日本中」なんて言葉遣いを好んでいるのが結構困る。

「リコール署名」を訴えた皆様

愛知県・大村秀章知事へのリコール署名の偽造の実態が明らかになってきた。疑われている署名は、約43万5000筆のうち、なんと83%。つまり、ほとんど。佐賀県内でアルバイトを動員して署名の書き写し作業をしていたというのだが、バイト募集の画面には「交通費500円支給★未経験者大歓迎！佐賀市で名簿の書き換え作業!!」とある。時給は950円。佐賀県の最低賃金は800円を割るので、なかなか好条件のバイトだった。「業務詳細」の欄には「もくもくと作業するのが得意な方にお勧めです！」とも書かれていた。募集要項に嘘はない。

リコール活動団体の会長を務めていたのが、美容外科「高須クリニック」の高須克弥院長。署名を求めるハガキでは、高須院長の隣に「応援団」と銘打った河村たかし名古屋市長が並び、「なんと驚き!!名古屋市は（あいちトリエンナーレ会長）大村知事に3300万円支払えと、コロナ中に訴えられた。署名集め応援してちょう!!」と書かれている。

この「〜ちょう」という言い方は河村市長の特徴で、彼のTwitterを少しのぞくだけでも「見てちょうよ」「来てちょうよ」といった言葉遣いが見つかる。つまり、このハガキの宣言文の話者は河村と考えるのが自然だが、河村市長は、自分は偽造には関係していないと主張する。無理がある。認めてちょうよ。偽造に責任を感じるよりも先に、自分は関係ないと言い張る姿に、「桜を見る会」前夜祭の件を必死に秘書に押し付けた光景がダブる。

リコール活動の事務局長を務めたのが、田中孝博・元愛知県議。田中事務局長も、事務局は関係していない、下請け会社が勝手にやったことだと言い張っている。愛知県庁で会見を開いた田中事務局長は「九州でつくられた署名があったが使い物にならないものばかりだったと聞いている」と述べた。署名について、使い物になる・ならないという基準を設け、「つくられた署名」などと形容している時点で、自分は無関係ではありませんとほのめかしているように見えてしまう。

これまた会見を開いた高須院長は、運動を始めた経緯について、河村市長に頼まれたからだと明かしている。とにかく皆が皆、「いや、俺は関係ない！」と主張している。先述のハガキにあった言葉を借りると「なんと驚き!!」である。

私の手元には、『月刊Hanadaセレクション　高須克弥院長熱烈応援号　大村知事リコール！』と題したムック本がある。リコール署名が始まった頃に発売されたものだ。この雑誌では、高須院長が「心外なのは、『高須は河村に利用されている』などという非難があること」「別に河村さんに利用されているわけではありません！」と言い、河村市長が「私利私欲で動いたり、損得勘定で考えたりする人は、このような運動はできやせんよ」と返し、固い絆で結ばれている。

河村市長は、「まだ、私と高須さん、リコールの会の事務局のスタッフしか動いていませんけど、署名活動が本格始動する際は、私の後援会も手伝ってくれます」とも述べている。河村市長は会見で「（偽造は）想像のはるかかなた。ありえない」と述べ、とにかくひたすら、自分は関係していないと繰り返しているが、署名について、真っ先に「私と高須さん、リコールの会の事務局のスタッフ」が動いたと述べている様子が印字されている。

こうやってペラペラしゃべり続けていると、すぐに整合性が乱れる。「もくもくと作業する」のが苦手そうだから人に頼んだのか。事のあらましも全てペラペラ話す責務がある。

渡部建の「奥さん」に頼る動き

アンジャッシュ・渡部建が豊洲市場の仲卸業者で働き始めたとの報道が過熱した結果、市場の関係者から煙たがられているらしい、との事後報道も流れてくる。

「こんなところで働いているなんて意外。これはバレたら大変なことになるはず！」と情報を流したメディアが、いつしか「バレてしまって、大変なことになっているようです！」と心配するほうに切り替わっているのが、こうして平然と両方やっちゃうのが、いかにもメディアの無責任さである。

　不倫が発覚した結果として芸能界から干されている状態にあるが、そもそも、不倫は当事者間の問題なので、それ自体は外野が判別すべき問題ではない。「奥さんがかわいそう」「かわいい奥さんがいてどうして不倫するんだ」「お子さんの面倒を見ている奥さんの気持ちを考えたことがあるのか」といった「奥さん憑依型」の意見に溢れたが、その意見を目にしながら、「オマエさんは誰？」と思う。だが、そんな指摘をするワタシも、「いや、オマエも誰？」なので、つまるところ、不倫は、外野がどうこう言う問題ではない。

　ところが、渡部の件については、複数の女性と交際し、多目的トイレに呼び出し、性行為に及び、その後に金銭を支払っていたようだから、双方が交際の意思を持っていた不倫ともいえない。その点、当事者間の問題にすぎない不倫とは同化させずに、厳しく実態を問うべきだった。

　報道後、芸人仲間が彼の行為を茶化す場面をいくらでも見かけたが、彼の行為が、自身が持つ権力性によって重ねられていたと指摘する向きは、極めて弱かった。

渡部は『ダウンタウンのガキの使いやあらへんで！』の「絶対に笑ってはいけない」シリーズで復帰する予定でいたが、事前にリークされたことを受けて、そのシーンがお蔵入りになってしまった。「芸能界」というか、「芸人界」の手厚いフォローで復帰を果たすプランだったが、それが難しくなった。

芸能人、というよりも、芸人、に区分される人が問題を起こすと、決まった流れが起きる。「その行為を謝罪する」→「周囲の芸人たちが茶化し始める」→「当人はひとまずそれに乗っからずに慈善事業に勤しむ」→「芸人が頻繁にその存在に言及し始める」→「復帰する」という流れ。それが悪い、と言っているわけではない。ただし、「ああ、いつもの感じだ」とは思う。

そこにはやっぱり、強い権力構造がある。正直、脱税や闇営業については、その違反性はあくまでも個人に降りかかってくるもので、他者への加害性は低く、何食わぬ顔でこれまでの活動に戻ったとしても、それこそ外野がいつまでも問題を引っ張る必要はない。

だが、加害性が含まれていて、そして、それが、やや曖昧に放置されたままになっている場合、この「いつもの感じ」を適用していいのだろうか、と引っかかる。今回、豊洲で働いている事実を書き記したメディアへの批判が集中しており、それは確かにその通りだと思うのだが、そこから、「かわいそう」との声が膨らみ始め、妻に向けられていた同情が今度は当人に移行している感じに首を傾げる。「奥さん憑依型」から「本人憑依型」に変化し、メディアのせいにする。あの件ってしっかり問われたんだっけ、との指摘が、立ち上がろうとする人をいつまでも追いかけて潰そうとしている、に丸ごと変換されてはたまらない。この辺りが曖昧になっている。

答えない丸川珠代

女性蔑視発言によって東京オリンピック・パラリンピック組織委員会の会長を辞任した森喜朗の代わりに会長に就任したのが橋本聖子で、その橋本の役職、五輪担当大臣のポストにおさまったのが丸川珠代である。おっ、いいね、積極的に女性を登用して、と思えないのは、この丸川自身が、男性だらけの政界に疑問を投げかけてきた人ではなく、むしろ、そういう場所でしょ、と黙り込んできた人だから。

やはり、と感じる場面は早速やってきた。丸川は五輪担当大臣だけではなく、男女共同参画担当大臣も兼務するようだが、自民党の国会議員有志が選択的夫婦別姓制度導入に反対するよう求める文書を地方議員に送りつけ、そこに丸川も名を連ねていた。もちろん、制度の導入に賛成するも反対するも個人の考えは尊重されなければならないが、「男女共同参画」を担当する大臣が選択的夫婦別姓に反対する理由とはなんなのか。

国会で、社民党・福島瑞穂に追及された丸川がどう答えたか（いずれも、朝日新聞デジタル・2021年3月3日より引用）。

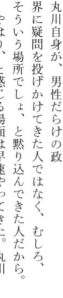

「私には私の考えがあるのは確かですが、それはそれとして、私は大臣の任があるので大臣としてしっかり務めを果たしたい」

「（男女共同参画担当の）職員にも、実は私の個人としての考えを伝えていない。私の意見に左右されないで国の政策を進めていただきたい」

「大臣として反対したわけではないので、反対かどうかの答弁はできません」

賛成しろよ、と言っているわけではない。反対する理由を聞かせて、と問いかけると、私には私の考え方があるが、それはこの場では言えません、と返ってくる。いくら聞いても理由が返ってこない。好きではないおにぎりの具が梅干しだと聞いていたので、「私は梅干しが好きなのですが、どうして梅干しが好きではないのですか？」と投げかけたら「私には私の考え方があるが、ここでは言えない」と不機嫌に返ってくる。あれ、自分、なんか間違ったこと言ったかなと悩んでしまいそうだが、間違ったことは言っていない。答えない、という判断が間違っている。

大臣である私が意見を言うと職員の皆さんが左右されてしまうでしょ、という認識は、配慮しているように見えて、自身の強い力をほのめかす結果になっている。私が選択的夫婦別姓に反対すれば、反対しなければいけない空気になる、というのは、「男女共同参画」を目指す政治姿勢と逆行する「男性優遇政治追従宣言」そのものだ。

以前、丸川について、何かツイートしたことがあったなと振り返ったら、参議院選挙に出馬した際に、読売新聞に掲載されていた「主な選挙区候補者に聞く」にある、「ほかの候補者にはない、自身の一番のセールスポイント」へのツッコミだった。

その他の候補者が「労働法制や働き方を見直し……」や「グローバルで多分野横断型な幅広い政策を……」などを並べているなか、丸川はどのように答えていたか。

「回答なし」

自分はTwitterで思わず「回答なし!!」とツッコんだが、この「回答なし」の姿勢のまま、今日まで議員を続けてきた。今回の、自分の考えは言いません、という開き直りも同様。五輪担当大臣に就任した女性が、自分の意見は言わない大臣です、と繰り返し宣言しているのって、「男女共同参画」なのか。そこんとこ、どうなんでしょう、と何度聞いても、どうせ、答えは「大臣としての考えを述べることはいたしません」なのだろう。

武田鉄矢と金八先生を同一視してはいけないが、当人が率先して同一視してくる場合、私たちはどのように受け止めればいいのだろうか。と、もう何十年も悩んでいる。とはいえ、日々暮らしていると、それ以上に大切な事柄がいくらでもあるので、そんな悩みなど、そこらへんに放っておかれる。

　この状態を「世間が認めてくれている」と理解する鉄矢は、もうだいぶ前に終わったはずの金八先生の成分を混ぜ込みながら、坂本龍馬がどうのこうの、漢字の起源がどうのこうのと、含蓄のある話をします、というPRを続けてくる。少し前、ラジオのゲストコーナーに出演している様子をたまたま耳にしたが、スタジオにいる人たちが、無理やり唸りながら、含蓄に必死に付き合っていた。

金八先生と武田鉄矢

　武田砂鉄という名義で仕事をしていると、4文字中3文字一緒なので、どうしても鉄矢の動向が目に入る。砂鉄は当然、砂鉄と鉄矢は別物だと意識しながら暮らしているが、中には、砂鉄と鉄矢をうっかり間違える人もいるようで、Twitterで時折、「武田砂鉄にガッカリ。こんなこと言うなんて」との意見を発見、そのリンク先が武田鉄矢の発言だったりするものだから、こちらこそガッカリしてしまう。

　先日、『報道ステーション』のCMが問題視された。自分の部屋にいる一人の女性が、カメラに向かい、「どっかの政治家が『ジェンダー平等』とかってスローガン的に掲げてる時点で何それ、時代遅れって感じ。化粧水買っちゃったの。それにしても消費税高くなったよね。国の借金って減ってないよね」などと言っているところに、「こいつ報ステみてるな」というテロップが入る。ちっとも達成できていないジェンダー平等をあたかも達成できているかのように見せ、なおかつ、それを若い女性に言わせ、「こいつ」と呼ぶ。で、これだけの見識を持っているのは『報ステ』を見ているはず、とのアピールに繋げる、問題だらけのCMだった。

このCMについて、『ワイドナショー』で、武田鉄矢がどのように述べたか。「私は、西洋に比べて、欧米列強に比べて、この日本が、特に女性にかんして、男性優位社会って言われてますけど、そんなふうに感じたことはありません。やっぱり日本で一番強いのは奥さんたちだと思いますよ。我が家でもそうですけど、やっぱ母ちゃんから一声、女房から声かけられたら……（話がありますって言われたら）『はいっ！』『すぐ行けます！』って（笑）」

CMは何重にも間違っているが、それを擁護する鉄矢の見解も何重にも間違っている。CMと鉄矢の掛け合わせがキツい。日本の男女格差が欧米に比べて酷いのは各種調査からも明らか。そして、我が家の話を国全体に広げないでほしい。鉄矢家は日本ではない。日本は鉄矢家ではない。

鉄矢の著作『老いと学びの極意』に目を通してみた。「衣」という字の成り立ちを語るエッセイが、いつの間にか、フィギュアスケートの話に移行し、2014年のソチ五輪での浅田真央の演技について語る鉄矢。

「口紅の唇が小さく震えて、愛らしい童女の泣き顔は今も忘れられません」

アスリートを「愛らしい童女」などと形容するこの感じ、男女格差が一向に縮まらないのは、こういった言説を許してしまうからだろう。

やっぱり女房が一番怖いですよ、ワッハッハ。鉄矢家がそうなら、それはそれでかまわない。それを、日本全体に広げながら、欧米と比較しちゃう腕力こそ、男性優位社会の証だと考えないのか。

『ラヴィット!』は「ニュースなし!」

「朝の顔」が大幅に切り替わった。TBSは、立川志らくによる『グッとラック!』から麒麟・川島明による『ラヴィット!』に、フジテレビは、小倉智昭による『とくダネ!』から谷原章介による『めざまし8』になった。二つの新番組に共通するのは、「今日は、俺から語らせてもらうよ」と持論を撒き散らす行為を投じる人ではなくなったという点。志らくや小倉の持論を、アナウンサーやコメンテーターが受け止めるというお決まりの流れが消えてしまった。

彼らの持論にはおおよそ馴染めなかったが、新しい二つの番組は、そもそも議論が起こらないようにする意識が強い。とりわけ『ラヴィット!』は、時事問題を一切取り上げず、生活情報に特化した作りになっている。「日本でいちばん明るい朝番組」と銘打ち、ウェブサイトの紹介文には、なんと「ニュースなし!ワイドショーなし!」とある。

ニュースをやりません、という通達がわざわざ「!」で表されている。テレビの宣伝文句として使われる「〇〇なし!」って、「ヤラセなし!」や「忖度なし!」など、ネガティブな言葉に対して「なし!」と使われるもの。でも、『ラヴィット!』は「ニュースなし!」と高らかに宣言しているのだ。

前番組の『グッとラック!』で時事問題を積極的に扱ったものの、うまくいかなかった。その結果として、新しい番組は、「どうです、今度の番組はニュースをやりませんよ!」と推してくる。

そうですか、ニュースなしですか、それは最高じゃないですか、というお客さんを集めるのだろうか。

何度か放送を見た。ファッション誌のモデルなどに芸人の洋服をコーディネートしてもらう企画は、数時間後に放送される『ヒルナンデス！』にまったく同じ企画があるのだが、こんなの誰にだって思いつく企画なのだからパクリではないでしょ、との開き直りなのか。似合う・似合わないではなく、「今年の流行りは〇〇なんです」を連呼しながら、服をあてがう様子を見て、テレビ画面に向かって「よっ、ニュースなし！」と、ついつい野次を入れてしまう。

「ニュースなし！」のスタジオには、ニュースに応える必要がないという安心感からか、勢いのある若手芸人が数多く並んでいる。ぼる塾、ミキ、宮下草薙、見取り図、ニューヨークなどなど、その場を瞬間的に盛り上げる能力の高い人たちが、VTRの間にテンションを上げる言葉を畳み掛ける。

そこへ別の誰かが加勢することで、さらに盛り上がったり、外した時の後処理を担ったりする。とても楽しそうだ。このパスタソースのなかでコスパがいいのはどれだろう。どれかな、これかな、これやろ、なんでやねん、わはは、わはは、わはは。

「見ていて楽しそう」と「見ていて楽しい」は違う。「とっても明るい番組」と「明るく感じられる番組」は違う。『ラヴィット！』は、「見ていて楽しそうで、とっても明るい番組」であって、「見ていて楽しいし、明るく感じられる番組」ではない。

国内も国外もその時々にどんな大きな出来事が生じるかわからない日々が続いているなかで、わざわざ「ニュースなし！」と宣言している。でもやっぱり……と考え直して、どこかでニュースを取り扱うようになるのだろうか。だって、必要だと思う、ニュースは。

小室圭さんについて、さほど興味はない。でも、興味はなくとも、定期的に動向が目に入る。彼の母親の金銭問題がずっと横たわっているが、皇族の婚約相手の母親が金銭問題を抱えていたら、その人との結婚を考え直さなければいけない、というところから引っかかっている。人間と人間がぶつかると、そこでは金銭の問題が生じやすい。できる限り個人間で解消されるべきだが、金の問題は尾を引きやすい。でも、それは、子供の結婚が消えそうになるほどの問題、という共通認識でいいのだろうか。クリーンな状態の家族しか受け付けない、というのは、「開かれていない」との印象を生むが、今件については、開かれている・いない、ではなく、どうしてあんな人を、という嫌悪感が突っ走っている。

小室圭さんの文書

外から見て「あんな人」であっても、それを受け止める人が「大切な人」として付き合い続けているのであれば、もうそれはそれでいいはずだが、世間は認めようとしない。犯罪性のある何がしかが放置されているわけではない。トラブルが残っていたので、それを解決するために、結婚する当事者同士が話し合っている。まったく問題なし、ではない。問題が残っていて、その問題を解決していこうと両者が動いている状態を前に、どうして、根元から引っこ抜こうとするのだろう。

今回、小室圭さんが、それはとにかく長い文章を発表した。「小室文書」などと呼ばれているらしい。全文を2度ほど通読してみたが、回りくどい説明、細かい注記をいくつも並べ、「（詳しくは後出の「6」（1）で説明します）」などと繰り返しており、文章としてはかなり読みにくい。ただし、この手の文章は、読みやすさよりも自身の主張を固めていくことが求められるので、「長い」という文句って乱暴である。

今回の小室文書をワイドショーがどう伝えたかといえば、とにかく「長い」だ。ワイドショーでの発言をニュース記事にした、その記事のタイトルを並べてみる。

・識者が解説　小室さん文書の脚注の長さは「アメリカの法律の論文スタイル」坂上グッタリ（デイリースポーツ）

・小室圭さんの超ロング文書は0点　横粂弁護士がピシャリ「長い文書を書く人は能力ない」（東スポWEB）

・神田愛花　小室圭さん〝28ページ文書〟に「そんなに時間割けない」「不安が逆に増えた」（スポニチアネックス）

・アンミカ　小室圭さん28ページ文書に心配「こんな分かりにくい文章でいいの?」」（スポニチアネックス）

文書が長い、という点ばかり指摘する。中身がどう、ではなく、長いからダメ、ダメだという。わかりやすくない文章だからダメ、という感想はさすがに稚拙。説明が混雑するのは、わかりやすく説明する能力がないからではなく、目の前の事実が混雑しているからである。しかも、彼の場合、勝手に作られた報道も多い。けっして巧みな文章ではないが、このしつこさが求められるのは、小室さんが、自分や母に対する名誉毀損、侮辱、プライバシー侵害などについて「仕方のないことだとしてすべて受け入れるには限度を超えていると思います」と記していることからもわかる。

今回の取り組みが成功したとは思えないが、「長い」で否定する動きが強い。彼に興味はないが、個人の在り方を外野が強要する動きを見かけると、それに対して、それってどうよ、と外野から思う。

オリンピックをやっている場合ではないのに、それでもオリンピックをやる、と意気込んでいる人たちが国家の中枢にまだまだいる。

　校舎が燃えているのに運動会をやる。保健室が生徒でごった返しているのに運動会をやる。学校の外で「運動会はやるな！」と反対運動が起きているのに無視して運動会をやる。こんな感じ。運動会をやりたい人たちにかける言葉が、どうしても乱暴になってしまう。ふざけんな、とか、バカじゃねぇのか、とか、頭おかしいんじゃねぇか、等々。

　日頃あまり使わないように心がけているその手の乱暴な言葉を立て続けに吐き出したくなるのは、あちらが対話を拒絶するから。対話したら負けるとわかっているから対話しない。たくさんの人がコロナで亡くなり、個々人は感染におびえ、必死に抑えようとする医療従事者がいる。あっ、でも運動会はやります。だって、やりたいから。ここに向ける言葉はどうしても汚くなる。吐き出すこちらが汚いのではなく、あちらが汚いのだから、ためらう必要はないのだろうか。

ぼったくり男爵

　五輪組織委員会・橋本聖子会長、小池百合子都知事、丸川珠代五輪担当大臣、国際オリンピック委員会・バッハ会長、国際パラリンピック委員会・パーソンズ会長による5者協議が行われ、その場でバッハ会長が、五輪へ向かう日本社会、そして国民の姿勢を大絶賛した。どのように大絶賛したか。こんな感じ。
「日本の社会は連帯感をもってしなやかに対応している。大きな称賛をもっている。精神的な粘り強さ。へこたれない精神をもっている。それは歴史が証明している。逆境を乗り越えてきている」

私の感想、そして、おそらく読者の皆さんの感想も、「何言ってんだ、こいつ」だろう。もっと汚い言葉をぶつける人もいるはず。で、バッハから見える「日本の社会」とは一体なんなのか。

昨年、来日したバッハは、東京・晴海の選手村を訪問し、「ここに来た選手は東京に恋に落ちるだろう」と述べた。あたかもタワーマンションの宣伝文句のようだ。一度、仕事で、タワーマンションの販売説明会に行ったことがあるのだが（その時に住所を登録したため、ダイレクトメールがずっと送られてくる）、このマンションを購入したらこんな生活が待っているというVTRでは、東京の夜景を見下ろしながら、日々、ビジネスシーンで奮闘するあなたを癒すとかなんとか言っており、思わず挙手して「低層階のことは考えていないのでしょうか？」なんて言いたくなったのだが、「恋に落ちる」と宣言したバッハって、まさにタワマン的思考。「見たいところだけを見る」「一部の人が満足すればそれでいい」という姿勢そのものだ。

諸問題から逃げまくって首相の座を降りたはずの安倍晋三前首相が、なぜか平然と国政の場で存在感を取り戻しており、出演したBSフジの番組で、東京五輪について「オールジャパンで対応すればなんとか開催できると思う」と述べた。いつもながら、超適当だ。

なんとかして運動会をやりたい人たちが、どこまでも雑なメッセージを重ねているので、こちらの考えも雑になる。そこら辺の原っぱに、さっきの5者協議に参加している人たちや安倍前首相らが集まって、白線を引いて、「よーいどん」で100メートルでも走ったらどうか、と思ってしまう。その様子を、マンションのベランダから眺めて、恋に落ちたい。「がんばったからみんなに金メダルをあげます」と私。そういった貧相な想像、貧相な皮肉を向けるしかない段階に到達している。

世の中が殺伐としている。ワクチン接種が遅れに遅れているのに、「あっ、元からこの予定っす、これからはバッチリっす」と政治家が開き直り、高齢者が慣れないパソコンやスマホを使いながら予約に四苦八苦している。

多くの世論調査で、20%に届かない「賛成」しか得られていない東京オリンピックについては、「やると言ったからにはやる」という姿勢を崩さない。こちらは、「できる・できない」ではなく、「それどころではない」と言っているのに、マジで超頑張ってやるつもりなんで、と言い続けている。

コロナの感染拡大がなかなか止まらず、国民が緊張感を持って暮らしている日々を逆手にとるように、重要な法案を勢い任せに通そうとするなど、

有村昆になら言える

ずっと見張っていないと大ケガをしてしまうのではないかと、赤子の面倒を見るような日々が続く。赤子ならばカワイイが、高齢の男性たちが作るヒヤヒヤに愛情を向けるのは難しい。

今のような暮らしが続いてもう1年数ヶ月が経つわけで、自分でも認識できていない疲労が蓄積したり、不安が生まれていたりするのだろう。自分の心の中を管理するのは難しいけれど、自分で自分を観察しながら日々を過ごしているのは、私だけではないはず。

有村昆の不倫疑惑の記事を読み、なんかこう、気持ちがスカッとした。この原稿を読んできてくださってきた方ならおわかりの通り、自分は、芸能人・有名人の不倫について、当事者間で話をすればいい問題であって、外野が「おしどり夫婦だ

と思っていたのに」と嘆いたり、「奥さんの気持ちを考えたらいたたまれない」と代弁してみたりする行為と距離を置いてきた。夫婦のことは夫婦にしかわからないのだから、外野がとやかく言うものではない。

でも、なぜか今回、有村昆の報道を知り、ちょっと前のめりになってしまった。なんなら、これだけ殺伐とするニュースが続く中で、笑えるニュースをありがとう、くらいの気持ちにさえなっていたのだ。どうしてだろう。

芸能界における彼のポジショニング、そもそも、そんなものがあるのか、ないのかから議論を始めなければならない感じも面白おかしくなる。この報道を茶化す芸人のコメントも、とにかく久しぶりに気持ち良くイジれる題材ができたと、晴れやかな表情をしていたのが印象的だった。

後になって、ちょっとだけ反省する（正直、しっかりと反省したわけではない）。不倫なんて夫婦間の問題で、外野がどうこう言うものではない、と改めて考え直す。それなのになぜ。

あちらは覚えていないだろうが、有村昆とは一度だけ、ラジオの公開収録で会ったことがある。様々な業界から5、6人のゲストが集ったのだが、その中の1人が、いわゆる「インフルエンサー」と呼ばれる有名人で、控室に入るや否や、「この人と写真を撮ってSNSに載せれば影響力がアップしそうな人」と次々と写真を撮っていった。流行りのアイドル、ベテランの芸人、大きな文学賞を受賞した小説家など、ハンターのように2ショットを撮っていく様子を見て、その手際の良さに感心していた。

結果的に、ゲストのうち、2人だけ、そのインフルエンサーに写真をせがまれなかった人がいた。それが有村昆と私だった。その日以降、自分は彼に対して、正体不明のシンパシーをうっすら抱いてきたのだが、今回の報道を受けて、そんなことをすっかり忘れて面白がってしまった。そこに少しだけ反省をした。

ドラマの番宣問題

各局のドラマが始まる時期になると、主演俳優を中心とした数名が、ワイドショーにゲストとして登場する。連日撮影に臨んでいるはずだから、朝7時半くらいからカメラに向かって満面の笑みを振りまくのは大変なはず。でも、その大変さを感じさせない。

ワイドショーにやってくる俳優には主に3パターンある。「これから始まるドラマの宣伝」「今夜、最終回を迎えるドラマの宣伝」「まもなく公開される映画の宣伝」だ。最終回を迎えるドラマの宣伝は、当然、エピソードがふんだんにあるし、「このチームで作れたこと、誇りに思います。最後まで手に汗握る展開が続きます。是非ご覧ください」という定型句で終わったとしても、それなりに気持ちが伝わる。映画の宣伝だと、ここに「実は、撮影が終わったのは10ヶ月前なので、共演者と会うのも久しぶりで……」といった笑いを挟みながら、その思いを伝えられる。

難しいのは、これから始まるドラマの宣伝である。撮影自体もまだ半分くらいしか進んでいないし、内容に細かく言及するわけにもいかない。始まってもいないので、周囲の「観てます！」に頼ることもできない。宣伝である以上、プライベートの話（ステイホーム期間中に暴飲暴食しちゃった等）に逃げ込むこともできない。最低限の内容紹介の後、あとはもう、そこにいてもらうことで宣伝につなげる状態となる。

連続ドラマ『ナイト・ドクター』に主演するのが波瑠。「人気俳優なら、どこかで一度は医療ドラマをやっておかなければいけない」というルールが存在するかのように医療ドラマが定期的に放送されているが、このドラマでは、夜間救急医療専門の医師チーム「ナイト・ドクター」の姿を描くのだという。観なくても中身が想像できるが、それは別に失礼な意見ではなく、そうやって、「観なくても中身が想像できるほどのベタな内容」を届けたいはず。

初回放送日の朝、『めざましテレビ』に波瑠が出ていたが、寝具売場の「最新ひんやりパッド」を6社分比較するコーナーに付き合わされていた。「接触冷感・持続冷感・肌触り・通気性」を5点満点で採点していくのだが、波瑠はその間ずっとワイプで抜かれており、採点にいちいち反応しなければならなかった。

直接、商品を確かめられるわけではない。視聴者と同じ条件でひんやりパッドの比較を見届ける。通気性の「5」と「4」の違いってなんだよ、なんて思いながら観ていると、波瑠は、通気性が「5」であることにそれなりに反応をしていた。しかし、6社もある。ひんやりパッドのために6つの異なる表情を用意することは、どんな俳優でも難しい。波瑠は、途中から、それぞれのひんやりパッドに異なる表情を向けるのを諦めていた。「諦めんなよ!」と思った視聴者はいないだろう。「そりゃ諦めるよね」と思っていたはず。

宣伝活動が好きでたまらない俳優は少ないだろう。なぜって、ただ宣伝するだけではなく、こうやって、番組のコーナーに「今日は特別に〇〇さんも」と付き合わされるからで、ここで〇〇さんを盛り上げましょうと、周囲が力を込めているのに応じなければならないのも、しんどそう。

夜勤明けの夜間救急医を朝からひんやりパッドの比較に付き合わせるんじゃねぇよ、そうやって、新たな仕事を増やせば増やすほど現場は疲弊するんだよ、と苛立った人がわずかにいるのだろうか。もしかして、そういう気持ちにさせる、という新手のプロモーションだったのだろうか。

石原慎太郎、いつもの論法

「自己犠牲、執念、友情、死に様、責任、自負、挫折、情熱、変節……男だけが理解し、共感し、歓び、笑い、泣くことのできる世界。そこには女には絶対にあり得ない何かがある。男が『男』である証とは。」

もちろん、自分の文章ではない。自分の主張でもない。そう思われたらマジで超恥ずかしい。武田ならそういうこと言いそうだよと、一人にでも思われたなら、自分の文章を根本的に見直したい。生活を考え直したい。男である特権性に酔い、その特権性を確認するために女を低く見る。自己犠牲だの、挫折だの、曖昧なのに、何かを乗り越えてきた雰囲気を醸し出す感じ。すべてがいただけない。

これは、石原慎太郎が刊行したばかりのエッセイ集『男の業の物語』のオビ文である。せっかくなので、オビだけではなく、本文からもイライラする一節を引っ張っておこう。

「よく『死ぬ思いで何々したよ云々』と言うが、これはやはり男の使う慣用句であって、女はあまりこんな文句は口にはしまい。女の場合はせいぜい何かの病にかかったとか、そんな病からなんとか脱したといった場合くらいのものだろう。そこらが男と女の生きざまの質的な違いということだろう」

なんでこんなに雑なのか。理由は明確で、雑なことを言っても、それを周囲が肯定してくれる環境を生きてきたから。「生きざま」を性別で比較する姿勢があまりに情けないが、オレたちはすごいと言い張るために「女」との比較を繰り返すのだから、そんなことをせずに生きてきた「男」の自分は、こういう物書きに「男」を背負わせたくないとずっと思ってきた。

『マチズモを削り取れ』と題した本を出した。「マチズモ」を「この社会で男性が優位でいられる構図や、それを守り、強制するための言動の総称」として話を進めているが、格式張った論考ではなく、日常生活の場面にある「マチズモ」を追いかけてみた。

たとえば、皆さん、混み合う駅の構内で、一直線に突き進む男性に体をぶつけられたことはないだろうか。時折、ネットで「ぶつかり男」などと話題になる存在なのだが、公共空間で、自分のやり方をいつまでもゆずらない男性は多い。そして、この社会は、そんな男性に向けて設計されているのである。

男女入り混じっている状態でも、そこにいる男性たちだけで話を続け、あたかも女性が存在していないかのように会話をする男性はいないだろうか。男性の政治家が、「女性が輝く社会」と連呼してきたが、そもそも、なぜ、男性によって、輝かされなければいけないのだろう。

冒頭の石原慎太郎のオビ文や、引用部分に答えがある。「女」と比較しながら男らしさを保っているのである。オレたちはアイツらよりマシ、という宣言って、「男らしい」のイメージからかけ離れると思うのだが、でも、たとえば、日本の政界にいる大量の男性たちが、女性の政界進出をいかに食い止めてきたかを考えると、あっ、これって、どこでも共通している状態だ、と気づく。

女性の社会進出、指導的立場に女性が就くことを怖がっている男性たちがいる。その多くが、自分の発言権を奪われるのではないかと怯えている人たちである。石原の本からもう一節。

「人間には功利計算が付き物だが、男のそれは女とは違って大きなものを動かしかねない」

女と比較しないと男である自分を肯定できない、そんな男にはならないように気をつけたい。

中田翔の暴力

日本ハムファイターズに在籍していた中田翔選手が、8月11日、同僚選手への暴力行為を理由に、球団から無期限の試合出場停止処分を下された。そこからわずか9日後、20日に巨人へのトレードが発表され、21日には実戦に復帰、その翌日には移籍して初の本塁打を打った。

「悪いことをしたので出られなくなりました」「なので、球団を変えました」「すぐに出られることになりました」、そんなスムーズすぎる流れに違和感を覚える。その流れには、彼から暴力を振るわれた被害者の姿が消えている。その詳細は明かされていない。無理に明かす必要はないが、確かな被害があったからこそ、彼は試合出場停止処分となったのだ。

この手の理不尽って、日常生活でもよくある。

ある組織で重宝されている人だからこそ、しでかした悪事が看過される。「えっ、なんであの人は許されるんですか」と聞くと、「そりゃそうだろう、だってあの人なんだから」などと謎の答えが平気で返ってくる。「人によって処分が違うのはどうか」と異議申し立てすると、「だって人が違うんだもの」に落ち着く。今、思い出すだけでも、片手では足りない数のエピソードが掘り起こされてしまい、体に悪いのでそれくらいにしておく。

22日には、試合を観に来た終身名誉監督の長嶋茂雄のもとを訪ね、握手する姿をメディアに撮らせた。東京オリンピックの開会式に登場した姿からもわかるように、長嶋は懸命なリハビリを続けている最中。中田を快く出迎えているように見えたが、正直、その選択肢しかあらかじめ用意されていなかった。最も有名な球団が、最も有名な野球人を活用し、暴力事件を短時間で美談に変更しようと試みた。その手口はあまりにも露骨なのだが、球団ごとに番記者をつけているような従順なメディアは、無批判に美談に乗っかった。

16日、東京パラリンピック柔道のジョージア代表、ズビアド・ゴゴチュリ選手が逮捕されている。ホテルの部屋から出て男性の警備員に殴りかかり、肋骨骨折を負わせたという。で、逮捕された。そうそう、暴行すると、場合によっては逮捕されるのだ。「試合出場停止処分」を受けるほどの暴力とはどんなものだったのか。被害者はどんな気持ちでいるのだろう。わずか10日で、野球界のレジェンドと握手をし、その日にホームランを打って、いい話にされている。美談にする腕力が怖い。

今、巨人の二軍監督を務めている阿部慎之助が、現役時代、若手選手の頭を強制的に丸刈りにしていたことは知られている。後輩選手だけではなく、番記者までもが、「髪が長い」と指摘され、丸坊主にさせられたこともあった。とても嫌だな、と思いながら見ていた。

あえて大雑把に書けば、日本人の多くは野球が好きで、野球に関してはとても採点が甘くなりがち。夏の甲子園の出場校にコロナ陽性者が出て、出場辞退したチームもあるというのに、開催の可否から問う声は少なかった。日々の暮らしにちっともスポーツが組み込まれていない人も多いのに、なぜか野球の話はベーシックな知識として平然と放り込まれる。私は、ある程度知ってはいるのでついていけるが、置いてけぼりになる人の姿を何度も見てきた。助け船は出ない。

野球に色濃く残っているマッチョさを、野球をやっているド真ん中の人たちは認識してくれない。ミスターに会った日にホームラン打つなんてさすが中田、みたいな報道って、いろいろと抜け落ちているというか、ほとんど全部抜け落ちている。美談にする腕力が怖い。

菅義偉パンケーキ報道

菅義偉首相が政権運営を投げ出した。わずか1年前、首相に就任した直後の内閣支持率は驚異の74%（日本経済新聞・テレビ東京による調査／2020年9月16日・17日）。「支持する理由として首相の人柄や安定感を挙げる回答が多かった」（日本経済新聞・17日）と書かれていたと知ると、そもそも、人柄とは何か、などと抽象的な話を始めたくなるほどに実感が伴わない。

　就任早々の10月3日、「パンケーキ好き」報道に気を良くしたのか、報道各社の首相番記者と「Eggs'n Things原宿店」に出かけている。その日の「首相動静」を時事ドットコムで改めて確認する。「午前7時12分、東京・赤坂の衆院議員宿舎発」「午前7時24分、東京・神宮前のレストラン『Eggs'n Things原宿店』着。報道各社の首相番記者と懇談」「午前9時6分、同所発」とある。

　朝早い。そして長い。朝から1時間半も懇談している。この日、首相はパンケーキを食べたのか。それとも記者だけが食べたのか。出席者に知り合いのいる政治記者に聞いたところ、「どうやら、菅さん本人はパンケーキを食べたわけではなく、食べている記者たちのテーブルをそれぞれまわっていたらしい」とのこと。イメージとしては、披露宴で食事をしているときに新郎新婦の親御さんがやってきて、「本日はどうもありがとうございます」なんて言われるのを、適当に聞き流しているうちに「えっと、この人はどっちの親だっけ、まぁいいか」となる、あの状態だ。

「首相動静」を読み進めると、「午後2時、東京・東新橋の電通本社ビル着。自民党広報用の写真撮影。丸川珠代同党広報本部長同席」とある。そうだったのか。菅政権を否定的に捉える際にネタとして取り上げられる、「国民のために働く。」と大きく書かれたあのポスター、パンケーキ懇談の日に撮影されたものだったのだ。

このポスターの狙いについて、自民党は「菅総裁の写真は、表情を大きく配置することで、理想の未来を国民とともに、しっかりと見据え、さらなる高みを目指して改革に挑む力強さを表現しました。また、背景に『赤』を用いることで、国民のために働き続ける、燃えるような熱意やぬくもりを鮮やかで深い赤のグラデーションで表しました」と説明していた。理想の未来、改革に挑む力強さ、国民のために働き続ける熱意やぬくもり、それ、全部なかった。

どうしてこんなことになったのか。一時的な熱狂をメディアが作り上げてしまったからではないか。これまでの自民党の政治家と違って、たたき上げ、パンケーキが好きな一面もあり、でも、それでいて、燃えるような熱意やぬくもりがある、そんな人柄や安定感を信じている人が7割もいた。そんな1年前だったのだ。

今となれば、多くの人が、声を大にして「ぜんぶウソじゃん」と言える。当初、「えっ、そんなのウソでしょ?」とは、なかなか言えなかった。雰囲気を作ろうとする動きに対し、それを制御するのって難しい。

一つの政権が終わると、また同じような動きが起きる。その人の意外な一面が紹介され、実はこんな思いで政治に取り組んでいます、これからはこういう風にしていきたい、と同じような言葉が流れてくる。そういうとき、過去を振り返らなければいけない。幸いにも、たった1年前にサンプルがある。あのとき、7割の人は「人柄や安定感」を支持していた。同じことをやらないようにしてくださいと、7割だった人にお伝えしたい。

本田翼の突破力

9月は、様々なテレビ番組が終わってしまうタイミングにあたる。今回言及しておきたいのが、『アナザースカイ』。

　2008年に始まったこの番組は、毎回異なる芸能人が思い入れのある海外を巡る番組で、その場に佇《たたず》みながら、自分のキャリアを振り返るのがお決まりの流れだった。『情熱大陸』や『セブンルール』にも同じことが言えるが、番組の「型」が定まっていると、そこに出演する人が、積極的に「型」に体を合わせようとする。その様子を見届けるのが楽しかった。意地の悪い見方だが、その手の見方を乗り越える「型」の強度があった。残念なことに、この9月で終了してしまうという（その後、2022年から再開）。

　基本的な流れはこうだ。自分にとって大切な場所にやってきた。実は10年前、仕事に忙殺されていた時、ようやくとれた1週間の休みを活用してやってきた場所。何の準備もしていなかったので、行き当たりばったりの旅になったけど、ふらりと入った劇場で、情熱的なダンスを観た。その躍動感に圧倒され、演じるとは何か、という大切な課題を突きつけられた。私は今、目先の仕事に追われすぎているのではないか、視聴率だとか評判だとか、そういうものに縛られていたけど、そうじゃないって気付かされたんです。私にとって、とても大切な場所なんです……みたいな感じ。

　以前、ホームステイしていた場所、海外ロケで一定期間住んでいた場所など、そこに向かう動機は様々なのだが、「ある目的を持って海外へ行く」という贅沢な縛りの中で、芸能人が思いを語る。当人をスタジオに招き、司会の今田耕司に向けて、「この番組に出たかったので嬉しいです！」と興奮する様子を何度も見た。

素直な目線を持っていない自分は、もちろん、この人、本当にこの場所に思い入れがあるのだろうか、と疑いながら観る。美しく切り取られた光景と印象的な言葉の重なり合いをわざわざほどきながら、「あっ、無理しているな」との結論に持ち込む回もあった。

だが、そんな目線なんて、番組を作るほうは想定済み。「海外×自分語り」という「型」の強度に、芸能人が体をあずけていく。それさえあればいい。コロナ禍で海外取材が難しくなり、この1年半は過去の映像をまとめたり、地元を探索したりする趣向に切り替わってしまった。2017年、本田翼がスペイン・バルセロナを旅した回が印象深い。母親と旅をした思い出の地を巡るのだが、その旅をしたのが、わずか半年前だった。

そうそう、ここに来たんです、とバルセロナの街を歩き、アントニオ・ガウディの建築に惹かれたんです、と語る。そのエピソードに深みはない。ちょっと前に来たところにまた来た、というだけ。その場に対する思い入れの薄さを隠そうとしない本田の姿勢が光る。番組の「型」に準じれば、どんな人もそれっぽく見えるのに、本田はそこからはみ出ていった。それ以降、本田翼を見ると、あの突破力を思い出す。

芸能人が海外ロケをしなくなってもうすぐ2年が経とうとしているが、日本を離れて、自分にとって特別な場所で何を語るか、というのは、芸能人のイメージを決定づける大切なシチュエーションのひとつだった。意地悪な視聴者との自覚はあるが、あの番組での所作を確認して、ああだこうだ言う機会が失われてしまったのが悲しい。（追記：再開された後も同じ「型」を守り抜いている。本田翼は出てこない。出てほしい）

これまで40年ほど生きてきて、それなりに悪事を繰り返してきた。

幼稚園児のころ、何を思ったか、テレビのイヤホンの差込口にキャラメルを突っ込んだことがある。小学生のころ、塾のテストの結果があまりにも悪く、その旨を伝える電話が親宛にかかってくるのを避けるために、電話が鳴らないようにしたことがある。

中学生のころ、英語の問題集を解くのが面倒臭かったので、後ろについている解答を丸写しして、でも満点だと怪しいので、7~8問に1問くらい間違える形で提出したことがある。高校生のころ、絶対に見にくるなと言われた友達の告白シーンを見るために、大勢で押しかけたことがある。以降も、この手の悪事を繰り返してきた。

みなさんもおおよそ同じようなものだろう。一度も悪事を働いたことはありません、なんて主張する人がいたら、それは、まったくないのではなく、あれこれやりすぎて麻痺している可能性のほうが高そうだ。

ドリル優子

菅義偉に代わり、岸田文雄が自民党総裁となり、役員人事が注目されたが、組織運動本部長に小渕優子の名前があった。小渕といえば、2014年、自身の政治団体をめぐる政治資金規正法違反事件で、秘書の自宅や後援会の事務所が家宅捜索された際、会計書類などを保存していたパソコンのハードディスクがドリルなどで破壊されていた一件が思い出される。結果、政治資金規正法違反で秘書ら2名の有罪が確定した。本人がドリルを使ったわけではないので、ネットの世界

で定着している「ドリル優子」との呼称は、ほんの少しだけ酷ではあるのだが、政治家が「秘書がやったこと」にしたがる傾向に乗っかる必要はない。「ドリル」の件はやっぱり「優子」が問われなければならない。

ヤバいデータがある時、「よし、それじゃ、ドリルでぶっ壊すか！」と決断する。どう考えてもすさまじいインパクトだ。ドリルのスイッチを入れ、ハードディスクを破壊する時、その人は何を思ったのだろう。壊し終えて、誰に報告したのだろう。「終わりました」「ご苦労」「これで大丈夫っすかね」「心配すんなよ」。

小渕優子はどの時点で破壊完了を知ったのか。そして、ハードディスク破壊に安心したのだろうか。それとも、やりすぎだと怒ったり、どうしようと焦ったりしたのだろうか。破壊する前にも、破壊した後にも、ドリルと優子には物語があったはずである。

どう考えても悪い行動がある。ご飯を食べたのに、お金を払わずに店を出る。トイレで用を足している人の上から、バケツに入った水をかける。誰かがもらった金メダルを噛んでしまう。様々な悪事がある。どうしてそんなことができるのかとは思うが、先述したように、自分だってある一定の悪事は繰り返していて、清廉潔白ではない。でも、ボーダーラインというか、これ以上の悪事はやめておこうとの意識がある。だから、それを飛び越えていく人に対し、どうしてそんなことができるのかと、根本的な疑問をぶつける。

もちろん、悪いことをしてそれなりの処罰を受け、再度やり直そうとしている人をいつまでも追いかけ回してはいけない。では、ドリル優子はどうか。当時、大臣を辞任したものの、直後の選挙で圧勝し、政界に居座っている。今度は、組織運動本部長に就任した。かつての悪事を今、どう思っているのだろう。ホームセンターのドリル売り場を通りかかると、目を向けないようにうつむきながら足早に通り過ぎたりするのだろうか。

SPEEDの政治利用

選挙が近づくと、候補者がSNSなどで「○日○時、○○駅前に、あの○○さんが応援演説に来てくださることになりました！」と興奮気味に伝える機会が増える。それが党内の大物政治家である場合、「力を入れている選挙区」との言い方もできるが、「大物が出向かないとヤバイ選挙区」との意味も含まれている。大物は、毎日のように「ヤバイ選挙区」をまわる役回りだから、そこに立っている人について、しっかりと把握しているとは限らない。実際、その現場に見に行ってみると、「□□さんがこの国の政治には必要です！」と連呼しているだけだったりする。それだけではこの国の政治に□□さんが必要かどうかがわからないのだが、中には「そうか、この人、必要なのか！」と思う人もいるからこそ、わざわざああやってまわるのだろう。

選挙が近づくたびに思い出すのが、今井絵理子議員が、選挙中に「憲法や経済の話は？」と問われ、「今は選挙中なのでごめんなさい」と答えた映像である。天ぷら屋さんに行き、「天ぷら盛り合わせってどれくらいの量ですか？」と聞いたのに、「すみません、うちは天ぷら屋さんなので」と返される感じだろうか。自分で書いておきながら、それ、どんな感じだ、と思う。

あの時の今井の発言は的を射ていたのかもしれない。だって、いざ選挙期間に入ると、具体的な政策論争は乏しくなり、名前を連呼したり、大物を呼べるかどうかの争いになる。力強く放たれた「今は選挙中なので」という発言は、日本の選挙制度や慣習の問題点を見事に表していた言葉だったのだ。本人にその自覚はないだろうけれど。

彼女が所属していた女性ダンスボーカルグループ・SPEEDがデビューしたのは1996年。瞬く間にブレイクした彼女たちは、自分と世代が同じということもあり、中高時代、よく話題の中心になった。今の彼女は、その頃からの知名度にあやかりながら政治活動を続けているわけだが、少し前、彼女は、なかなか異例のやり方でSPEEDを活用していた。

東京都議会議員選挙に先駆けた応援演説のポスターで、顔写真に「コロナワクチンSPEED接種!」と掲げた上で演説の日時を知らせたのだ。この「SPEED」が、活躍していた当時のロゴを意識したものだった。その演説日は、翌月末までに高齢者に2回接種を終えると豪語するも、その達成が危ぶまれていた時期だ(ちなみに、結局、達成できなかった)。そんな頃、「SPEED」を選挙のために使っていたのである。


以前、SPEEDに在籍していた島袋寛子のライブを観たのだが、自身のルーツである沖縄の歌を丁寧に歌い上げていた。過ごしてきた場所への想いがあった。今井はかつて、当選を決めた後にインタビューで、基地問題に揺れる沖縄について聞かれ、「これからきちんと向き合っていきたい」と答えたこともある。その時点ではきちんと向き合っていなかったのだ。かつて一緒に歌っていた二人の違いにうなだれながら、自分の思春期の記憶まで揺さぶられるのがわかる。同級生の服部くんと話し合いたい。「SPEEDの政治利用」に敏感なのだ。

今回の選挙も、いつもの選挙と同様、有名人だという事実が先立つ候補者が何人か出ている。当選したら、「こんなヤツ、ダメだろ」でもなく、「ちゃんとやるかも」でもなく、「その人が、どのように芸能人・有名人時代を活用するのか」を見張りたい。「SPEED接種!」みたいなのが一番ダメなパターンだ。

アベノマスクが来ない

「我が家にはまだアベノマスクが届いていない」という話をあちこちでしており、こうしてコラム原稿にも書いているので、自分はアベノマスクを通じて、ある程度のお金を稼いでいる。「無」からお金を生み出し続けているのだから、ちょっとしたビジネス書を書けるかもしれない。

先日、大量のアベノマスクが保管されていた事実が明らかとなり、保管費用が6億円にものぼると報じられた。「日刊ゲンダイDIGITAL」が、悪意を込めて、「安倍元首相が毎日使い捨てても22万年かかる量」と書いたが、こういった悪意は大切である。

なぜならば、これだけの大失敗を前にしても、なんとかして肯定しようと奮闘する声が出てくるから。厚生労働省はこのマスクについて、「まだ一定の需要はあると見ている。広く利用してもらえるよう有効な活用方法を考えたい」（NHKニュース）と強気の意見を述べている。厚生労働省の職員は3万数千人いるようなので、だとすると、残っているとされる8300万枚をみんなで毎日使えば、7年くらいで使い切ることが出来ますよ、と提言したくはなる。

新型コロナウイルスの感染が拡大し、とにかく、それぞれが大変な生活を余儀なくされたが、そんな私たちのもとへ真っ先にやってきたのが、あのマスクだった事実を考える時、何度だって、「私たち、ほんと、よく頑張っているよな……」と涙が出そうになる。あのマスクは、涙をぬぐうための紐付きの布だったのだろうか。

アベノマスクを配った直後は、芸能界の中にもその存在を肯定しようと試みる動きがあった。たとえば俳優・高橋英樹は、サイズが小さすぎて大人の男性には使えたものではない、という意見を払拭するように、「アベノマスクが届いた！」と題したブログに、「有吉君につけられたニックネーム！　迫り来る顔面！（笑）！の私にもピッタリ！です？！？！」と書いた。もはや「！」「？」を使う基準がよくわからず、これはもしかしたら皮肉っているのかもしれないとさえ思ったが、こうやって感謝を述べる人たちがいたのだ。

歌手・つのだ☆ひろは、「僕は洗えるマスクを何枚も買っていたので、これは使わずに仏壇に供えておきます。お国が僕に下さった大切なマスクです」とFacebookに書き込んだ。税金を使って配ったマスクを仏壇に供えると、税金を供えておくような感じになっちゃうと思うのだが、その後、どうしたのだろうか。

衆議院選挙が終わると、ようやく限定的な現金給付の話が動き始めた。選挙が始まる前まで、野党が要求した臨時国会を開かずに逃げ回っていたというのに、あたかもそんな事実なんてなかったようにしながら、現金だけじゃなく、半分をクーポンにするのはどうでしょう、と言い始めた。どんな感じで決まったのだろう。「18歳以下にするか」「現金10万だと、全部使わないでしょ」「じゃあ、半分はクーポンかな」。これくらいの感じだろうか。この人たちは、ずっと、市民の暮らしってものを考えていないのである。

うまくいかなかった事柄を前向きにとらえる力がハンパない。たとえば、これを連載している雑誌も、売れ行きが好調な号とそうではない号があり、売り上げ次第で、特集の担当者などが胃を痛めるのかもしれない。そんな時には、厚労省を見習って「まだ一定の需要はあると見ている」と上層部に言えばいい。でも、来週から仕事を失うかもしれない。何をしても許される、アベノマスク配布のような、ラクな仕事をしてみたい。

吉田栄作の吉田栄作らしさ

有名人と有名人が結婚したと聞いた時の反応としては、「そうでしたか。おめでとうございます」しかないのだが、とにかくよく、「幸せを分けてもらって、明るい気持ちになった」なんて感想を見かける。たとえば、菅田将暉と小松菜奈が結婚したと知り、その幸せの一部をいただこうとするのってなかなか大胆だと思う。当人たちは言わないだろうが、勝手に代弁させてもらうと「はぁ、なんで？」ってな感じではないか。

　結婚って素晴らしいものだから、という一般論を力強く持ち出すならば、小室夫妻の結婚も同じように受け止めればいいはずだが、どうもそうはならない。誰かと誰かの結婚を他人が査定する様子って、一体いつまで続くのだろう。

　このところ、結婚を発表する芸能人は、なるべくスムーズに発表を済ませようとするので、二人とも芸能人の場合ならば、同時間帯に同じ文面をSNSにアップするやり方が増えてきた。そこにできる限りの情報を詰め込み、会見は開かない。あらかじめ撮っておいた2ショット写真を載せ、翌日のワイドショーなどではその写真を使ってもらう。芸能ジャーナリスト的な人たちに仕事をさせず、ハッピーなムードを適切に管理してみせる。介入する余地がないからこそ、「幸せを分けてもらった」的な声を紹介するしかなくなるのだろう。

　吉田栄作と内山理名が結婚を発表した。これもまた、「そうでしたか。おめでとうございます」でしかないのだが、二人の発表を見ながら、いつもの型ではないな、とは思う。それぞれがInstagramで結婚を発表したが、二人がアップしている写真が違う。違うのに、吉田栄作の格好はおおよそ一緒だ。白のタンクトップを着て、胸のところにサングラスをはさみ、帽子をかぶっている。「吉田栄作のイメージを述べよ」と問いかけたら8割がこう答えるのではないかという、予想通りの格好だ。

テレビで見かける機会は減ったが、「吉田栄作が吉田栄作らしくしている状態」への安堵は、少し間違えば、「吉田栄作が吉田栄作のモノマネをしているかのような滑稽さ」も含んでしまう。それは本人にとっては本望ではないだろうが、徹底した吉田栄作っぷりが、なんだかめでたい。

発表した文面に、「仕事を通じて出会った2人ですが、共通の価値観があまりに多い事に、今でも驚くことばかりです。年齢は少し離れていますが、互いの出身地も近いので、同じ空気や水で育ったこともあるかもしれません」と書いた吉田。「自然を愛し、一日一日に感謝を込めて、丁寧に生きている彼の姿はとても逞しく、一緒に居ると日常が豊かになっていくことを感じています。そして不思議なくらい共通の話題が多く、4年前に初めて共演した時から、色んな話を沢山してきました」と書いた内山。ほとんど同じ意味を違う文章で伝えるのって、人との相性を考える上で大切なことだと思う。夫婦とは、と語れるほどの経験もないが、とにかく全部一緒ってより、ちょっと違っているけど方向性が似ている、くらいでいい。

となると、「白タンクトップ×胸にサングラス×帽子を逆さまにかぶる×モノクロ写真」を載せた吉田栄作と、「白タンクトップ×胸にサングラス×帽子を普通にかぶる×カラー写真」を載せた内山理名との相性って、ただただ同じ写真・文章を載せる二人よりもいいのではないか。お気付きの通り、二人の差異を列記しておきながら、被写体・吉田栄作の違いなのだ。それがいかにも吉田栄作的でおめでたい。

つるの剛士が『ワイドナショー』で、これから開催される北京五輪での人権問題について、「あんだけ『オリンピック反対』って言ってた人たちが、今回のこれ(中国政府による新疆《しんきょう》ウイグル自治区や香港への弾圧、女子テニス選手が告発した性的暴行の隠蔽など)に関してまったく何も言わないことにすごく違和感があるんですよ。あんだけ『人権がどうのこうの』とかいろんなこと騒いでた人たちが、まったく言わないのがちょっと不自然」とコメントした。

いや、こちらこそ、「すごく違和感がある」。この発言を報じる記事のリンクを貼りつつ、このようにツイートしてみた。

「新国立建設で追い出されたアパート住民、建設現場での過労自殺、女性蔑視発言など、複数の人権問題を『どうのこうの』とまとめる人が、ウイグルや香港の人権問題を考えられるのかという『違和感』。どちらも問題」

人権を語るつるの剛士

Aを問題視していたのに、Bを問題視しないのはどうしてですか、という指摘は、一見、鋭い指摘をしているように見える。だが、そもそもAとBを単純比較する行為に慎重にならなければいけない。ワイドショーなどでの発言が「誰それを論破した」「相手はタジタジになった」と報じられるようなタイプの人は、とにかくこの手の比較を好む。慎重な議論を試みる人を大きな声で遮り、「だから、どっちなの、Aなの、Bなの?」と迫ってくる。自分がツイートしたように、東京五輪と北京五輪が抱える人権問題、どちらも問題だ。

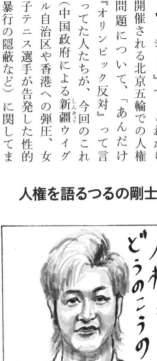

天井から雨漏りしているのと、風呂のお湯が出ないのと、どちらが問題か、と問われたら、どちらも問題だと答えるはず。構図としては同じ。でも、つるの剛士のような言い分がテレビでは重宝されてしまう。彼は東京五輪については、今回のような厳しい見解を向けてこなかった。彼の言葉を借りて、彼に投げかけたいのは、「ちょっと不自然」である。

　つるの剛士の著書『バカだけど日本のこと考えてみました』を読むと、いわゆる「愛国者」的な考え方に心酔しているのがよくわかるのだが、愛国者ではなく「愛国者」とカギカッコ付きで表記したのは、この国で起きている問題を考え、厳しく問うことこそが愛国心だと思っているから。彼のような、自分たちより外のほうが問題でしょ、そっちはいいのかよ、という考え方って、国を愛していないと思う。

　安倍晋三元首相による「桜を見る会」が問題視されていた頃、彼は、「政治家の皆さんお願いします。台風の被害で被災された地域の方々が大変な生活を強いられています。くだらないことに大切な時間を使ってないで来年の春に桜を見せてあげてください。本当にお願いします」とツイートしていた。

　今回もよく似ている。ひとつの議題について、「どうのこうの」「くだらない」と決めつけ、それよりこっちのほうが大切、と提議してみる。「桜を見る会」が「くだらない」というか、いつまでも解決しない問題になったのは、追及するほうのせいではなく、追及されるほうの問題なのだが、なんかもう、そういう基本的な整理さえせずに、こっちのほうが問題だろと叫んでみると、それなりに賛同を得られてしまうのだ。『バカだけど日本のこと考えてみました』という本の著者が見せた賢さを、そのまま受け止めていいのだろうか。国を運営する人たちが、引き続き、「人のせいにする」を繰り返す。その都度、蔑《ないがし》ろにされたのが、「人権」ってやつだ。

急性錦鯉中毒

年末年始に音楽番組でやたらとEXILEを見かけるので、日頃、抗体のない人が一気に摂取することによって「急性EXILE中毒」になる、とだいぶ前に書いた。最近では彼らの弟分を年末年始に一気に目にする感じが続いている。この時期はテレビに接する時間が増える。さっき見た人がこっちにも出ているという状態が生まれがち。

『M-1グランプリ』で優勝したのが錦鯉。翌朝からワイドショーなどに引っ張りだこだったが、そこで何を聞かれていたかといえば、「優勝決定後、どれくらい仕事のオファーがありましたか?」というもので、「マネージャーの電話が鳴り止まない」と返していた。十分に睡眠時間をとれていない、という愚痴をポジティブに発することで、周囲が興奮するというのも、いつもの流れだ。

「いやー、忙しくってさ。そっちはどうよ?」という酒場での愚痴の共有ほどつまらない会話もないが、テレビは、いきなり忙しくなった人を見つけると、「忙しいっすよね?」「はい、忙しいです」「ですよね、そんななかありがとうございます!」と興奮するのが好きだ。見ているほうも、これが好きなのか。

この原稿自体は年末に書いているのだが、おそらく、年末年始に、繰り返し錦鯉を見ることになる。『M-1』をリアルタイムで見ていたが、若手のテンションよりも一段階上の中年のハイテンションで勝ち取った勝利は、審査員の何人かが涙するほどの感動物語となった。漫才に臨んだ後で、審査員が「実は、○○は事務所の後輩なんですけど」と、漫才を終えたコンビとの関係性を明らかにする場面が何度かあり、そのたびに、「いらねぇよ、関係性の開示は！」とテレビに向かってぶつくさつぶやく。せっかくのネタが、関係性に変換されそうになるので、あれって不要。

2019年に『M-1』で優勝したミルクボーイのネタは、「母親が好きな朝ご飯を思い出せなくて困っている」→「甘くてカリカリしていて、牛乳をかけて食べるやつ」→「コーンフレークやないか。その特徴はもう、完全にコーンフレークやないか」→「死ぬ前の最後のご飯もそれでいい」→「ほな、コーンフレークと違うか」などといった、断片的な情報から断定したり否定したりを繰り返すネタだった。この形で何本もネタを作ってきた彼らは、優勝後の年末年始、とにかくあらゆる番組でこの漫才を披露していた。

すると、見ているこちらが飽きてしまう。もういいよ、あの感じは、となる。まったく失礼な話だが、これまで摂取してこなかったものを大量摂取すると、おおよその人がこういう反応になってしまう。仕事がたくさん入っていると言っていたので、もう何度も錦鯉の漫才を見ているはず。そのそれぞれは面白かったのだろうが、「なんかもう飽きた」の発生ってなかなか残酷にやってくる。

年末の『M-1』で優勝し、その後の特番にあれこれ出るという流れ、あれをそろそろ見直したらどうか。むしろ、『M-1』優勝後、そこまでテレビには出ずに、ここぞという時にだけ披露すれば、その興味が持続するはず。

少なくとも、『M-1』優勝の翌朝のワイドショーに出て、「昨日の、あの漫才を披露していただきます！」とスタジオ内のアナウンサーたちが興奮し、「わぁ、昨日のネタだ。ホント、面白い〜」と騒ぐやつ、やめたほうがいい。時間をかけて作った芸術作品について、これ、大量生産できますんで、と宣言させられている感じがするから。

2022

1990年代に一世を風靡した画家、クリスチャン・ラッセンについて、なぜ流行ったのか、なぜ日本社会は彼の絵をあそこまで受け入れたのか、今改めて問うイベントに出た。ハワイのキレイな海、デフォルメされた海に大きなイルカが舞う。やたらと大げさな構図だが、一時期、ラッセンの絵があちこちに溢れ、かくいう自分も、親に初めて作ってもらった住友銀行の通帳とカードにはラッセンの絵柄が入っていた。

ラッセンは、ほとんど日本でしか知られていない画家で、流行っている時にはしょっちゅう日本に滞在してホテルのスイートルームで創作活動に勤しむなどしており、俳優と浮き名を流すなど、あたかもロックスターかのような振る舞いを見せていた。やがてブームは下火になるが、なぜここまで流行ったのかを考える際に、「日本のテレビがハワイに対して植え付けていたイメージ」があるのではないか、との話をした。

その際、自分の頭にあったのが、この年に書いていた前田忠明についての原稿。かつて芸能レポーターは、正月休みをハワイで過ごす芸能人を追いかけて、ホノルル空港などに張り込んでいた。張り込んでいたというか、お決まりの展開が用意されていた。「どうやって過ごすつもりですか?」に対する「ゴルフざんまいですかね」「少しは家族サービスしないと」といったやりとりを何度も見せられていた。

どうでもいい、と思いながら、そうか、この人たちはこんなに優雅な正月を過ごしているのかとの把握が更新されていった。前田は「聖子さん、聖子さあん!」と叫んでいた。私たちはあなたたちとは圧倒的に異なる生活をしています、と口にはしないにしても、その光景で見せつける。芸能人とはそういうもので、芸能レポーターはその手助けをしていた。ハワイのラッセンが流行ったのって、当時のハワイへのイメージも関係していたはずである。

日本と海外という大雑把な区分けが機能していた時代がある。いや、まだ残っている。よりドメスティックになっていると考えることもできる。軽部真一がトム・クルーズに対して、インタビューではなく「対談」した、と言い張る感じは、グローバルなのだろうか、ドメスティックなのだろうか。それとも、ただの失礼だろうか。それくらいトムは慣れっこなのだろうか。2022年が没後20年だったため、何度かナンシー関の名前を出している。この本の作りは彼女の真似事だとの自覚はあるのだが、あの頃と何が変わって何が変わっていないのか。

男性アナの感じのよさ

日本テレビの桝太一アナウンサーが、日本テレビを退社、同志社大学ハリス理化学研究所の専任研究所員に転身すると発表した。人気アナウンサーの退社の報に驚いたが、これからも一部の番組には出演するという。

男性アナウンサーは、感じのいい人が好まれ、女性アナウンサーは、キレイで寛容な人が好まれる。この社会では、キレイという判断を若いかどうかで下す人が多いから、女性アナウンサーの人気はどんどん変わる。一方で、男性アナウンサーの人気は固定される。とりわけ、このコロナ禍で、人気男性アナウンサーから視聴者に向けたメッセージ（それは決して政権批判やメディア検証などにはならず、漠然とした前向きなメッセージ）が注目される機会が増えた。

この感じの良さを管理する人たちには、こちらからは想像できないしんどさもあるのだろう。家父長制、とまでは言わないが、テレビの真ん中にいる、その番組を仕切っている男性からのメッセージに、視聴者はとにかく弱い。この流れに逆らえ、とは思わないが、ほんの少しくらい、どうしてこういう感じなのか、と考えてみてもいいと思う（ので、考えてみる）。

桝アナウンサーは学生時代、生物部に入ったものの、なぜかマッチョな部活で、筋トレや走り込みを繰り返していたという。10日間もテントと寝袋で暮らす夏合宿などにも耐えながら、チョウの研究に力を注いでいく。以降、アナゴやアサリの研究を進めていくものの、研究者としての素質に限界を感じ、アナウンサーの採用試験を受けることに決める。

あるテレビ局の面接で「じゃあ、ここでモノマネをどうぞ！」と言われ、当時流行っていた長井秀和の「間違いない！」を真似たところ、面接官から「ああ、それ、さっきの人も同じことやってたね」と冷たく言われて心が折れ、いつもの研究室でアサリの研究に没頭したという。

これらのエピソードは、桝太一『理系アナ桝太一の生物部な毎日』に詳しい。そこに記されているが、これまで生き物を研究してきて、生き物たちが、与えられた環境に決して文句を言うことなく、「あるがままを受け入れる強さ」をもっていることを知った。自分がつい口にしてしまう「理不尽」という言葉は、自分本位のワガママを指した言葉なのだと思ったとある。

なるほどそういうことか、と気づく。朝起きてから寝るまで、「なにそれ理不尽！」「ふざけんな、どうしてその理不尽を受け入れなきゃいけねぇんだ！」と考えている自分が、テレビに映るアナウンサーを見て、ついつい、「なんだよ、こんなことになっても、文句言わねーのかよ！」と思ってしまうのは、彼らの、世の理不尽を受け止める能力が高いからなのか。

Netflix『新聞記者』を観ると、ニュース番組やワイドショーに出演する政府御用達のコメンテーターが、政府と結託して疑惑をもみ消そうとする姿が映っていた。こういう光景、本当によく見てきたな、と思うのだが、あれが放置されるのって、そこに立っているキャスターやアナウンサーが、異議申し立てせずに、受け入れてしまうからでもある。

アナウンサー試験を受けに来た学生に「じゃあ、ここでモノマネをどうぞ！」と投げかけるような理不尽さはあるのに、目の前にある理不尽さには極力触れず、感じのいいアナウンサーに頼ってしまう。これ、あまりにも日本のテレビの仕組みって感じがするので、こちらを引き続き研究していきたい。

変わらないテレビの象徴

あれは2018年のこと。人気番組を終わらせたフジテレビが心機一転、新しい番組を告知し、「変わる、フジ　変える、テレビ」とのキャッチコピーを打ち出した。

その新聞広告に大きく写し出されていたのが、林修・梅沢富美男・坂上忍だった。そうか、テレビはもう限界なのかもしれないと思った。若い人はもうテレビを見ない、テレビはオワコンだとする論調にそのまま乗っかりたくないと思ってはいるが、これでは確かにそう思われても仕方ない、と強く感じたのを覚えている。

「これからのテレビはもう、中高年をターゲットにやらせてもらいます！」と開き直るならば、それはそれでいい。日頃、なんでもかんでも若い世代に寄せていく様子に、正直、辟易している。「Z世代の間では今、こんなのが流行ってます！」と騒ぐコーナーをワイドショー等で毎日のように見かけるのだが、当然、Z世代はそれを見ないし、Z世代以外の世代はそれを冷たく傍観している。作っている人たちだけが「今、こんな感じ」と興奮している様子に付き合うのはしんどい。

高齢化社会の今、中高年の未来はとっても長いのだから、そちらに向けて番組を作ればいいのに、と思う。だって、若者はすぐに若者ではなくなる一方で、中高年はけっこう長い間、中高年のままなのだから。これから変わります、という宣言であの3ショットというのは、どう考えても不似合いだった。変わらなさ、を伝えればいいのに。

坂上忍が司会を務める『バイキングMORE』

が終了する。昼ごはんを食べながら『バイキング』や『ひるおび!』を見てきた。積極的な動機ではない。ものすごく消極的な動機だ。ふたつの番組に共通するのは、コメンテーターが何人いたとしても、結局は、真ん中にいる司会者の意見を補足する役割にすぎない、という点。以前、ある媒体で坂上忍について書き、そこで「『周りのことを気にしないオレ』を、周囲からの承認で更新している」と書いたのだが、我ながら的確な分析。誰から何を言われようともオレは自分の意見を言うよ、という姿勢なのだが、そんな自分を周囲からの声を集めながら補強し続けてきた。

その光景は、テレビの中だけで起きているわけではない。まさしく『バイキング』が放送されている昼の時間帯、あちこちの食事処で起きている。日替わりランチを食べながら上司(ほぼ男性)を持ち上げる部下たち(ほぼ男性)のやりとりって、ずっとこういう感じだ。

「部長って、ホントに怖いものなしですよね」「そんなことないって。マジでギリギリなんだから」「いや、ホント、すごいっす」、こういう感じのやりとりは、オフィス街にある定食屋さんなどで毎日のように繰り返されている。自分も会社員時代、その手の空間の一員だった。『バイキング』を眺めながら、「そうそう、この感じ、このツボを押すとたちまち上機嫌になるんだよな」と、サラリーマンならではの習性を思い出すように見てきた。

番組が終了するのには様々な理由があるのだろうが、やはり、坂上忍的な存在は、これから変わっていくテレビの象徴ではなく、これからも変わらないテレビの象徴だったのだろう。同時間帯の新しい番組は、『ポップUP!』。司会はフジテレビアナウンサー佐野瑞樹と山﨑夕貴。曜日レギュラーを務めるのは、小泉孝太郎、おぎやはぎ、髙嶋政宏などだという。引き続き、オフィス街にある定食屋さんのお昼みたいな光景が広がるのだろうか。

ビンドゥンドゥン、ギドゥンドゥン

北京五輪が終わった。閉会式で大会のダイジェスト映像が流れていたが、その多くが初見。なぜって、私たちは、日本人選手の活躍や無念だけを繰り返し見てきたから（見せられてきたから）、その他の選手の動向を知らない。毎度のことだが、毎度確認しておきたい事実だ。

　あの判定はおかしい、最終コーナーでの転倒は致し方ない、決勝戦は本来の戦い方ではなかったなどと評定しまくっているが、始まる前まで、その競技のこと、4年間忘れていなかっただろうか。責めているわけではない、そういうものなのだ。そういうものなのに、あたかもそうではないかのように振る舞われると、淡々と指摘したくなる。

　大会マスコットの「ビンドゥンドゥン」が大人気となり、公式グッズショップの前には長蛇の列ができた。バブル方式で一般客が入ることができないショップだが、現地のボランティアスタッフや海外の取材陣が購入したという。

　日本テレビの辻岡義堂アナウンサーが、取材パスのストラップにビンドゥンドゥンのピンバッジを大量につけていたところ、中国メディアの取材を受け、SNSで拡散、自身の名前をもじって「ギドゥンドゥン」と名乗った流れもあり、一躍注目された。

　自国のものを過剰に愛してくれるのはどんな国に住んでいる人でも嬉しいものだし、それによって新しいコミュニケーションが発生するのは何よりだ。ただ思うのは、メディアの人間というのは、事象を客観視して、問題があれば問題点を指摘しなければいけない立場だから、ピンバッジをつけまくって騒いでいるだけでいいのだろうかという指摘をぶつけたくはなる。テレビ局が、五輪に対して少しの批判精神すら持てていないのは今に始まったことではないが、大会マスコットに惹かれたアナウンサーがマスコット扱いされているのって、その象徴的存在に見える……というまとめ方はさすがに意地悪か。

さて、みなさんに質問。東京五輪のマスコットの名前はなにか。即答できるだろうか。市松模様になっていたアレだ。答えは「ミライトワ」(パラリンピックは「ソメイティ」)。「『温故知新』のコンセプトに基づき伝統を重んじる古風な面と最先端の情報に精通する鋭い面をあわせ持つ」(オリンピック公式サイトより)とのこと。ミライトワのことなんて一度も考えたことがなかった。だって、流行らなかったから。フリマアプリで「ミライトワ」を検索すると、「再値下げ」「90%OFF」などの文字が目に入る。大手量販店では、大々的に「オリンピック」と謳えないからか、「思い出ありがとうグッズ各種」などと、かなり遠回りした宣伝で売り出されている。終了から半年で次の五輪が始まってしまう特異な事態によって、最も割を食ったのはミライトワとソメイティだったのだろうか。

東京五輪は成功だったと言い張り、次は札幌五輪招致だと前のめりになっている人たちは、とにかく、東京五輪をレガシーに、と繰り返してきた。値札シールを何度も貼り替えられ、どんどん安くなっていくミライトワの気持ちを勝手に代弁すると、「おまえら、レガシーとか言ってる前に、ちゃんと、僕らを売り切れよ」だろう。

ビンドゥンドゥンのブレイクを前に嫉妬しているはず。そんな嫉妬とは裏腹に、ここからさらにミライトワが値下げされるのではないかとヒヤヒヤしている。ヒヤヒヤしているだけで、買いはしない。誰に対しても優しくありたいと考えてはいるのだが、そこまで優しくなれない。

「まだやってる」番組の価値

いくつもの長寿番組が終わる。『おかずのクッキング』『上沼恵美子のおしゃべりクッキング』『バラエティー生活笑百科』などなど。「この番組、いつまでやっているんだろう?」と思いつつ、ぐうたら過ごしながらダラダラ眺めていた番組が「終わる」と知らされた途端、ムクっと起き上がって「寂しい!」と言い始めるのは、私たちの伝統芸、そして悪習である。

これからの時代、長寿番組は成立しにくくなる。視聴者数や視聴傾向などのデータが細かく分析され、人気者の移り変わりが激しくなり、圧倒的な人気者が必ずしもテレビの仕事を最優先させる、とはならないから、「いつまでもやっている」に到達できない。

『新婚さんいらっしゃい!』で司会を務めてきた桂文枝と山瀬まみが退き、以降は藤井隆と井上咲楽が担当するという。日曜日の昼12時55分から13時25分まで放送されている番組だが、個人的には、録りためておいた番組を見ながら昼ごはんを食べ終え、「この後、仕事しなきゃいけないけど、もうちょっと休みたい、かといって、他の録画番組を見始めるほどゆっくりしていてはいけない」という時に、この番組を見ている。

番組に臨む姿勢としては失礼だが、想像するに、この失礼な姿勢に「自分も」と賛同してくれる人も多いはず。テレビの前で番組開始を待ち構えるというよりも、「ああやってるな」と把握される程度。でも、これが長寿番組たる所以でもある。

毎回2組の新婚カップルが登場し、その出会い、新婚生活の様子、夜の営み云々を聞いていくのだが、年の差婚や国際結婚やバツイチ同士の結婚など、実は早い段階から多様な結婚をスムーズに受け止めている番組ではある。とはいえ、基本的な考え方はとっても古く、「男の人が稼ぎ、女の人は家で子供を育てる」という基本形が前提になっているからこそ、えっ、こんな結婚ってアリなの、とイレギュラーな状態の見本市としてエンタメ化させてきた。

突飛な発言をすると桂文枝が椅子から転げ落ちるのがお決まりだが、その椅子をスムーズに元の位置に戻す山瀬まみの様子もまたお決まり。椅子を直し続けてきた山瀬まみは桂文枝の身体的な衰え、加齢を感じ取っていたのかもしれない。芸能界の中でも突出して俊敏な動きをする藤井隆は果たしてどのように椅子から転げ落ちるのだろう。それを井上は戻すのだろう。いいです、自分で戻します、というのがリニューアルの目玉だと読んでみるが、どうだろう。

いつまでもやっている番組、という次元に到達するには、時間とコストがかかる。番組を差配する人たちは、「時代のニーズと合わなくなってきた」といった理由を並べがちだが、時代のニーズなんてものはずっと移り変わるのだし、今は、そのスピードがとにかく上がっている。「まだやってる」と「ニーズ」は折り合いが悪い。「まだやってる」の価値は、このデータ社会では軽視され、「田舎のおじいちゃん、おばあちゃんが楽しみにしているのに」なんて言うと、「そんなデータはない」なんて言われる。

これまでそんなに熱心に見てこなかったのに、最後の方だけちゃんと見ようとしているのが失礼だが、そうやってちゃんと見るのは、そもそも番組の雰囲気に合っていない。適当に見る、という視聴行為を甘めに採点する姿勢は薄まり、シビアに問われ、どんどん長寿番組が失われていくのだろう。新しいものを作り続ける、その新しくなさを考えたい。

ウクライナ侵攻を利用する人たち

ロシアによるウクライナ侵攻が本格化する前、プーチン大統領は、ウクライナ東部の親ロシア派地域の独立を一方的に宣言している。その際、政権の幹部を集め、賛否を問うている映像が話題となった。大物幹部の一人、対外情報局長官のセルゲイ・ナルイシキンが「あの……私は……」とモゴモゴしていると、プーチンが「支持するのかはっきりしろ！」と言い、支持を宣言させられていた。その時のプーチンの表情は、眉間にシワを寄せ、「お前に選択する権利などない」と言わんばかりの表情。これぞ威圧、という怖さがあった。

プーチンは遅刻魔で知られる。2019年1月、安倍晋三首相との首脳会談に46分遅刻、その前年の5月は48分、9月は2時間半遅れ。あたかも1980年代ハードロックバンドの開演時間のような遅れっぷりだが、2016年、地元・山口県に招いた時にもプーチンは大幅に遅れており、その時、安倍首相は安倍家の墓を訪れ、花を手向けていた。「全然待ってないっすよ、今来たとこっすよ」的な感じを作り出そうとしたのだろうか。

戦中の交渉は極めて難しいものなのだろうから、一市民として評価は下しにくいが、プーチンに明らかに舐められていた彼が、今、テレビに出てきて、「〝シンゾー×ウラジーミル〟の仲に期待も」（『日曜報道 THE PRIME』2月27日）といったテロップの下で雄弁に語っている姿を見ると、「シンゾー、そりゃないぜ」とは思う。そもそも、ウラジーミルの気持ちを変える可能性があるならば、テレビなんかに出ないで電話するだろう。

ＮＨＫの番組『１００分de名著』に出演し、社会心理学者ギュスターヴ・ル・ボンが１８９５年に刊行した『群衆心理』という本について解説した。ヒトラーも参照したと言われている一冊で、なぜ人々は群衆の一員になると考え方を単純化してしまうのかを説いている。当然、指導者は、民衆を単純化させるためにはどうすればいいかが書かれている本として読むだろう。

「指導者たちは、主として、次の三つの手段にたよる。すなわち、断言と反覆と感染である。これらの作用は、かなり緩慢ではあるが、その効果には、永続性がある」（『群衆心理』櫻井成夫訳）とある。事実であろうがなかろうがとにかく断言する（＝プーチンは「ウクライナが悪い」と断言する）、その断言を繰り返す（＝プーチンは「だから、悪いのはウクライナだ」と反復する）、そうこうしているうちに既成事実になりかけてしまう（＝ロシア国内でも反戦運動が起きているが、体制をひっくり返す勢いを持たせないようにしている）。「断言と反覆と感染」が機能しているのだ。

こうなると私たちは、テレビの前で、少しでも早く戦争が終わることを祈るしかない。だが、そのテレビでは、数週間前までウクライナの位置さえ正確に知らなかったであろう芸能人がロシアのこれからの動きを予想したり、かつてのタレント弁護士が、「非核三原則」に縛られずに核共有について議論したほうがいいと、くだを巻いていたりする。テレビに出たシンゾーはそれに乗っかっていた。

侵攻が始まってしまった状態に鼻息を荒くする人たちがいる。それは決して平和を守るためではなく、持論を強化するためだったりする。「さすがにそれは……」と敬遠されてきた考え方を、「確かにそうかも」と切り替えてもらうチャンスだと思っている。だからこそ、彼らも「断言、反覆、感染」を使う。騙されてはいけない。為政者の鼻息が荒くなった時こそ、冷静でいたい。

新庄剛志監督や大谷翔平選手に対して、ずっと追いかけるカメラが向けられており、ベンチでボーッとしている時まで撮られている。乾燥した空気、そして、ほこりっぽい環境にいるのだから、鼻の奥に大きめの鼻クソがこびりつくことだってあるはず。そういう時、彼らはどうするのだろう。ベンチ裏に行き、短時間で鼻クソをどうにかするのだろうか。

以前、アイドルグループのドキュメンタリーを見ていたら、ステージに出る直前まで過呼吸になっていた中心メンバーが、ステージに出た瞬間、いつも通りの明るい笑顔を作っていて心配になったが、いつも見られている仕事というのは、私たちが想像する以上に多くの負荷がかかるのだろう。

三浦知良の取り扱い

いまだに現役を貫く三浦知良は、メディアに登場する際、ちゃんとカッコつけている。高いスーツを着て、身なりを整える。「カズは格好良くなくてはならない」という定義を誰よりもシビアに自身にぶつけている態度こそがカズだ。カズが横浜FCから鈴鹿ポイントゲッターズに移籍、出場機会を得るための移籍なのだという。監督はカズの兄・三浦泰年。兄が監督のチームで出場機会を得る、という意地悪な紹介に耐えなければいけない。

時折、高校野球の甲子園出場校に、監督の息子がレギュラー出場している学校があり、その監督は絶対に「息子だろうが関係ありません。実力社会です」と言うのだが、VTRでは「親子で叶えた夢の舞台」などと紹介されている。もし、自分の高校生時代にこういう状況が近くにあったなら、毎日のように皮肉っていたはず（そういう人間であったことにある一定の反省はあります。でも、そういう人間であったことに後悔はありません）。メディアによるわかりやすい紹介との付き合いは、アスリートにつきものではある。

久しぶりに開幕戦に出場したカズも、新庄や大谷と同様、ずっとカメラが向けられた状態だった。ゴールやアシストはなく、得点につながる場面に絡めたわけでもなかったが、カメラはとにかくカズだけを追いかけるので、カズがボールにタッチした瞬間を繰り返し映し出す。

最たる見どころが、ボールにタッチすると見せかけて、ボールをまたいでディフェンダーをかわそうとするフェイントだった。カズの得意技だが、この試合では、それで何がどうなったわけではない。それでもその映像を繰り返す。スタジオでは、とにかくカズがしっかり動けていたと褒める。でも、ごく限られた映像なので、動けたかどうかはわからない。動けていたってことにする、というあたりに危うさはなかったか。

試合終了後、カズはこのように答えている。「後半はいい感じで攻められるようになったけれど、僕自身がガス欠で。ベンチに自分から交代のサインを出しました。コンディションを整え、出場時間を増やさないと」（日刊スポーツ）。ケガや体調不良ではなく、ガス欠で自ら交代のサインを出し、それを監督である兄が受け止めるという流れは、なかなか特別待遇に思える。

他の選手はどういう気持ちなのだろう。これまでの数倍の観客に囲まれてプレーできるのは嬉しいはずだが、スポーツニュースを見ても、正直、カズと兄しか出てこないのである。無論、これをきっかけにチームやプレーヤーを知ってもらう、という気持ちなのだろうが、「どうなんすか、兄弟でその感じ」という異議申し立てが存在するのだとしたら、その勇気を買いたい。私たちにはカズと兄の姿以外が見えなかったので、もちろん、想像でしかないけれど。

「閣下」と興奮する山東昭子

ウクライナのゼレンスキー大統領がオンラインで国会演説を行った。外国首脳が日本の国会でオンライン演説を行うのは初めてのこと。彼自身のスピーチについては各所で報じられていたが、テレビ中継の多くでカットされていたのが、山東昭子参議院議長の挨拶。そこで彼女は何を言ったか。

「閣下が先頭に立ち、また、貴国の人々が命をも顧みず、祖国のために戦っている姿を拝見して、その勇気に感動しております」

その声色は明らかに興奮していて、この感じ、かつて国会で聞いたなと記憶を辿ってみれば、2019年、老後資金2000万円問題を追及する野党に対して、「安倍首相に感謝こそすれ、問責決議案を提出するなど全くの常識外れ。『愚か者の所業』とのそしりは免れません。野党のみなさん、もう一度改めて申し上げます。恥を知りなさい！」と力を込めた三原じゅん子議員だった。

偶然にも、2人ともかつては俳優業をしていた人だ。ここは気持ちを込めます、と前のめりになり、それを見た人から「何をそんなに興奮しているのか」と距離を置かれているのは、俳優としてはさておき、政治家としてはなかなか心配ではある。

山東議長の発言は危うい。なぜって、「心は共にある」ではなく、「命をも顧みず」に「戦っている姿」に「感動」しているのだ。もちろん、今、ウクライナが置かれている状況を見れば、私たちの心は動かされる。1日でも早く終わって欲しいし、1人でも多く助かって欲しい。でも、「命を顧み」ない行動について、国を代表して「感動」してはいけない。

現行憲法には、戦争放棄、平和主義が明記されている。現時点での日本は、命をも顧みずに戦ってしまった負の歴史を受け止め続けなければいけない立場のはず。世界各国に向けて演説を続けているゼレンスキー大統領とその周辺は、その都度、この国にどんなお願いをするのがいいのか、彼らなりの最適解を投げてくる。軍事支援をお願いできない日本に向けては、具体的にコレを、とお願いするのではなく長期的に見て欲しいと促し、だからこそ彼は「復興」という言葉を使った。それなのに、山東議長は、好戦的に興奮していた。

出席した国会議員が明らかにしているが、前もって、演説後にスタンディングオベーションするように案内されていたという。いかにも日本的な配慮だ。みんながやるならやる。やる予定になっているのでやる。一方、私に言わせてと前のめりに言う人はやたらと好戦的。この侵攻を終わらせるためにどうすればいいのかという冷静な議論は薄く、いつのまにか、ウクライナの人たちが持つ愛国心を私たちも持てているか、といった方向の問いに進もうとする。

山東議長といえば、2017年、「子どもを4人以上産んだ女性を厚生労働省で表彰することを検討してはどうか」と発言して問題視されている。たくさん子どもを産んだ人を国が表彰すれば、少子化対策になると真剣に思ったらしい。そもそも、子どもは国のために産んだり、育てたりするわけではないのだが、彼女にとってはそう位置付けられていた。この発言と今回の発言を合わせて考えると、辻褄が合う。個人の考えより国の都合を優先しなければならないという考えがある。

こういう考え方は放置しておくと、すくすく育ってしまう。スタンディングオベーションしましょうとあらかじめ決められているような場所にいる人たち（もちろん、したければすればいい）を、外から見張る行為って、だから大事なのだ。

純烈脱退会見に見入った

殺伐とするニュースが続く。もちろん、直視しなければいけないが、避けたくなる心理を無理やり隠す必要もない。こういう時、自分なりに、気が休まる情報を求めるのも大切。自分のスマートフォンが「こんなのはどう?」と勧めてきたのが、ムード歌謡グループ・純烈から小田井涼平が脱退するとのニュースだった。

デジタル技術はまだまだ自分を分析しきれていないなと思う。だって、自分にとって、純烈は大切な存在ではない。それでも勧めてくるのは、昨年末、ある雑誌の取材で純烈のライブを観に行き、その感想を書くために諸々調べたからなのだろう。その日、ライブを終えたメンバーが、「純烈はこれからも、皆さんの年金をあてにしていきます!」「どこかの健康センターでまた会いましょう!」と述べて立ち去るなど、お客さんのツボを熟知しているプロ達の仕事を堪能した。だが、それ以降、興味が持続していたわけではない。

メンバー脱退との報道を伝えてくるスマートフォンに向かって、「そんな情報より大切なことがあるだろ」と思ったが、そういう考え方はよくない。自分にとって大切ではない情報でも、誰かにとっては大切なのだ。この着眼点を失ってはいけない。

2022年いっぱいで小田井涼平が純烈としての活動を終了する。その旨を知らせる会見を、どこかのホテルだかホールだかの玄関前で開いた。湿っぽい雰囲気は皆無、パーカやトレーナーといった、「ゴルフコンペから帰るサラリーマン」のような格好でメンバー4人が並んでいる。小田井は、本当はもっと前に脱退を考えていたが、コロナ禍でライブが延期になり、チケットを持っているお客さんのためにも脱退を遅らせたと語る。

小田井が「最初の紅白出場が決まった瞬間から、僕の中で考え始めた」と言うと、酒井一圭が「えっ、そんな前から？」と突っ込む。レポーターから「引き留めたい思いはあった？」と聞かれると、メンバー全員が沈黙し、笑いが起きる。小田井が抜けて3人になった時にはどんな感じになるか、3人だけで横並びになってチェックしてみる。どうにも寂しいから誰か入れようかな、と盛り上がっている。

その会見動画を全て見てしまった。日々、それなりに忙しくしているのに、全て見てしまった。どうしてなのだろう。この数年、こういうものに飢えていたのかもしれない。こういうものとは何か。「自分にとって特に必要ではない芸能会見」「レポーターと芸能人の間に緊張関係がなく、グダグダと会話しているような会見」だ。今年いっぱいで彼が脱退するのは、熱烈なファンにとってはとてもショッキングなのだろうが、応援しているからこそ、その門出を祝う気持ちもあるのだろう。自分には、そのどちらもない。でも、その会見をじっくり見てしまった。

かつて、ワイドショーでは、自分にはちっとも関係のない、わりかしどうでもいい会見を流していた。ミッチー・サッチー、梅宮アンナと羽賀研二、若貴兄弟、自分の生活に関係ないのに、その揉め事の動向を見守っていた。今回は別に揉めているわけではないが、昔ながらの会見の形を久しぶりに見かけ、ああ、こういう感じ、懐かしいなと見入ってしまった。

こういうのがレアケースになっているってことは、もしかしたら、今の世の中は相当殺伐としているのかもしれない。かもしれない、というか、そうなのだろう。純烈のメンバー脱退のニュースを味わえる社会に戻りたい。

佐々木朗希の〝そっけなさ〟

夜遅くにやっているニュース番組では、開始40分くらいでスポーツコーナーに移行するが、そこで初めて、メインキャスターの朗らかな表情を目にする。数々の政治汚職、新型コロナ、ウクライナ侵攻と続いているこの数年は、とりわけその傾向が強い。大谷翔平のホームランをどのタイミングで報じるかで、番組のテンションを管理しているが、別に彼は、日本全体の機嫌を背負っているわけでもない。

特定のスポーツ選手や球団が活躍すると「経済効果は〇億円！」といった数値が叩き出されるが、大谷が作り上げた「もろもろしんどい中で日本の精神を安定させた効果」を数値にしたら、とんでもない規模になるはず。だが、冷静に考えると、彼のホームランと私たちの生活には直接の関連性はない。彼がホームランを打っても野菜は安くならない。それでも彼のホームランで「スカッとする」という反復は効果的だった。

そもそも、スポーツって、精神安定効果をもたらすもの、という前提で良かったのだろうか。今や、世界で活躍するスポーツ選手は、野球・サッカーに限らずあちこちにいる。そのうちの誰かは活躍する。逆に、誰かは活躍できずに、ひっそりとキャリアを閉じたり日本に帰ってきたりする。日本球界で活躍した選手がアメリカに飛び、その中でも調子がイイ選手を引っ張り出し、「いやー、調子イイね！」と自分たちの精神を安定させる日々が続く。選手に対して、なんだか申し訳ない気持ちも生まれてくるが、謝られても困るだろう。

千葉ロッテマリーンズの佐々木朗希投手がオリックス・バファローズ戦で28年ぶりの完全試合を達成、翌週の北海道日本ハムファイターズ戦でも8回まで「完全投球」した。「すべて見せます！」と興奮するスポーツニュースでは、完全試合の1回から9回までの27人、打者が翻弄される様子を流していた。

なかなか気持ちがいい。昔、就職活動がうまくいかなかった時、ゲームセンターでサッカーゲームをやり、ここからセンタリング上げて、ここでヘディングすれば確実にゴールになる、という動きを繰り返していたのを思い出す。あれに近い。翻弄されている様子に快感を覚えたのは、私の性格上なのか、それとも人間の特性なのか。

佐々木投手はメディアへの応対がそっけない。少し盛った形で相手を喜ばせたりしない。インタビュアーが盛り上げようとしても、そんなに応じない。28年前に完全試合を達成した槙原寛己を前にしても、そんなにサービスしない。それは選手としての姿勢というより、ただ慣れていない状態にも見えたが、このまま饒舌にならないでいてほしいなと思う。

引退したプロ野球選手がこぞってYouTubeチャンネルを開設している。時折、目に入ったものをクリックすると、軒並み、「休みの日に部活にやってきたOB」のテンションで、「うわっ、これ、苦手なやつだ！」と古傷が痛む。「俺たちの頃は」に始まる語りにはいつの時代にも注意が必要。

スポーツの世界では、誰かが活躍していて、誰かが活躍できずにいる。大谷翔平が不調になると、「なぜ不振なのか」といった記事が出るし、その後、連日ホームランを打つと、「さすが大谷」という記事が並ぶ。「さすがじゃねぇよ」と、勝手に大谷の気持ちになる。「絶好調のスポーツ選手を選んで精神安定」というルーティーンに対し、慎重になる心を少しくらいは残したい。あの人たちは、私たちのためにプレーしているわけではないのだ。

シンガーソングライターの藤井風が、お笑い芸人のシソンヌやヒコロヒーとコントに興じる番組『藤井風テレビwithシソンヌ・ヒコロヒー』が面白かった。アイドルやトップミュージシャンが芸人とコントに挑戦する番組はこれまでもいくらでもあったが、おおよその場合、制作者や芸人の間で「甘めに採点してあげよう」との合意が済んでおり、それをテレビの前の視聴者にも求める感じがいただけなかったのだが、今回はそうではなかった。甘めの構えを乗り越えてきた。

あの藤井風がコントに挑戦する、というしつこい前振りこそ不要だったが、コントの内容自体、藤井主導の音ネタを交えるなどした構成だったこともあり、「甘めの採点」を必要としない出来だった。シソンヌもヒコロヒーも、芸人のヒエラルキー云々で笑いを作る人ではないので、そこで起きている出来事のくだらなさだけが抽出されていた。

国民的アーティスト藤井風

最近、とにかくあちこちで、「芸人同士の関係性だけで笑いを作るのをやめて」と言ったり書いたりしている。司会者とひな壇芸人の絡み方の画一性はもちろんのこと、コント番組でもその力関係が反映されており、ヒエラルキー上位の芸人が笑いをこらえきれなくなると、周囲も一斉に同じような反応をする様子などがとにかくつまらない。彼らはそれを過剰にしない。そもそも人選からして、それを避けていたと思われる。

『HEY!HEY!HEY! MUSIC CHAMP』や『うたばん』など、司会の芸人と積極的に絡む音楽番組が定着していた時代には、登場するミュージシャンの特性が抽出されやすかった。デビュー当時のモーニング娘。などがそうだったように、ダウンタウンや石橋貴明のしつこいツッコミの対象になることで知名度を上げていくケースもあり、やがて「いかにツッコまれやすい存在でいるか」が徐々に意図的になっていったのだが、あの緊張感が懐かしい。

今回の番組では、テレビ画面の中で、芸人とミュージシャンがしっかりとぶつかり合う緊張感があった。藤井風の柔軟さと、そのまんまそれを受け止めようとするシソンヌとヒコロヒーの寛大な姿勢が光っていた。

『紅白歌合戦』で岡山の実家から歌っていると見せかけ、ステージに登場、その後、ＭＩＳＩＡのステージにも参加した藤井風。デビューしたのが２０１９年なので、わずか数年で、国民的な祭典の要所に登場する存在となった。今の音楽シーンは局地的な人気者が数多く登場する一方で、いわゆる「国民的なアーティスト」は生まれにくい。ならばもう、早めにそういうことにしておこう、という企図だったのだろうか。

その藤井風が、河瀬直美監督による東京五輪記録映画のテーマ曲を担当するという。ＮＨＫの五輪ドキュメンタリーの字幕改竄問題について、曖昧な説明で逃げ回っている河瀬監督が、藤井の起用について「コロナ禍でデビューした藤井風。その運命、その宿命。彼は、必ず歴史に名を遺す人になる」とコメントを寄せている。

初の音源をリリースしたのは２０１９年11月だから「コロナ禍でデビュー」ではないのだが、人のデビューをコロナとくっつけ、運命・宿命と決めつける言葉選びに、強い権威を感じる。「必ず歴史に名を遺す人」なら、公開前から問題視されている映画のテーマ曲なんて引き受けてほしくなかったが、その意見はこちらの勝手。一気にブレイクした人が、どういう道を進むのか、ひとまずは眺めてみる。

『これが定番！世代別ベストソングミュージックジェネレーション』で、「セーラー服を脱がさないで　嫌よダメよ　こんなところじゃ」（おニャン子クラブ『セーラー服を脱がさないで』）と歌われている映像を観て、出演者の藤田ニコルなどが「若い人にこんなことを歌わせるなんて」とたじろいでいた。真っ当なたじろぎである。みんなで一緒にたじろぎたい。

当時の価値観がこれを難なく許容していたとも思えないが、価値観は時代によって変わる。いわゆる昔の曲を今に引っ張り出して吊るし上げるのも健全ではないが、作詞家としてクレジットされている秋元康は、この頃からの流れで曲を作り続けている。２０１６年にリリースされたＨＫＴ48『アインシュタインよりディアナ・アグロン』で、「難しいことは何も考えない　頭からっぽでいい　二足歩行が楽だし　ふわり軽く風船みたいに生きたいんだ」「女の子は恋が仕事よ　ママになるまで子供でいい　それよりも重要なことは　そう　スベスベのお肌を保つことでしょう？」と歌わせたのが象徴的。

歌う当人たちは、与えられた歌詞に異議申し立てできる立場ではない。でも、それを聴いた人たちの中には、彼女たちからの主体的なメッセージだと受け止める人もいる。彼は社会の空気を巧妙に読み取るので、男女平等や女性の権利獲得が積極的に議論されるようになれば、「大人たちには指示されない」（乃木坂46）などと歌わせる。その曲自体が指示なのに。エンタメ業界のトップラ

生稲晃子の街頭演説

ンナーには、いちいちじっくり考えずに世の中の表層を掬い取るセンスが求められるのだろうが、それに対して、賞賛ではなく懐疑を向けたい。

この感じ、つまり、その時々の時流を掬い取ろうとする感じを頻繁に見かけるのが選挙。これまでほとんどお見かけしなかった現職議員や、立候補者の皆さまのアピールが繰り返される。以前、新聞社に頼まれて、何ヶ所も選挙演説を見て回る取材をしたのだが、ある元スポーツ選手は、スポーツと政治も壁を乗り越えるという点で一緒だ、というような内容を大声で連呼しており、思わず「それは違うぞ！」と声を張り上げそうになった。だが、そういう自分ならではの宣言に、旬な話題、「国防」「円安」「感染症対策」などなどを合わせていくスタイルが、これからあちこちで量産されるのだろう。

中条きよし、松野明美、高見知佳、そして生稲晃子。早速、芸能人・有名人の立候補者が目に入る。街頭演説をする生稲晃子を見る。ガンを患った経験を伝えながら、早期発見のための検査を促したい、そして、たとえガンになっても社会生活を維持できる社会を作りたいと訴えていた。本当にそう思う。近しい人にもそういう経験を持つ人がいるので、強くそう思う。

政治家になろうとする人の多くは、こうやって一つの論点だけを訴えてくる。自分の経験に基づいて、これをやります、と言う。大切な働きかけだけど、政治家はそれだけをやる仕事ではない。イメージを重視して、大衆からの評価を得る。これもまた、表層をいかに掬い取るかの勝負に見える。生稲は元おニャン子クラブのメンバーで……と結びつけるのも強引だが、出馬会見で、わざわざおニャン子時代のポーズで写真に収まっていた。むしろキャリアの活用を画策していたのだ。エンタメ業界と政治の世界の共通項って何かと考えたら、その時々の空気を察知し、急いで自分のアピールに盛り込むってことになるが、これでいいんだろうか。

以前、上島竜兵について、このように書いた。

「ダチョウ倶楽部に対しては、『相変わらず同じことやってる』という後ろ向きな見方もあるのかもしれないが、でも、『相変わらず同じことやってる』こそが評価を生んでもいる。ここまで反復されてきた芸は、高く評価されなければならない」

周囲を巻き込む芸でありながら、年長者である自分たちが強制することもなく、その場にいる人たちの自発性で作り上げられていく空間の多幸感って、他の例を知らない。上島竜兵が亡くなると、リーダーの肥後克広が「皆で突っ込んで下さい。『それ違うだろ！』『ヘタクソ！』『笑えないんだよっ！』と地面も蹴って下さい。上島は天国でジャンプします。皆様もジャンプして下さい。そして、上島の分、3倍笑って下さい」などとコメントを出した。地面を蹴って、みんなでジャンプをする。そこで広がる光景はいつだって滑稽だった。でも、今回の「天国バージョン」だけは笑えない。みんなで反復してきた芸の主役がいなくなってしまった。

上島竜兵の言葉

実家が西武園ゆうえんちの近くにあるのだが、小学生のときだったか、年明けと同時に、遊園地にある大きなタワーからダチョウ倶楽部がバンジージャンプをする企画が行われており、初詣に向かう道すがら、彼らが「わー」と飛び降りる声が聞こえ、そのバカバカしさの虜になった。

大学を卒業し出版社に就職してから、なんとか上島竜兵と一緒に仕事ができないものかと考え続けていたのだが、なかなかチャンスを探せない。

そんな時、勤めていた出版社が、中高生に向けたヤングアダルトシリーズ『14歳の世渡り術』を始めた。若者に、こういう生き方もある、と指南するシリーズなのだが、これだったら逆に引き受けてくれるかもしれないと、長い手紙を書いた。何の「逆」なのかはわからないが、しばらくするとマネージャーから連絡が来て、「本人もとても喜んでいます」とのことだった。

事務所に出向き、「実はあの西武園ゆうえんちの時に……」と伝えると、照れながら笑ってくれた。これまで出会った人たちや出来事を振り返りつつ、それをやや強引に若い人たちに向けた指南にする一冊は、2010年1月20日、上島竜兵49歳の誕生日に『人生他力本願　誰かに頼りながら生きる49の方法』として刊行された。「自分の弱みを見せつけよう」「後輩にも頭を下げる」「情けない人間でいいんです」といった見出しが並ぶ。「続けていれば、終わらない」なんて見出しは、自分が彼らに感じてきた、最たる尊敬の理由でもある。

巻末に中学生との座談会を収録し、人生相談を受けてもらうはずが、たちまち人生相談をする側になり、中学生から「おでん屋さんをやればいいと思う」と提案され、納得していた。発売日&誕生日には書店でサイン会を実施、囲み取材では『くるりんぱ』の正解がわからない」とボヤいて、皆を笑わせていた。

本の打ち上げでご一緒したり、舞台を観に行ったり、その後は何度か会っただけで、これまでと同じようにテレビの中の上島竜兵に戻った。とにかくずっと同じことをやっていた。これからどうなるかわかりきっているのに、それでも笑ってしまう。冷静になって考えれば、あれだけまんべんなく、「あー、いつものやってるよ」と笑わせてくれる芸人はいない。短い期間で集中的に、だったけれど、好きだった人と一緒に仕事ができた。「続けていれば、終わらない」という彼の言葉を改めて抱き留めたい。

大統領のご機嫌チェック

アメリカのバイデン大統領が日本にやってきた。トランプ前大統領の娘・イヴァンカが来日した際、「ミニスカ美脚イバンカ氏、服ミュウミュウ豚肉食べず」（日刊スポーツ・２０１７年11月４日）と題した記事を見かけたのを思い出す。いくつもの情報を端的に盛り込みながら、逆に空疎さを強調する見事なタイトルだなと感心したが、もしかしたら、記事を書いた人は真剣そのものだったのかもしれない。

あの時は、彼女が宿泊するホテルの周辺に人だかりができていたし、「一目見ようと多くの人が」とレポーターもやたらと興奮していた。キャロライン・ケネディ元駐日大使の時も同様だった。つまり、「アメリカから偉い人がやってきた」という状態に特別な興奮があるらしい。

今回も、バイデンがジェラートを食べただとか、岸田首相夫人がお茶をたてただとか、どれだけ上機嫌になってくれたのかをチェックする流れは相変わらずだった。「ああ、よかったっす、上機嫌だったみたいっす」といった方向性の報道（そんなの報道とは呼べないけれど）は、決して対等な交渉ができずにいる日本政府に似ている。

今回、バイデンは大統領専用機「エアフォース・ワン」で横田基地にやってきて、そこから大統領専用ヘリ「マリーン・ワン」で六本木にある在日米軍基地・赤坂プレスセンターに移動、大統領専用車「ビースト」であちこち移動していた。海外の要人は羽田空港に降り立つのが通例だが、アメリカの要人については、こうして横田基地と赤坂プレスセンターを行き来している。

日本の首都圏の上空には「横田進入管制区」と呼ばれる空域があり、横田基地や厚木基地に離着陸する米軍機のために、米軍が管理している。そこを通るには米軍の許可が必要なので、民間機が避けて通るために東京湾上空を旋回するなど、配慮を重ねてきた。本土復帰から50年経っても米軍基地の負担が減らない沖縄だが、東京や首都圏でも、こういった制限が長らく維持されてきたのだ。

互いに利益を得られるように交渉するのが外交だが、防衛費をアップしますので、これからもよろしくどうぞ、と伝えてバイデンを上機嫌にさせた一方、バイデンから岸田への上機嫌要素といえば、国連安保理で日本が常任理事国となることに支持を表明したくらいのもの。現在、国連安保理の常任理事国はアメリカ・中国・フランス・ロシア・イギリスの5ヶ国だが、新たに常任理事国になるためには国連憲章の改正が必要。常任理事国5ヶ国全てを含む3分の2の国が批准する必要があるので、なかなか現実的ではない。でも、支持します、とだけ言ってくる。

防衛費を増やせば、当然、何かしらは削られる。社会保障費だろうか。当然、増税の議論にもつながってくる。また消費税を上げるのだろうか。ロシアのウクライナ侵攻後、防衛費の議論が活発になりやすいのはわかるが、なぜか、防衛費を増やす話には、いつもの「で、財源は?」のツッコミが弱くなる。

岸田派が開いた政治資金パーティーで参加者に配られた「岸田ノート」が、フリーマーケットアプリ「メルカリ」に出品された。そのことを指摘された岸田は「大変ありがたい。それだけ皆さんに評価していただいた」(毎日新聞)と答えたという。メルカリがどういうものなのかがわかっていないのだろう。笑い事ではない。やっぱり、私たちの生活ってものを、その実態を、わかっていない可能性がある。

軽部アナのインタビュー力

コロナ禍が続いてしまい、自由な移動が制限され、見られなくなったものは多い。逆に「見なくて済むようになったもの」もある。その代表格が、「海外スターがやって来た時に、しっかりとしたインタビューをするのではなく、番組キャラクターのぬいぐるみを渡すなどして驚かせつつ、ちょっとしたゲームや○×クイズへの参加を強制する」というアレだ。

自分の好きなミュージシャンがアレの餌食になっている様子を見かけると、出国を待つ空港に駆け込み、「この度は、本当に申し訳ありませんでした！」と陳謝したい気持ちにもなる。彼らにとっては数ある仕事のうちのひとつだし、あっという間に忘れてしまうやりとりだろうが、申し訳ない気持ちが残る。

トム・クルーズが映画『トップガン マーヴェリック』の公開に合わせて日本にやって来た。久しぶりにやって来たスターが、何度も来日している彼だというのは、「いよいよこれまでの日常が戻ってきたのかもしれない」と期待させるにはピッタリ。ファンとの交流の場では、1時間以上も記念撮影に応じるなどしていたという。日本ではどう接すればいいのか、熟知しているのだろう。

テレビの取材にもいくつも応じていた。自分が目にしたのは、フジテレビ・軽部真一アナウンサーからのインタビュー取材である。軽部アナの、自分の存在を前に出しすぎるインタビューに以前から引っかかりを覚えてきたが、前に出る感じを何より自身で自覚している。『めざましテレビ』

は、スタジオ内にいるアナウンサー同士でその言動を無条件で褒め合うというしんどい光景が繰り返されるが、軽部アナによるインタビューを受けて盛り上がるのも恒例。しかも、今回は久しぶりの海外スターだ。

　映像を見て、まず、「インタビュー」ではなく、「対談」と表記されていることに気づく。以前、編集者をしていたころ、ある大物作家へのインタビュー記事を作り、後日やりとりしていると、その作家から「なぜインタビュアーの発言部分が『―』なのか。素晴らしいインタビューだったので、『〇〇』と名前を入れてあげてほしい」と言われたことがあり、その心意気に感激したのだが、まさか今回も、トムが「対談で」と言ったのだろうか。

　その「対談」で何を語っていたかといえば、充実した中身はなかった。その模様を記事化したものが「FNNプライムオンライン」にあったので、そこから正確に引用するが、

軽部真一アナウンサー「めざましテレビの軽部でございます。恐縮ですが、最初にお伺いします。『ドゥー ユー リメンバー ミー？（私のことを覚えていますか？）』」

トム・クルーズ「もちろん！　あなたは私を覚えていますか？」

軽部真一アナウンサー「もちろん！」

とある。何度も会っている彼らのお決まりのやりとりらしいのだが、限りある時間の「対談」でこれを紹介する辺りから、インタビューではなく「対談」とした番組側の狙いが伝わってくる。

　外国から映画スターがやって来るようになると、こんなのがまた増えるのだろうか。こんなの、というのは、「ワイドショーやネットニュースに扱ってもらうため、映画とは特に関係のない旬のタレントと出演者を絡ませて、笑いをとる（というか、困惑させる）」である。自分は正直、トム・クルーズのファンではないのだが、それでも申し訳ない気持ちになる。

ナンシー関没後20年

消しゴム版画家・コラムニストのナンシー関が亡くなってから、2022年6月12日で20年が経った。『週刊朝日』で連載されていたコラムから厳選して一冊の文庫に新たにまとめた『ナンシー関の耳大全77 ザ・ベスト・オブ「小耳にはさもう」1993-2002』の編者を務めたのだが、学生時代からコラムを乱読してきた身としてはあまりにも光栄な仕事だった。

自分もこうしてテレビ批評を書いているが、どうしたってナンシー関からの影響を隠すことなんてできない。端的に真似事である。ナンシー関の没後、そのポストを誰かに引き継がせようと試みる動きが散見されたが、その動き自体、総じておこがましく思えた。

「サッカー芸能人というのは、サッカー好きを公言し、自分の芸能活動とそのサッカー好きの部分をリンクさせようという気の見える芸能人のことである」

たとえばこれは、2002年、日韓共催で行われたサッカーワールドカップについて「(ワールドカップには)行きまくりますね」と発言していた石田純一を取り上げたコラムからの抜粋。ブームに乗っかろうとする動きを「サッカー芸能人」と名付け、そういう「気の見える芸能人」としてみる。とにかく、テレビに映るもののみから感じ取っていた。

今では、芸能人が「実はこうだったんです」と裏話を話し、それに続くように制作陣が背景を語りがち。そういった「実は……」を視聴者が好み、一体化していく。編者となった文庫本の解説に

「テレビが茶の間化し、茶の間がテレビ化している」と書いたが、互いに近づいていくと、結局は芸能界の論理が強化されるだけになってしまう。

石田純一が「サッカー芸能人」になりたがる「気」を指摘したナンシー関は、「石田純一にはチケット、手に入るんだ。世の中のチケット狂騒曲とは無関係に、見たいものは当然見られる石田純一」とも書いている。自分は特別な位置にいるという自意識を発見すると、それを巧妙に言い表してくれた。実際に手に入ったかどうかではなく、石田純一がチケットを手に入れられると豪語できている状態についての違和感を表明するのだ。

亡くなってから20年経つと、「ナンシー関が今いたら……」という枕詞が自由気ままに使われるようになる。自分もそれをやりがちだが、せめて、ナンシー関の文章を読みこんだ上で使いたい。『週刊文春』（2022年5月5・12日号）で組まれたナンシー関特集にて、テリー伊藤が、今、ナンシー関が生きていたら、テレビを批判するのではなく、「逆に褒めちぎっていたんじゃないかとボクは思う。『乃木坂を辞めたあの子、よく頑張っているよね』みたいに、みんなが気づいていないところを褒めて、導いてくれていたんじゃないかな」と書いている。

逆に褒めていたかも、という予想は、予想である限りにおいて咎められるものでもないが、「辞めたあの子、よく頑張っているよね」などと、こんなに安っぽい予想では困る。そもそも、ナンシー関の文章は、褒める・褒めない、好む・嫌うなどの二元論ではなかった。藤原紀香について、「出ているドラマなど見ると、日常的な場面であればあるほど藤原紀香は浮いている。いや、はみ出している。日本の日常では手に負えんのかも」と書いている。こういうことだ。

ナンシー関はテレビの中に流れる「感じ」を捕まえていた。いたずらに「今いたら……」と活用するのではなく、書き残したものを受け止め、そこから自分なりに考えていかなければいけない。

工藤静香のことを考えるのは、年に一度くらいだが、年に一度は必ずやってくる感覚がある。みなさんもそうだろう。定期的にやってくる。友人から「これ、最高だったよね」と、こちらが既に見ている前提で動画が送られてきたのだが、私はまだその段階では見ていなかった。「当然、工藤静香の近況について把握しているよね」という前提こそ、工藤静香の強度を表しているかのよう。

　前のコラムで、没後20年を迎えたコラムニスト・ナンシー関について言及したが、ナンシー関が定期的に追いかけていた二人の女性が神田うのと梅宮アンナだった。その二人は一時期、ちょっとした身辺の変化（恋人との仲違い・仲直り）があったり、大きめのパーティーが開かれるたびにカメラの前に登場していた。その頻度をナンシー関は執拗《しつよう》に捉えていたのだが、工藤静香の現在が当時の彼女たちのようであるかといえば、もちろんまったく違う。そこまで表に出てこないし、ここは私でなければならないというような前のめりは似合わない。それなのに遭遇する。どうしてだろう。私たちはなぜ、工藤静香から定期的に、濃い目の何かをいただくのだろう。

工藤静香の「干し芋」動画

　送られてきた動画は、工藤静香が日頃のライフスタイルを紹介する動画。カバンの中から取り出したのは、ストリートファッション系ブランド「Supreme」のチャック付きポリ袋。その中には黄土色の物体が見える。工藤静香がこう話す。

「干し芋、です。干し芋って、大体、パックから開けたら全部くっついちゃって、手がベトベトになったりするんですけど、今こういう時期で手をあまり使いたくない時がある、けれども、ちょっと食べたいという時があるので、必ず今は、こうやって、ひとつひとつを個包装にして、手を使わないで、剝いたら、ラップでそのまま食べられるようにしてます。バッグの中に必ず入っていないと落ち着かないというか、絶やしたことがないですね」

高級ブランドバッグの中からストリートファッション系の袋を出し、ラップに包まれた干し芋を出す。この展開に翻弄される。

この手の動画では、多くの芸能人は親しみやすさを出してくるもの。私、みんなと変わらない生活をしています、と押し出してくる。昨晩の残り物をお弁当にする姿を見せたりするのだが、工藤静香にそれは似合わない。高級バッグ→ストリート系→干し芋。ある意味、どんな人からも親しみやすく思われないスタイルである。

カバンの中に絶やしたことがない食べ物として、のど飴やチョコレートなんてのは聞いたことがあるが、干し芋は初耳。だが、工藤静香は、なぜ干し芋かは言わない。ほら、みなさんもやっていると思うのですが、あの干し芋を、私はこうやって、という具合。私たちがまず干し芋に動揺することを予測していないのだ。

でも、それこそが、工藤静香らしさなのだろう。たとえばデヴィ夫人に顕著なように、セレブリティであることを過剰に伝える人は、セレブリティの事実よりも過剰さが目立ってしまい、チープに転がる。そのチープさはバラエティ番組で軽く活用されていく。工藤静香はそういった過剰な伝達をしないのに、セレブリティ性に揺るぎなさがあるかといえばそんなことはない。不安定要素がある。ただし、不安になっているのは、受け止める私たちだけ、という特徴を持つ。かなりギリギリのところを泳いでいるが、もちろん先方は無自覚である。動画、5回見てしまった。

織田裕二、最後の世界陸上

『世界陸上』のキャスターを織田裕二と中井美穂が務めるのは今回が最後だというのに、世の中がちゃんと織田裕二を受け止めきれていない。由々しき事態だ。

新型コロナの感染者数も増えているし、政治の世界では元首相が銃殺される大きな事件が起きてしまった。先日、いつも見ているニュース番組の時間にテレビをつけると、世界陸上が放送されており、自分は心の中で「織田裕二どころではないだろ」と思ってしまった。そんな自分にビックリする。

世界陸上が行われるたびに織田裕二が現れる。叫んでいる。興奮している。これが毎日ならば問題だが、織田裕二のそれを見るのは2年に1回である。だから私たちの多くは、織田裕二の熱量をなんとか許容しようとする。相変わらずだなこの熱量、と精一杯浴びていると、短期間の大会があっという間に終わる。でも、今回、受け止める余裕がなかった。

ワールドカップでもオリンピックでも、大会が盛り上がるかどうかは、そのスポーツに興味のなかった人が、付け焼き刃の情報で好きになってくれるかどうかにかかっている。いきなり日本代表のユニフォームを着て騒ぎ始める存在を嫌がるサッカーファンは多いが、そういう存在が増えてこそ、盛り上がりが確かなものになる。正直、世界陸上はその2つに比べると認知度が低い。日本人選手の活躍ばかり追いかけ回す悪癖を持つテレビは、陸上競技にさほど期待していない。

織田裕二は前置きをしない。「これこれこういう理由で○○選手に注目ですね」ではなく、「○○選手〜！」と興奮を伝えてくる。テレビの前の自分は、始まる前まで選手を把握していなかったりする。とはいえ、ここから丁寧に説明されたとしても、天邪鬼な性格の持ち主たちは「うーん、今ごろ説明されても」と思ってしまう。でも織田裕二は違う。最初から熱い。松岡修造も最初から熱いのだが、彼は自分の熱意を全体に波及させようとする。だから、こちらは身構えてしまい避けたくもなる。いつも主語が「みんな」で、そこに加わらないように警戒してしまう。

　織田裕二の熱意はあくまでも織田の熱意。それを大衆に伝えようとするものの、あくまでも織田の熱意が優先される。それを観て、「ああこの季節がやってきたな」と堪能する。たとえば、マイケル・ハリソン選手という人がいたとして（架空の名前です）、テレビの前の人たちの多くはその人を知らないのに、織田裕二が「いや〜、ついにハリソン選手ですね。くぅ〜！　ハリソン、頼んだぞ！」と興奮していると、ハリソンのキャリアを知らなくても、なんとなくハリソンの競技をチェックしたくなる。織田裕二越しの誰か、として観る。実際誰なのかよりも、織田裕二越しというのが重要。

　世界陸上を、「オリンピックのように色々やらずに陸上だけやるやつ」と認識している人は多い。そこを補うのが織田裕二の熱量なのだが、これが今回はあまり届いていない。女子マラソンの日本代表選手が新型コロナ陽性で出場できないなど、彼の興奮だけではどうにもできない事情もあった。世界陸上という、オリンピックほどではないものに対して、織田裕二で補っていたものが、補いきれなくなってしまった。感染症、戦争、あるいは国内での重大事件。その時に「ハリソン、頼んだぞ！」では足りない。でも、今回が最後なのだ。意識的に織田裕二を堪能しようと心がけてはいるものの、まだピントが合わないまま終わる。こんなお別れでよかったのだろうか。

どんな業界にも「自分が一番よく知っている」「あの人を紹介できる」と吹聴している人がいる。それなりの期間、出版業界に籍を置いてきたが、「作家の○○さんは俺の言うことなら基本的に動くよ」と言っていた人に会った後、自分はその○○さんを知っていたので、○○さんに「知ってます？」と聞くと、一度だけ会ったことあるかも、との返事だった。基本的には動かなそうだった。

芸能界を雑にまとめれば「その時、流行っている人たちで構成される世界」だ。次々と人がこぼれ落ち、空いた椅子に次の人が座ろうとする。フェアな生存競争とは限らず、所属事務所やスポンサーの力関係で、椅子の用意のされ方が変わってくることだってあるのだろう。27年間、芸能人のアテンダーとして活動してきた、ガーシーこと東谷義和が参議院議員選挙にNHK党から出馬して当選した。ドバイ滞在中の彼が帰国するつもりはなく、先の臨時国会も欠席した。NHK党の立花孝志党首は「逮捕されないという保証がない限り、帰国する予定はありません」と会見で述べていた。逮捕とは何か。どんな疑いがあるのか。ガーシーが出版した書籍『死なばもろとも』から正確に拾う。

ガーシーがダサい

「『韓国経由でBTSメンバーと同じ飛行機に乗りこむ。BTSと一緒にビバリーヒルズ（アメリカ西海岸）のホテルに泊まり、メンバーに直接会える権利をゲットできる』という触れこみで、俺が知り合った女の子たちから、合計数千万円にのぼる現金を集めていたことは事実や」

事実や、ですって。それでいて、現時点でも、「これまで俺が芸能界で培ってきた網の目のような人脈を駆使すれば」「引き合わせる自信も勝算もあった」と語っている。本当はできたのに、ギャンブルにはまり、金を使い込んでしまったという。プロ野球選手になると豪語していたのに、ゲームのやりすぎで視力が悪くなり、それを言い訳にしていた小学校時代の友だちを思い出す。彼は元気にしているだろうか。彼とは違い、本件には被害者がいる。

ガーシーは逮捕されたくないので、ドバイへ渡り、そこで始めたYouTubeチャンネルで付き合いのあった芸能人の素性の暴露を始めたところ、瞬く間に登録者数が増えていった。六本木界隈には、多くの芸能人や業界関係者が入り浸り、そこで生まれるふしだらな関係や権力闘争が続く。

具体的な実名がいくつも出てくるのでインパクトが強いのだろうが、数百人ではなく数十人というレベルで、芸能界という主語を使って語れるものではない。その空間では、金欲、性欲、支配欲など、生臭い欲が渦巻いている。個人的には何の感想も持ち得ないが、それに興奮する人もいるのだろう。ヤッた人数、使った金、それを比較してみせる。

まだ色々と情報を持っていると繰り返すが、この言い方はとても便利。ずっと言える。たとえば、ここだけの話、私、武田は、出版界のドンについてのヤバいネタをある情報筋から聞いているのだが、これは言えない、と何年も眠らせてきた。これを言うたら、マジで業界から消されるかもしれへん。だから、まだ言えへんのや。

こうして便利に使える。彼の本を読んでいると、とにかくタブーを気にしない無頼派であろうとするのだが、でも、逮捕はされたくない。自分の身を守りながら、他人の身を壊そうとする。しかも、遠く離れた地から。「老害よ、去れ」などと既存の権力を挑発し続けている。だったら、帰ってくればいいのに。ダサい。

『24時間テレビ』のノウハウ

もうさすがにいい大人なので、毎年恒例の『24時間テレビ』にかじりつくようなことはなくなっていたのだが、今年はたまたま地方に出張していたので、ホテルで『24時間テレビ』にかじりついてしまった。無味乾燥なビジネスホテルに、この番組はよく似合う。理由を明文化すれば、「あらかじめ予測されていたものが、そっくりそのままの形で存在している」という共通項だろうか。

劣悪な環境のビジネスホテルは少なくなった。必要なものがちゃんと用意されているし、付加価値をつけるために、フェイスパックがプレゼントされたり、連泊による割引サービスがあったりする。かといって、そのプレゼントやサービスは想定内で、部屋に入ってから出るまで頭をよぎった感想としては「まぁ、こんなもんだな」ばかりだ。で、ビジネスホテルで『24時間テレビ』をじっくり観たら、その感想も「まぁ、こんなもんだな」ばかりであった。やたらと似ているのだ。

この番組が続けてきたのは、いかにして感動を安定的に作り上げるか。１００人のうち１人が感動するものは狙わない。１００人中１００人を狙いたい。でも、難しいので90人を目指す。残り10人から「まだこんな感じでやってんの?」と言われようが構わない。そんな奴らは気にしない。つまり、私は気にされていない。

また今年もマラソンをしていた。また今年も障がいのある人たちにあれこれさせていた。また今年も闘病中の有名人が登場し、カメラの前で質問に答えていた。ビジネスホテルの硬いベッドの上で、私が悪態をついていたかといえばそんなことはない。涙は流さないにしても、流す直前くらいまでの気持ちにはなる。そりゃそうだ、彼らが毎年のように作り上げてきた感動のノウハウは屈強。それでも涙を流すところまでは到達しないのは、そもそも、感動って、ノウハウで作り上げられていいのだろうかと疑うから。

高級ホテルに泊まる機会は滅多にないが、時たま、そういったところに行くと、この快適さを作り上げるのって大変なのだろうなと想像する。いいものを揃えたり、丁寧さを極めたりしても、それが客の心地よさに直結するとは限らない。知らないくせに、いかにも知っている風を装えば、方程式にはできないものがサービスの本質なのだ。

感動、人間が心を動かす瞬間も同様であるはずで、相手にしろ、場所にしろ、時間にしろ、様々な要素が複雑に絡み合って心が動くのだ。ある程度は狙えるが、狙いすぎてしまっては人の心の奥までは届かない。『24時間テレビ』はとにかくずっと感動を狙っている。テレビをつけて数秒で狙われていると気づく。数分観ていると、その狙いが明確になる。数十分観ていると、その確かな狙いに捕獲され、こちらも感動し始める。あからさまに狙われている以上、こちらの感情が、もうどうしようもないほどに揺さぶられることはない。それなりに感動しながら、「まぁ、こんなもんだな」で終わる。

感動を量産するのには大変な苦労があるのだろう。無味乾燥なビジネスホテルだって、あの心地よさを保つためにはたくさんの作業を必要とするはずなのだ。「感動ポルノ」との言い方も知られるようになり、『24時間テレビ』に向けられる視線は厳しくなってきている。それでもいつも通りにやるのは、感動のノウハウができあがっているからなのだろうか。いつも通りにやれば、いつも通りに仕上がる。でも、感動ってそんな作り方でいいのか、との問いかけを忘れたくはない。

政治家の強弁がしんどい

旧統一教会との関係や、強行される安倍晋三元首相の国葬についての弁明に追われる政治家の姿が毎日のように目に入る。これまでずっと行使してきた強い力の正体が疑われているが、他に使える力を持ち得ていないので、繰り返しいつもの力で突破しようとするものの、よりチグハグになって収拾がつかなくなっている。で、その劣勢をどう打開しようと試みるかといえば、ここでもう一発強い力なのだから、なんだか滑稽でさえある。

やや抽象的すぎただろうか。具体的に書く。自民党・茂木敏充幹事長の弁明が迷走している。彼の発言を中心に振り返ってみる。彼は当初、「自民党として（旧統一教会とは）組織的関係がないことは確認している」（7月26日記者会見）と述べた。あくまでも議員個人の付き合いであり、それが何人出てこようが、党としては関係ないと言い張った。奇妙な論理である。

教団側はどの政党の政治家なのかを熟知した上で付き合っている。「環七通り沿いのラーメン屋さんでたまたま隣り合って話しかけたのが今の妻なんです」みたいな偶然性は皆無だ。すべてが意図的だ。その意図が複数あれば、それを「組織的」と呼ぶのだが、彼はとにかくその言い方を嫌う。

他の野党が調査を進めて公表したり、各世論調査で政権への厳しい結果が出たりしたことも踏まえ、ようやく、党としての調査に踏み出したが、あくまでも「調査」ではなく「点検」なのだという。自民党のウェブサイトに、彼の8月31日の会見の模様が載っている。

冒頭発言で「各議員の点検結果、説明内容について全体像を把握する作業を今、進めており、まとまり次第、その概要を公表する」などと述べた後、記者とのこんなやりとりがある。

記者「東京新聞です。旧統一教会との関連なんですけれども、自民党は既に所属の国会議員を対象にアンケート調査を始めて。」

幹事長「アンケート調査はやってません。」

記者「関係を調べる調査を。」

幹事長「調査ではありません。」

なんだこれ。とにかく、彼が一度、「自民党として組織的関係がないことは確認している」としてしまった以上、党として「調査」するとなれば矛盾が生じる。なので、各議員の「点検」としておけば、組織的にはならない。あまりにも安っぽい頓知である。

そのくせ、同じ会見で、公表する議員については、教団との付き合いが「一般的に考えると露出度が高い」議員のみにするとした。それぞれが「点検」したものを集約して、付き合いの濃淡の判断を自分たちでするという。こういう付き合いがあったようですが、これはたいしたものではないので問題ありませんね、と仕分けしちゃうというのだ。

さらに9月4日のNHK『日曜討論』では、この「点検」について、「おそらくどの党が調べたよりも細かい項目について報告を受け、確認する作業をしている」と述べており、もうなんだかわけがわからない。自分でもわかっていないはず。調査ではなく点検。そして、報告を受け、判断する。で、それはどの党が調べたものより丁寧なものになるらしい。

「俺たちは組織的には関係ねぇ」を保つために、とにかく上げた拳をそのままに暴れまわっている。最初から決まっている結論＝「組織的には関係ねぇ」を強気で言い張り続けている。その姿を見て、だから調査が必要なんだよと思う。

この社会で生きていると、「野球に興味ない」と力強く言い切るのが難しい局面に遭遇する。いわゆるサラリーマンがたくさん集まる場所では「問1　野球は好きですか？」「問2　では、どの球団が好きですか？」という順番が存在せず、「問1」を省略して「問2」から始まり、「いえ、特に野球に興味がなくって……」と答えると、残念そうな顔をされる場面がある。

自分は西武球場の近くで生まれ育ったので、数十年前の記憶を蘇らせれば、しばらく話が持つのだが、ちっとも頭に野球の知識がない人が苦しむ場面を何度も見てきた。この手の苦手意識は、やがて、「なんか野球ばっかり優先されている気がする」という恨みにも変わっていく。

巨人・坂本勇人による性暴力

巨人・坂本勇人選手による、交際していた女性に対する性暴力がなぜか多くのメディアで黙殺されている。そればかりか、女性側を責める声も多い。元巨人の笠原将生はYouTubeで「女が悪いです」「やっぱ堕ろしたいっすよ、野球選手」と坂本の擁護に励んだ。坂本は女性に対して、避妊具をしない性交を要求、アフターピルを飲ませていた。その度にお金を払っていたが、妊娠が発覚すると「おろすならおろすで早い方がいいやろ？」などと屈辱的な言葉を投げていたという。

奔放な性生活は他人がどうこう言うものではないが、それは相手の心身を傷つけないという前提が守られていてこそ。坂本はその前提を壊していた。公開されたＬＩＮＥのやり取りを読めば明らかだが、圧倒的に力を持っている人が、そうではない人を操縦するように扱っている。仲間が「女が悪いです」と吹っかけるのも、圧倒的な力の差の証左だ。

何を今さら言っているのか、という声もある。子どもを身ごもり、その命を絶たなければならなくなった立場の人がどう心を痛め続けるのか、少しの想像力も働かせようとしない意見だ。今回の問題を、坂本が所属する巨人軍や日本野球機構は直視していない。彼が打席に立とうとするたびに、観客席から厳しい言葉が投げかけられているというう。放置したまま逃げようとしているのだから当然。野球のイメージそのものを毀損している。

日本野球機構のウェブサイトを見ていたら、2015年11月、先述した笠原将生を含む3選手が賭博行為に関与したことを報告する「有害行為における調査結果報告書（要旨）」が掲載されている。そこに、こんな文言を見つけた。

「プロ野球選手は、野球協約に基づく統一契約書式においても国民の模範たるべく努力することを誓約し、平素から自らの行動を厳しく律することが求められており（後略）」

だそうである。「国民の模範」とは、その基準の立派さにたじろぐが、そう書けてしまうのが、冒頭で記した「問1」が省略される感じに通じる。とにもかくにも、日本野球機構はことあるごとにこの基準を選手に課してきた。「平素から自らの行動を厳しく律することが求められて」いる。では、今回の坂本選手はどうか。

大きなメディアはスポーツニュースを必ず扱うので、球団への忖度があり、報じられないのではないか、との指摘も目にする。でも、そんな裏事情などあろうがなかろうが、女性への性暴力を放任するメディアってなんだ。「国民の模範たるべく努力することを誓約し」たとは思えない坂本選手の振る舞いを放置するのか。「だって、野球選手って特別な人たちだから」、この手の理不尽な理由しか見えてこない。

『羽鳥慎一モーニングショー』でコメンテーターを長年務めている同局社員・玉川徹が、安倍晋三元首相の国葬で読み上げられた菅義偉前首相の弔辞について、「当然、これは電通が入っていますからね」と発言、事実に基づかない発言だったとして出勤停止10日の懲戒処分が下された。

『24時間テレビ』的なものと『プロジェクトX』的なものを足して薄めたような弔辞に、個人的にはちっとも心動かされなかった。極めて政治的な意味合いが強かったのだから、菅前首相が述べた「総理、あなたの判断はいつも正しかった」に対して、会場にいる人が誰一人としてアベノマスクをしていなかった事実を突きつけるなど、いくらでも検証すべき方法はあった。いや、誰かしらアベノマスクをしていたのかもしれない。だとしたら、これは事実に基づかない原稿ということになるので、『女性自身』編集部から2号分くらいの執筆停止処分が下されるのだろうか。

政治家ばかりが許される

玉川の発言は、具体的な企業名を挙げて断定する以上、正確でなければならなかった。なにかと広告代理店のせいにしてみるのは、業界にいくらでもいる訳知り顔の特徴。政府や与党がアピールしてくるものについて、「どうせ代理店でしょ」で終わらせるのは、問題を直視しない行為でもある。国民の過半数が反対した国葬を論じるにあたって、「当然、これは電通が……」とするのは、彼なりに「ズバリ言った」なのかもしれないが、むしろ、問題を別のところに移行させる意味しか持たない。

それにしても、「事実に基づかない発言」で処分が下される光景を久しぶりに見た。政治家の皆さんは、「事実に基づかない発言」を昨日も今日も繰り返しているし、おそらく明日も繰り返す。

「旧統一教会（世界平和統一家庭連合）だとは知りませんでした」「行った記憶はありませんでしたが、写真を見るとどうやら私のようです」、この手の発言が積み重なっている。特に処分はされず、「調べてみたら、こんな感じでした。ではは、明日からもヨロシク！」という感じ。複数の接点が明らかになっているのに、自民党の世耕弘成参院幹事長は、参院本会議の場で「この団体の教義に賛同する我が党議員は一人もいない」と言ってのけた。これぞ、「事実に基づかない発言」そのものである。

嘘の規模がデカい。冷凍庫に一つだけ残っているアイスを勝手に食べちゃったくせに、「食べてないよ！」と言いながら唇にアイスがついている、なんて話があるが、彼の場合、アイスを手に持ちながら、「俺、アイスなんて知らないよ」と言っている。もっと露骨。なぜ、こんな嘘を言えるかといえば、単純な話で、嘘を言っても処分されないからである。

『めざまし8』でMCを務める谷原章介が、立憲民主党・泉健太代表の代表質問について、「生活にかかわることを一切質問していなかった」と問題視したが、実際にはコロナ対策や物価高対策などの生活にかかわる問題について質問していたことがわかり謝罪した。こちらは玉川とは異なり、ただ謝っただけである。

整理しておきたい。政権批判の一環で事実に基づかない発言をした玉川は懲戒処分。野党批判の一環で事実に基づかない発言をした谷原は謝罪。自分たちに向けられた批判の声をひっくり返すために事実に基づかない発言をした世耕はそのまま放置。なんでだろう。なんで、「事実に基づかない発言」の処分に差異が生じるのだろう。そして、なんで私たちは、それを許してしまうのだろう。

椎名林檎グッズの謝罪文

椎名林檎のオフィシャル・リミックスアルバム『百薬の長』の特典グッズが「ヘルプマーク」や「赤十字マーク」に酷似していたことに批判が殺到、発売を延期した上でデザインを改訂するという。

ヘルプマークとは、10年前に東京都が作成した「義足や人工関節を使用している方、内部障害や難病の方、または妊娠初期の方など、外見からは分からなくても援助や配慮を必要としている方々が、周囲の方に配慮を必要としていることを知らせる」（東京都福祉保健局）もの。そのマークをつけている人を見たら、電車やバスで席を譲ったり、災害時に安全に避難できるよう誘導したりするなどの行動が求められている。赤地に白の十字とハートがついているマークは、現在では全国に普及している。

椎名林檎の特典グッズは、赤地に白の十字とリンゴがついており、極めて似たデザインだった。問題視されてからしばらくしてレコード会社が謝罪文を発表したのだが、そこには「法令の確認を含めた各種チェックが不十分であったこと、また、日本赤十字社及び東京都福祉保健局からも各マークの使用規定などについてご指導を頂きましたことなどを踏まえ、このたびの決定に至りました」「ヘルプマークをご利用の皆様、その普及に努められている皆様には、ご不安・ご不快な思いを抱かせてしまいましたことを心よりお詫び申し上げます」とあった。

この文章をそのまま受け止めてみると、チェックが不十分で、「ご指導」をいただくまでは誰も気がつくことができなかったと言いたげなのだが、本当にそうなのか。このリミックスアルバムのタイトルは『百薬の長』。ご存知のように「酒は適量に飲めば、多くの薬以上に健康のためによい」を意味する言葉だが、今回のグッズはこのタイトルの流れから作られているはず。オフィシャルサイトの告知文には「ジャンルやジェネレーションを越えた国内外の魅力溢れるアーティストが生み出したジェネリック点耳薬。用法用量お気になさらず左右の耳から服用ください」とある。全体的なコンセプトとして、ジェネリック医薬品を服用するようにこの音楽を聴いて欲しい、という意向が感じられる。

となれば、当初のデザインは、うっかり似てしまった、誰も気がつくことができなかった、ではなく、むしろ、意図的にヘルプマークに近づけて作ったのではないか。そのあたりの街を歩いていれば、とりわけ駅や電車内では、ヘルプマークをつけている人に頻繁に遭遇する。制作陣の全員がそろってこのマークを知らなかったとは到底思えない。謝罪文には「法令の確認を含めた各種チェックが不十分であった」とあったが、法令云々以前に、このマークに似せて作ってみようという取り組み自体に問題があったのではないか。

椎名林檎は2020年の東京五輪の開会式・閉会式の演出チームの一員に加わり（その後解散）、当時、朝日新聞のインタビューに「国民全員が組織委員会」と発言して批判された。まさにこのヘルプマークは、東京五輪に向けて、外国人観光客にも分かりやすい案内用図記号とするため、東京都にとどまらず全国共通マークになったものだった。

今回の件について、本人からのコメントはない。むしろ、SNSでは、ファンたちから「発売待っています」などと素直に応援する反応が並んでいる。発表された文言を読み比べると、巧妙に経緯や意図が隠されていることが分かるというのに。これでいいのか。

衆議院本会議で行われた野田佳彦元首相による、安倍晋三元首相への追悼演説について振り返ってみたい。日頃、国会での野党の追及を十分に扱わないNHKニュースまで、長い尺を使って紹介していた。与野党問わず政治家の面々が、軒並み絶賛したという。高市早苗議員のツイートが平均的な絶賛になるだろうか。

「今日の本会議では、野田佳彦元総理による安倍晋三元総理への追悼演説が行われ、感動しました。『総理大臣としての孤独と重圧』、更に『失意のどん底』という経験を共有した方にしか語れない内容でした。党派は違えども敬意を払い合っておられたお2人の関係。素晴らしいです」

野田元首相の追悼演説

家族葬などの閉じられた場ならば、外野の人間が評価すべきではない。そういった場では、生前付き合いの深かった人ばかりが集う。そこで述べられた弔辞に、ディテールが違う、自分はそうは思わないと突っ込む人はいない。いたら、だいぶ失礼。

だが、今回は国会の場での追悼演説である。国葬と同様、国民に開かれた場所で、私たちの税金を使う形で実施されているものなのだから、そこで投じられた政治家の言葉は、厳しくチェックされなければならない。それなのに、メディアの多くが、政治家の感情的な評価に乗っかってしまっていた。野田元首相はこう言っていた。

「私が目の前で対峙した安倍晋三という政治家は、確固たる主義主張を持ちながらも、合意して前に進めていくためであれば、大きな構えで物事を捉え、のみ込むべきことはのみ込む。冷静沈着なリアリストとして、柔軟な一面を併せ持っておられました」

「再びこの議場で、あなたと、言葉と言葉、魂と魂をぶつけ合い、火花散るような真剣勝負を戦いたかった」

冷静沈着なリアリストではなかった、と思う。言葉と言葉をぶつけ合う政治家ではなかった、とも思う。あのような形で亡くなられたのは痛ましいが、その最期と政治家としての評価を切り離すのは当然のこと。総理大臣という強い権限を持っていた人物をどう評価すべきか、時間をかけて考えていくしかない。

もっとも危ういのは、作り出されたムードにそのままのみ込まれ、「なんだかんだですごかった」と頷くこと。もちろん、自分で考えた結果としてその評価に行き着く分には自由だが、追悼の辞や追悼演説への反応には、「ほら、素晴らしい人だったんだから」と急ぎ足で固めようとする力があった。

自分に対して批判的な聴衆に向けて、「こんな人たちに負けるわけにはいかない」と叫んだ場面は有名だし、疑われている問題について答えずに、「自分は関係ない」「すでに説明した」と逃げ回る姿を記憶している。異論と正面でぶつかるのではなく、裏で動き、時にはプロセスを隠しながら強引に押し通した。「言葉と言葉、魂と魂をぶつけ合い」という場面は、一体どこにあっただろう。

「かつて『再チャレンジ』という言葉で、たとえ失敗しても何度でもやり直せる社会を提唱したあなたは、その言葉を自ら実践してみせました」と野田元首相は言う。これは政治家の特権性にあまりにも無自覚だった。強力な地盤に頼って出てきた政治家と違って、再チャレンジできずに苦しんでいる人が私の近くにもいる。彼らが投じた言葉を吟味せずに、感情的に受け止めてはいけない。「なんか気持ちこもってて、よかったねー」で一致団結している光景が情けなかった。

キムタクらしさ

もちろん予測でしかないが、木村拓哉は、毎朝起きると「よし、今日もキムタクするぞ」と思うのではないか。キムタクらしくあらねばならないというプレッシャーを感じるのは世の中でキムタクだけだから、他人はそれを想像することしかできないが、この想像自体は皆で共有できそうだ。

このところよく目にする「リポビタン」ブランドのCMが、皆が想像する通りのキムタクをやっている。誰かに話しかけているキムタクが、「人間なんで　まぁ　今日キツいなとか　あ～　今日はやりたくねぇなぁ　っていう時は正直なところありますよ　いやあるでしょ」と言いながら頷いている。これを見ている私たちが感じるのは「あのキムタクでさえ」である。「あのキムタクでさえ、キツい日もあるのか、仕事に行きたくない日もあるのか」という驚きは、キムタクという存在を、誰もが特別な存在として認識しているという前提がなければ成立しない。

この「キムタク」の部分を入れ替えることができるのは、今ならば大谷翔平くらいのもの。あるいはよほど傍若無人で鈍感な人物、たとえば「あの森喜朗でさえキツい日もあるのか」なんてのもあり得るが、この場合は驚きではなく、日頃の振る舞いへの怒りが含まれている。

木村拓哉は特別である、という認識が国民に存在し続けている。その特別な存在をしっかりと丁寧に伝えていこうとする認識がメディアで共有されている。国民とメディアの共有を木村拓哉自身も認識し、それに応えようとするから、キムタクらしさが掛け算を繰り返して膨らんでいく。SMAPの終わり方にしても、昨今のジャニーズ事務所の動きには不穏な要素ばかりだが、その不穏さはキムタクらしさには影響しにくい。とはいえ、当人自体はそれなりに悩んだり迷ったりしているはず。それでも、「今日もキムタクするぞ」と起き上がるのだ。

11月6日、岐阜県岐阜市の金華橋通りで開催された「ぎふ信長まつり」で、木村拓哉と伊藤英明が「騎馬武者行列」を行った。この観覧の申し込みには岐阜市の人口の2倍以上となる100万人近くの応募があり、「相変わらずのキムタク人気」を裏付けるニュースとして、あちこちのワイドショーで繰り返された。特に高い値段を払うチケットでもないし、申し込みに外れても見ることができるし、岐阜市出身の伊藤英明の人気だって結構なものがあるのではないかなど、ツッコミどころはいくらでもあったが、「キムタクは特別」という答えをあらかじめ決めた上での報道は、どこも似たり寄ったりだった。だいぶ前から並んだ人、部屋から見えると話題のホテルのスタッフ、こんなに注目されたことなんてないとつぶやく地元商店街の人などの、驚きの声を重ねた。

有名人を一目見る目的のために大勢が殺到するのは珍しい話ではない。以前、ある朝ドラの撮影を取材した時には、規制線の限界まで多くの人が押し寄せていた。その中には「で、誰なの？　なんて人？」と言う人もいた。でも、とにかく見に来るのだ。

今回は異様な人数で、それはやはり、木村拓哉は特別、との認識が共有されているから。地元の「岐阜新聞Ｗｅｂ」が当日の模様を詳しくレポートしており、その中に「一方、近くに住む男性(82)は『キムタクなんかはテレビで見とりゃえ。今日は何もできん。家にずっとこもる』と不機嫌そう」とあった。この人、勇気あるなと思ってしまうのは、自分もまた、「木村拓哉は特別」という前提を強化し続けてきたからなのだろう。

サッカーW杯を観てる前提

「サッカーワールドカップは観ていますか？」と聞かれる。「まぁ、そうですね、日本戦と、あと、テレビつけてやっていたら、しばらくは観ています」と返す。会話を続けているうちに、どうやら相手は「アナタのような人は、一切興味ないに決まっている」と決め込んでいたことがわかってくる。

毎回、「流行っていることに素直に乗っかれる人＝ワールドカップを楽しめる人」と「流行っていることを毛嫌いする人＝ワールドカップを楽しめない人」という区分けが発生する。テレビは「素直に乗っかれる人」を探す。渋谷のスクランブル交差点。スポーツバー。選手の母校。

日本とドイツが戦うとなれば、日本人とドイツ人の国際カップルの自宅にカメラを置き、ソファーに座ってテレビを観ながら一喜一憂する様子を伝える。試合映像の使用に条件があるからか、「乗っかった」人の様子を寄せ集める。いつの間にか、観ているか・観ていないかの二択を迫られ、先述のように、日本戦といくつかの試合は、と答えると「積極的には観ていない人」と決めつけられてしまう。

数日前、マンションのポストに管理会社からのプリントが入っており、「一部の住民から、ワールドカップ観戦時に大きな声を出す人がいる、との連絡をいただきました。とりわけ深夜帯ですと、他の入居者に大変ご迷惑になりますので、お控えください」といった内容とともに、イラストを使って、「テレビの音量を下げましょう」「窓を開けっ放しにしないように」などのアドバイスが書かれていた。正直、これまでも、学生らしき人たちの深夜の騒音があったのだが、ワールドカップの開催に合わせて、ついに山が動いたのだ。今なら動ける、と判断したのだろうか。

先日、ドイツ戦が行われる日の夕方に、あるライブに出かけていた。すると、ヴォーカリストの男性が「大丈夫ですよ、みなさん、サッカーまでには終わらせますからね！」と言うと、会場全体が大きな笑いに包まれた。すっかり「サッカーを観る」が前提になっていた。なかには、これから夜勤なんだけどとか、その時間は録りためておいたドラマを観る予定なんですけどとか、すぐに寝ます、なんて人もいたはず。でも、ひとまず、サッカー観戦が前提になる。

そう、この、観戦が前提になる感じが毎回馴染めない。ワールドカップに馴染めないのではなく、観てる前提に馴染めない。自分も楽しんで観るけれど、「観る」が前提になり、そうではない人を、とっても変わった人、あえてそういう判断をする偏屈な人、と位置付ける空気感が嫌なのだ。

今回のワールドカップ、開催国・カタールでの人権問題なども指摘されている。そんななか、日本サッカー協会の田嶋幸三会長が「今この段階でサッカー以外のことでいろいろ話題にするのは好ましくないと思う」「あくまでサッカーに集中すること、差別や人権の問題は当然のごとく協会としていい方向に持っていきたいと思っているが、協会としては今はサッカーに集中するときだと思っている。ほかのチームもそうであってほしい」（11月22日）と述べた。

つまり、差別や人権は問題だけど、今はサッカーに集中して、その他のことは置いておきましょう、と述べた。こういう態度が、「観る・観ない」という雑な区分けを発生させるのか。それ、別に、両方同時に考えられるはずだが、今はそういう時期じゃないとしてしまう。4年ごとに思う。淡々と生きている人を「サッカーを観ない変わった人」と決めつけないでほしい。

数々の差別発言を吐き続けてきた杉田水脈総務政務官が、松本剛明総務大臣に指示される形で、一部の発言を謝罪・撤回した。「過去の配慮を欠いた表現を反省し、傷つかれた方々に謝罪し、取り消す」と答弁したのは、2016年、出席した国連女子差別撤廃委員会について「チマ・チョゴリやアイヌの民族衣装のコスプレおばさんまで登場。完全に品格に問題があります」とブログで書いた件と、2018年に『新潮45』で「LGBTだからといって、実際そんなに差別されているものでしょうか」「彼ら彼女らは子供を作らない、つまり『生産性』がない」と書いた件の2つ。

杉田議員の差別発言はこれだけではない。これまで、国会の場で自分の発言が問題視されるたびに、謝罪・撤回の必要はないと繰り返してきた。今回、自分より上の立場の人から促され、手元の紙を読み上げる形で謝罪をしてみせた。こういった事態に陥っても、「なるべく反省しているようには思わせないようにする」方法を貫いていた。学校の先生から叱られ、「はいはいはい、すみませんでした！」「〝はい〟は1回でしょ？」「はいはい、すみません！」と繰り返して叱られた小3の夏を思い出すほど、わざと反省していないように見せるような態度だった。

ちゃんと謝らない
杉田水脈議員

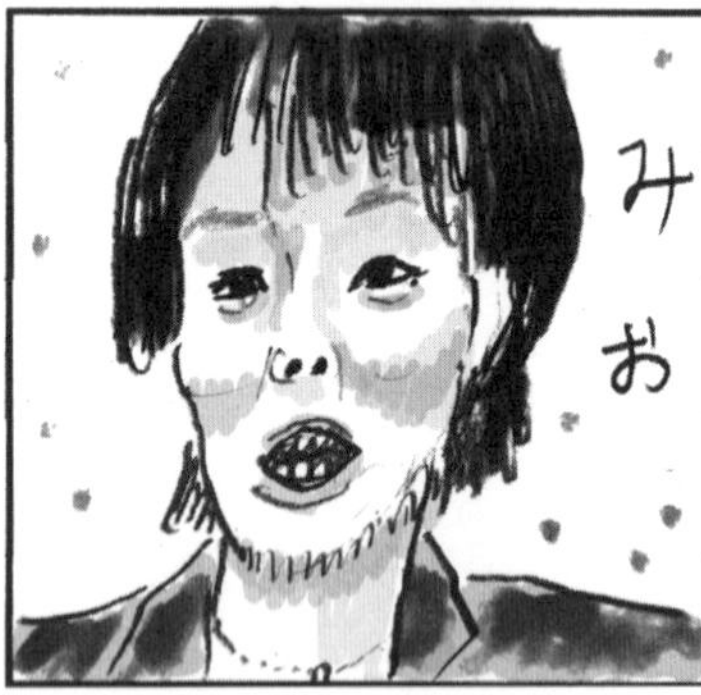

杉田議員は安倍晋三元首相から寵愛された存在で、小選挙区ではなく比例区から出馬、比例名簿で厚遇され、現在の地位を保ってきた。岸田文雄首相は「岸田ノート」を掲げながら、これからは

これまでの自民党政治とは異なり、人の話を聞く、対話重視の政治に切り替えると言いながら、蓋を開けてみたら、旧来の自民党政治を踏襲することに専念する政治家だった。とりわけ、安倍元首相を支持していた極めて強い保守思想を持つ人たちからの支持を得るため、これまでの考え方を変えません、と適宜知らせてきた。杉田政務官の処遇は、そのアピールの一つだった。

今回の謝罪・撤回は、これまで彼女が発言してきたごく一部についてだけ。『新潮45』についてでさえ、全体についてではなく、部分的な謝罪・撤回。手元に雑誌があるが、その中には「なぜ男と女、二つの性だけではいけないのでしょう」「どんどん例外を認めてあげようとなると、歯止めが利かなくなります」「『常識』や『普通であること』を見失っていく社会は『秩序』がなくなり、いずれ崩壊していくことにもなりかねません」とある。

この人の差別発言は、うっかり言ってしまった、ではなく、極めて意識的に、何度も繰り返し、相手の存在を踏み潰すように、口を塞ぐように放たれてきたもの。失言を漏らす政治家も問題だが、強い信念に基づいて、差別発言を繰り返してきたのが彼女だ。

ようやく謝罪・撤回した杉田議員を、岸田首相は「職責を果たすだけの能力を持った人物と判断した。政府の方針に従って職務に専念してもらう」とかばい続けた。ここで言う「職責を果たすだけの能力」ってなんだ。確かにマイナスの部分もあるけれど、それを上回るプラスの部分があるとの評価を下したということか。

さて、プラスとはどこにあるのか。そして、マイナスの部分を低めに採点しているのではないか。そもそも、数ある差別発言を上回るプラスがあるという考え方自体が差別的。支持してくれる人をなんとか残すためにあくせくする岸田首相。岸田ノートを破り捨てて、これまでの環境にますます体をならそうとしている。

紅白歌合戦は、「最近、大人気になってきた」よりも「相変わらずやっている安定感」を重視してほしい、と書いてきた。NHKは、出場者の選考基準を「今年の活躍」「世論の支持」「番組の企画・演出」の3つとしているが、それぞれ曖昧。「では、なぜ郷ひろみが？」なんてぶつけたら毎年答えに詰まるのが紅白で、「今年も郷ひろみがジャケットプレイを見せつけた」というニュースを疑わずに受け止めなければならない場所なのだ。

近年は、選考基準を保ったまま、「最近、大人気になってきた」を優先しようとしている。肉体美を見せつけるEXILEを眺めて、「一緒にいたら疲れそうだな。元気よく返事しないと怒られたりするんだろうな」とボソボソ呟きたいのだが、彼らの姿が見当たらなくなってしまった。旬の存在を探し、「旬なのでお願いします」と頼み、「みなさん、旬ですよ」と見せられる。それ、そんなに求められているのだろうか。

M-1審査員・山田邦子

紅白歌合戦と双璧を成すほどの年末恒例番組になっているのが『M-1グランプリ』である。こちらは、そこに出てくる人自体への疑念はない。そもそもトーナメント制だし、無数の芸人が日頃のテレビやラジオなどで言及し、次こそ自分たちが、次はあいつらだろ、といった意気込みや予測を繰り返すから。

阿佐ヶ谷姉妹が準々決勝まで勝ち上がったが、彼女たちが3回戦を突破したと明らかになった時、ネットの声として目立ったのが、「あんなにテレビにたくさん出て忙しそうなのに、新たにネタを作って挑戦しているなんてスゴい」というものだった。自分も阿佐ヶ谷姉妹が好きなので、是非とも決勝まで進出してほしかったのだが、「忙しそうなのにスゴい」では、芸に対する評価ではなく、多忙への評価になってしまう。

このように、芸ではなく、芸人が背負う物語が注目されてしまう傾向が高まっている。あの芸人は今年で最後だから、今年にかける思いは並々ならぬものが……といった具合。でも、それ、本来関係ない。どうでもいい。この数年、審査員まで、整理されて提供される物語を受け止めすぎていると感じるケースもあった。その受け止めを匂わせることによって、若い芸人に対する強い思いがあると知らせているかのように映ったのもよろしくなかった。

上沼恵美子に代わる形で審査員に山田邦子が加わった。このところ、正直、さほどテレビに出ているわけではなかった彼女は、芸人との関係性で語られることが少ないし、物語にも影響されにくいはず。

『おまかせ！山田商会』など、彼女の冠番組を見てきたが、全盛期を知っているギリギリの世代だろう。彼女の笑いは自家発電というより、置かれた環境の体温を上げていくタイプだったので、「さあ、笑わせます」と意気込む数分間、それだけで作り上げる純度の高い数分間をどのように評価するのだろう。

多くの若い視聴者にとっては、決勝に登場する芸人との関係性がわからないし、芸人にとっても関係性が築けていない相手である可能性も高い。つなぐ糸が見えない、そもそも糸が存在しない。どういう姿勢で臨んだのか現時点では未知数だが、周辺の審査員からとことん浮いてほしいし、周囲が作り上げる、芸人に付着させる物語には乗っからないでほしい。「この芸風なら〇〇さんが高得点を入れるのでは？」などと審査員の審査っぷりを視聴者が予測する動きも盛んだが、そのあたりも困惑させたんじゃないかと思う。

ロシアによるウクライナ侵攻が起きたり、安倍晋三元首相が銃撃されるなど、あってはならない事態が続いてしまった2022年。大谷翔平選手の活躍や、サッカーワールドカップでの日本代表の躍進などが、そんな世の中を一瞬だけ和らげたものの、全体的に厳しい世相はなかなか止まらない。そういったハッキリとした「悪い出来事」と「良い出来事」の反復で、「どうでもいい出来事」を伝える余力がテレビになくなってきている。

いや、デパ地下グルメや生まれたてのペットを紹介する余裕はあるのだが、とりわけ、芸能人のどうでもいい出来事を伝える余力がない。芸能事務所やプロモーション側と「よろしくお願いしますね」「ええ、喜んで」というコミュニケーションが成立している映画やドラマのプロモーションは繰り返されているが、神田うのがパーティーに出たとか、デヴィ夫人が誰それに苦言とか、どうでもいい出来事が伝わってこなくなった。

消えゆく芸能レポーター

2022年は、コラムニストのナンシー関が亡くなって20年だったので、いくつかの媒体で原稿を書いたり話したりした。その度にナンシー関の原稿を読み返したが、こんな筆致が懐かしい。

「結局、芸能人と前田忠明的芸能マスコミは持ちつ持たれつなんだろうけど、そのジレンマをどう処理するかがワイドショーのテレビ番組としてのクオリティーを決めると思う。が、ジレンマとも思ってないか」（ナンシー関『耳部長』）

これは、正月にホノルル空港のVIP出口から出てきた松田聖子に対し、芸能レポーターの前田忠明が「聖子さん、聖子さあん！」などと叫び、無視されたものの、とてもご満悦だった様子について、皮肉めいた書き方をしているもの。

1990年代後半の原稿だが、当時のワイドショーは年末年始にハワイなどのリゾートに出かける芸能人を追いかけ回していた。日本から飛行機に乗って、どこかに着けば、降りて出てくるのは当たり前なのであって、そのカメラに応対する芸能人もいれば、そうではない芸能人もいるというだけの話。「どうやって過ごすつもりですか」と聞かれ、「ゴルフざんまいですね」や「少しは家族サービスしないと」なんて言っている様子を、私たちはテレビの前で見させられていた。結局、「持ちつ持たれつ」なので、その場でマイクを突きつける人たちがもっとも興奮していた。スクープでもなんでもない。

芸能レポーターの前田忠明がくも膜下出血で亡くなった。自宅マンションで転倒したという。2022年は芸能レポーターという職業の転換点だったのかもしれない。井上公造は昨春で芸能レポーターの引退を表明している。芸能人が自分たちのファンとダイレクトに繋がれる時代にあって、ガサツに仲介する職業の役割が失われている。その職業に感心したことはないのだが、あの職業が成り立つ空間とは何だったんだろう、と考えたいとは思う。

今、新聞やオピニオン誌をめくると、日本の国力の低下があちこちで叫ばれている。一人一人が、目先の生活に手一杯である。こうなると、ハワイの空港で「聖子さん、聖子さあん！」と追いかけ回して、その様子をただ伝えるなんて余裕はなくなってしまう。それに、誰も復活を待っていない。

「悪い出来事」と「良い出来事」だけではなく、「どうでもいい出来事」が恋しくもなる。芸能人同士の小競り合いに「ホント、マジでどうでもいいんだけど」とテレビの前でブツクサ言えた世の中が遠いままだ。

ぶっちゃけるのはウケる。なぜウケるのか。だって、考えなくていいのだ。これってこういうことだろうか、もしかしたら、そうではなくて、だとしたら他にどんな考え方があるのだろうか……と考えるのは時間がかかる。Aはバカ、Bがサイコー、Cはゴマスリ、Dのことなんて誰も知らない、Eは売名行為、Fのことなんて忘れてたよwww。こうやって決めてくれたほうがいい。

いつのころからか、ぶっちゃけがウケるようになった。当初は異質の処理方法だったのに、それを基準として受け入れる人が増えると、ちょっとした説明が「長いよ！」になり、ちゃんとした説明が「言い訳だろ！」になり、時間をかけて対話しようとする行為が「実力不足！」になる。この深刻さを丁寧に説明するにも時間がかかってしまうので、端的なものしか受け付けない人にはそれも届かない。ちゃんと考えようとする人が、考えるのが苦手な人だと思われるようになる。これ、なかなかの苦痛である。

後ほど出てくるが、少子高齢化社会の対策として「集団自決、集団切腹」と言ってのけたインフルエンサーがいる。問い詰められると、そんなに真剣に怒らないでよ、

2023

といった擁護の声がその発言者を支えていた。彼らはとにかくよく笑う。ニヤニヤと笑う。そんなこともわからないのか、そんなに深刻な話じゃないからさ、といった具合に。

発言者も擁護者も、そのうちに高齢者になる。あるいは、いつ、人の助けを必要とする体になるかわからない。街ゆく人の中には、なんら問題なく生きているように見える人であっても、実は持病を抱えているかもしれないし、ままならぬ環境に置かれて苦しんでいる人もいるかもしれない。それぞれ聞いて歩くわけにはいかないけれど、そうかもしれない、と考えながら暮らしている。

そうやってニヤニヤしている人たちというのは、自分は絶対に大丈夫、という確信があるのだろうか。だとすると、あまりにも短絡的に思える。短絡的な考えを肯定するために、じっくり考える動きを否定し、こうしてコンパクトにまとめて、ぶっちゃける力がないとダメなんだよと自己プロデュースに使ってしまう。そのぶっちゃけで刺された人のことなんて考えない。本当に考えないのか、実は考えているのにできるだけ考えないようにしているのか、実際のところを聞いてみたいのだけれど、ニヤニヤ笑われてしまうのだろう。そして、テレビが、ネット上のわかりやすいニヤニヤを学ぼうと焦っている様子がしんどい。

年始の結婚報道

年が明けると、大物芸能人の結婚や熱愛が報じられるのは毎年恒例だが、狙いはいくつかある。年始に発表すれば、ワイドショーが通常通りの編成になる頃にはホットな話題にはならなくなるという事務所側の意向。あるいは、新年一発目の新聞を売り捌きたいスポーツ新聞がスクープとして掲載する場合もある。

2023年の年始は、結婚報道が多かった。土屋太鳳とGENERATIONS from EXILE TRIBEの片寄涼太、綾野剛と佐久間由衣、歌手・Aimerと音楽クリエイター・飛内将大、バレーボール選手の西田有志と古賀紗理那、ピアニストの反田恭平と小林愛実など、一気に知らせが入ってきた。人気芸能人が結婚を発表すると「ショックで会社に行けない」などと「〇〇ロス」を訴えるツイートが出てきて、それをメディアが嬉しそうに拾い上げるものだから、「ロス」の表明がインスタントに繰り返されるようになった。私は、「ショックで会社に行けない」というツイートへの反響を見ながら出社しているのではないかと疑ってきた。年始は出社しないので、ショックの表明が難しいはずだが、念のためSNSで「綾野ロス」を検索してみると、「帰省して来た娘は『綾野ロス』」などのツイートが見つかった。ちゃんと実家にたどり着いている。一安心だ。

結婚しているかどうかなんて、赤の他人に伝える必要はないのだが、その宣言による余波をなるべく小さくしたい人たちは、これからも年始を選ぶのだろう。1月3日の朝日新聞の社会面に、年

始に発表された結婚報道が3つほど並んでいた。その見出しは、

■反田・小林さん結婚
■綾野・佐久間さんも
■土屋・片寄さんも結婚

であった。早くも正月のあれこれに飽きていた私は、新聞を読みながら、わざわざ考えなくてもいいことを考えてみた。表記のズレの気持ち悪さである。「も」の失礼さと、新聞記事は基本的には独立している。関連する事柄が他にあれば、一つの記事の中に組み込む。ところが今回、それぞれの結婚は独立している情報なのに、「も」がついている。この掲載順は誰が決めたのだろう。知名度を問うにしても、ピアニストと俳優とダンスヴォーカルグループのメンバーを比較するのは難しい。年齢順に並べるならば綾野剛が一番上になるが、そうなっていない。やはり、国際ピアノコンクールに出場して好成績を収めたグローバルな二人を真っ先に、との判断なのだろうか。

そして、土屋太鳳・片寄涼太だけが、女性↓男性の順番で掲載されている。ちなみに土屋のほうが片寄より年下。こうなると基準は知名度が濃厚。すると、「も」の意味合いが伝わってきてしまう。

なぜ、「反田・小林さん結婚」「綾野・佐久間さん結婚」「土屋・片寄さん結婚」と表記を統一しなかったのだろう。こちら〝も〟伝えておくという姿勢に、列挙された誰のファンでもないのに少しばかりの苛立ちを覚えてしまう。

新聞の記事は掲載に至るまでデスクなどのチェックが何度も入る。時折、自分も新聞にコメントを寄せるのだが、記者と「こちらでいきます」とやりとりを終えた後で、「あのう、デスクがこう言ってまして……」と修正が加わったりする。これを2度も3度も繰り返されると面倒になるので、「もう、お任せします……」と諦めてしまうのだが、今回の「〜も結婚」を見て、社内でちょっとした攻防があったんだろうなぁ、なんて想像していたら、正月が終わった。

YOSHIKIの丁寧さ

NHK『プロフェッショナル仕事の流儀　YOSHIKIスペシャル』を観た。3年半もの間、追いかけた理由は「本当のYOSHIKIを見たい」というもの。「本当の『女性自身』が読みたい」と言われれば困惑するように、「本当の○○を見たい」という投げかけは、ただただ質問者の軸が定まっていない可能性が高い。しかし、投げかける相手が大物であればあるほど、その問いかけは勇気を持って投じられたかのように見えるので、なかなか便利な質問。

　わかりやすいドキュメンタリー番組が好むのは、「撮影を始めた当初は、心を開いてくれなかったが、密着取材をしているうちにあちらから話しかけてくれるようになり、最終的に胸の内を明かしてくれた、やってよかった」という流れ。作家なら執筆中、ミュージシャンならレコーディング中に、撮影隊に向かって「すみません、ちょっと（出ていってもらって）いいですか」と不機嫌そうにするのもお決まり。自分が撮影スタッフならば、「これ使えますね！」と、大きな仕事を成し遂げた気になるはず。YOSHIKIもその場面を用意してあげていた。

　YOSHIKIのキャリアは、喪失の経験と共にある。自ら命を絶った父親、バンドの解散発表からしばらくして亡くなったhide、そして、そんな彼の味方であり続けた母親も昨年亡くなった。どんなに夜遅くなってもピアノの練習を続け、ほとんど眠らぬまま本番当日を迎えて疲れ果てている様子に、「寝ればいいのに！」と凡人は思うの

だが、99点でも残り1点を許さない性分こそが彼を支えてきたのだ。

世界各地を飛び回る彼を、取材陣はそう簡単につかまえることができない。新型コロナの感染拡大もあり、撮影期間がどんどんのびていく。彼自身は自宅から動画配信を始め、カップラーメンを作り、巨大なフォークで食べようとしながら、「大きいかな?」と動揺する様子を伝える。どんな密着映像よりも「本当のYOSHIKI」を感じさせる映像ではあった。

この番組では最後に「プロフェッショナルとは?」と問うのがお決まり。その質問に対して、YOSHIKIが「僕は甘い。僕は永遠のアマチュアでいい」と答えた。その返答が話題になると、YOSHIKIが自身のTwitterで番組を宣伝しつつ、「#永遠のアマチュアより」とハッシュタグをつけた。

物事の流行らせ方を知っている人だ。「本当の○○」を求めるドキュメンタリーは、涙を流したり、怒りの感情を隠さなかったり、予定されていなかったインタビューに応じて思いの丈を語ってくれたりするのを求めているが、YOSHIKIは、取材陣を避けているようでいて、そのそれぞれにしっかりと応えていた。

自分がどのように見られているかを正確に理解し、それをどう扱えば、自分にとっての新たな一歩になるのかを冷静に分析していた。どんな瞬間も「YOSHIKIとはどうあるべきか」という問いかけを自分にぶつけている。ハッキリした答えが出ないままなので、それが外野からはミステリアスに見える。

冷静に感想を述べるなら、「真面目で丁寧な人だ」に集約される。「プロフェッショナルとは?」とか、「本当のYOSHIKI」とか、殻を破ってもらうための仕掛けを繰り返してきたが、そもそも、殻なんてないのに、そうやって殻を破ろうとしてくる動きのために、わざわざ殻を用意しているようにさえ見えた。

俳優の新田真剣佑と眞栄田郷敦が、双方の父である故・千葉真一氏の誕生日にあわせて結婚を発表した。相手は「一般女性」と紹介されており、その女性からのコメントはひとまず見当たらない。これまで出てきた3名から、あえて固有の名前を消して「兄」「弟」「父」としてみる。父の誕生日にあわせて、兄と弟が一緒の日に結婚を発表した。まず思うのは、「えっ、妻になる相手の意向は?」である。もちろん、許諾というのか、話はまとまっているのだろうが、「えっ、なんかちょっと一方的なんだけど」とは思う。

赤の他人の意見を聞く必要がないのが結婚だから、どんな判断をしようが構わないのだが、芸能人は結婚以前と以後でイメージが変わってくる職業でもある。今回は男たちだけの世界による判断だった。では、「兄」「弟」「父」ではなく、「姉」「妹」「母」だったらどうだろう。母の誕生日にあわせて、姉と妹が一緒の日に結婚をしたとする。相手はどう思っているんだろう、なんて話が瞬時に出てくるのではないか。

真剣佑と郷敦

以前、結婚式の司会の仕事をしている女性を取材した。新郎新婦を紹介する際、「〇〇家、ならびに△△家の皆さん」と「家」まで入れないと怒り出す親族がいるそう（ちなみに、結婚式で揉め事を起こすのは家族でも友人でも会社の同僚でもなく、親族が大半だとのこと）。さすがに「結婚＝家同士の結婚」との考え方は薄まってきており、「家」を強調するあれこれを薄めるよう、夫婦となる二人から言われる場合も増

えてきたそう。ジェンダー平等がようやく考えられるようになり、「結婚」についての慣習も変わりつつある。

この二人の発表、今さら打ち出してくる男たちだけの契りに、わざわざたじろぎたい。発表された新田真剣佑の文章も重い。「より多くの方々に夢と感動を与えられるように、より一層精進して参ります」に引っかかる。感動を与える、という表現には長い間違和感を覚えてきたが、元フィギュアスケーターで國學院大學助教の町田樹が見事にその違和感を言い当てている。

「スポーツでも、はたまたアートでも、感動を創造する主体は送り手ではなく、実は受け手なのです。これらは感動をもたらす原因にはなりますが、だからといって、感動という結果を保証するものではありません。スポーツでも、『感動』というのは、アスリートのパフォーマンスと、それを見る人たちの感受性が結びつくことで、はじめて生まれるものなのです」(ＮＨＫ解説委員室・町田樹「スポーツにおける感動の意味」)

そう、感動というのは、受け手がいてこその感動。感動を与えます、という言い分には、その発言を投げかける相手の想いや考えが除外されている。とりわけスポーツ選手はその文言を自信満々に繰り返す。感動するかどうかは私たちが判断します、と思いながら聞く。いわゆるマッチョな考え方と「感動を与える」は親和性がある。自分がこう思ったらこう、を譲らないのだ。感動するかどうかを判断するのはこちらなのに。

これらの議論を今回の結婚報道にくっ付けるのは無理があるのかもしれないが、男たちだけの物語で結婚を語り、そこに「感動を与える」という、自分が気にしてきた常套句が加わると、どうにも、時代を逆流している印象が強くなる。結婚は、外野の声を気にすることではない。もう何度も自分で言ってきたことだし、今回もまた外野の声に過ぎないのだが、ひとまず外野の一人はそう思ったと言いたくはなる。

炎上動画には怒れる

少年が回転寿司屋で回ってきた寿司を、唾液をつけた指で撫でる動画が出回り、名前や出身校が特定される事態になった。寿司屋側も、株価が下がるなど経営に大きな影響を与えたこともあり、少年や家族に対して厳しい措置をとると表明している。

少年が通う学校にYouTuberが突撃したり、行為を真似るような動画が出てきたり、要らぬ副産物も大量に発生している。「どうしょうもないこと」に対して、「どうしょうもないこと」が加わっていく様子を見て、「うわぁ、どうしょうもないな」と思う。あの手の映像を見て、それなりの年長者は「自分が子どもの頃にも同じような悪ふざけをする奴はいた。ただし、当時はSNSなんてなかったからね」と言う。これをコメンテーターが軽はずみに言うと、「○○が『俺らの頃もあった』と擁護」なんて記事にされてしまう。あるいは、「SNSなんてなかったからね」に続けて、「それをわからずに安易に投稿するなんて、この少年は相応の罰を受けるべき」と言えば、「○○が『罰を受けるべき』と批判」になる。

まず、「少年の行為」と「それが拡散されること」を分けて考える必要がある。「少年の行為」は許されることではない。「拡散されること」のリスクをどのように考えるかは人それぞれだが、この少年や周辺の人たちはあまりにも低く見積もっていた。

「行為」×「拡散」によって「悪」だと固まると、あとはどれくらい拡散するかで悪の数値が膨れ上がっていく。「100×3」と「3×100」が同じ答え「300」を導き出すように、「行為」よりも「拡散」の力が大きい場合でも、答えとして導き出された「300」は同じように伝わる。それくらい悪いことをしたのだから叩いて構わないとなる。でも、その悪事が、彼の人生をそのまま潰すほどのものであっていいのか、という着眼を捨ててはいけない。

SNSでの拡散は止められない。ただ、メディアは、とりわけワイドショーはどうだろう。日頃からワイドショーをチェックしているが、ある数日間、とにかくこればかり報じていた。もちろん、モザイクはかかっているし、もろもろ特定されないようにしているのだが、「これくらい大々的に報じるべき案件」との合図は、当然、ネット空間に波及していく。数式をどんどん膨らませる装置であるという自覚が足りていないか、あるいは意識的に膨らみやすいニュースばかりを選んでいるのではないか。

回転寿司屋での少年の行為は許されるものではない。でも、国民全員で、メディア総出で、徹底的に吊るし上げるものではない。こういった素人の愚行を突くのは簡単である。あと数週間もすれば忘れるのだろうが、彼や周辺にはあまりにも大きなダメージが残る。メディアは素人の愚行よりも、権力者の愚行や、それを生みかねない構図を追及すべきだと思うのだが、なかなかそうはならない。

明らかに悪いことをしてしまった素人、というのは追及する難易度が低い。悪いことをしているのではないかと追及されている権力者、は追及する難易度が高い。許せないことを「許せませんね！」と紹介し、「許せませんよね？」と司会者がコメンテーターに振り、「ええ、許せませんね！」と答える。この正義感がどのような膨らみを作り出すのかを考えようとはしない。ネットは怖い、確かにその通りだけれど、ネットは怖い、と繰り返しているテレビも怖い。その自覚はあるのだろうか。

成田悠輔の「ぶっちゃけ」

最近やたらとテレビで見かけるようになったイェール大学助教授の成田悠輔。○と□のメガネが特徴的だが、以前からこのメガネを愛用してきた人もいるはずで、彼のメディア露出により、「もしかしてマネですか?」と言われた日を最後に別のメガネに換えた人もいるのかもしれない。気の毒だ。

彼の主著である『22世紀の民主主義』のオビ文には「言っちゃいけないことはたいてい正しい」とある。オビ文というのは編集者が決めることが多いが、Twitterの紹介文にも「口にしちゃいけないって言われてることは、だいたい正しい」とあるので、この姿勢を売りにしているのだろう。思えば、映像メディアで重宝される「論客」というのは、「ぶっちゃけますよ」を売りにしている人が多い。極端なことを言い、案の定炎上しても、まぁ炎上くらいたいしたことないですよ、と開き直る。すると、あの人は勇気があると持ち上げる動きが加速する。しかし、炎上した時に真っ先に考えなければいけないのは、その粗雑な言動で痛めつけられた人たちの存在である。この点がいつも放っておかれる。

2021年、成田が『ABEMA Prime』で少子高齢化社会の対策として、「唯一の解決策ははっきりしていると思っていて、結局、高齢者の集団自決、集団切腹みたいなものではないかと……」と述べた様子が改めて問題視され、ニューヨーク・タイムズでも報じられた。海外でも報じられたから問題、ではなく、この手の発言が日本では「ぶっちゃけ」の範疇で受け止められ、これこそが

「言っちゃいけないことはたいてい正しい」だと、彼を評価する動きにも繋がってきたことが問題。

成田には、ひろゆきとの書籍『集中講義 ニッポンの大問題』（日経テレ東大学・著）がある。その中でひろゆきは、「日本の病院って、もう自力で食べられなくなっている人にも『胃ろう』をつけて無理やり食べものを流し込みますよね」「『こういう状態になったときに、まだ生きたかったら自費で払ってくださいね。それを若い人が負担する必要はありませんよね』という価値観にしていくほうが、まだ受け入れられやすい気がする」と言っている。胃ろうの状態で闘病しながら亡くなっていった親族のことを思い出すと、言葉にしがたい怒りがわいてくる。先述の『ABEMA Prime』で共演し、成田の発言に大声で笑っていたのが彼だった。

成田は『22世紀の民主主義』において、シルバー民主主義（高齢者向けの施策が優先される政治体制）を批判する流れの中で、かつて麻生太郎が発した、自分がもし高額医療で生き延びるようであれば「さっさと死ねるようにしてもらわないと」との発言について、「恐れるものがない政治家はスッキリ言えてしまう」と積極的に捉え、ほとんどの政治家は「人から気に入られつづけなければ立場を保てない」存在であり、「一人ひとりの政治家のビビり」が、シルバー民主主義の実態なのだと述べた。ほとんどの政治家はビビっている。でも、麻生太郎も自分もビビっていない。どうだ、すごいだろ。こういう「ぶっちゃけ」を許しすぎていないか。

とんでもない発言をする。そういうつもりで言ったんじゃないっすよと言い訳する。しばらく経つと同じようなことを言う。また炎上しちゃうじゃないっすかと笑う。さすがっすと持ち上げる人がいる。「それでもこんなことを言い続けられるオレ」の評価なんてどうでもいい。そういう発言で、その都度踏まれている人がいるのに、そっちが放置されるのが嫌なのだ。

前回、イェール大学助教授の成田悠輔が少子高齢化社会の対策として「集団自決」を持ち出していた旨を取り上げたが、その映像で彼と共に盛り上がっていたのがひろゆきだった。「論破王」と呼ばれ、テレビで重宝されて長いが、限られた時間の中で大胆な提言や結論に導くのを好む番組に頼りにされている。理論として正しいかではなく、「自分は負けていない」状態を強引に保とうとする。

　そんな彼が、かつて、テレビで紹介された朝鮮学校の動画を貼り付けたツイートに対して、「現実問題として、朝鮮学校に通おうとしてる子供やその親には『将来、アメリカに留学出来なくなりますよ』というのは、ちゃんと伝えたほうがいいと思う」とツイートした。

議論をすり替えるひろゆき

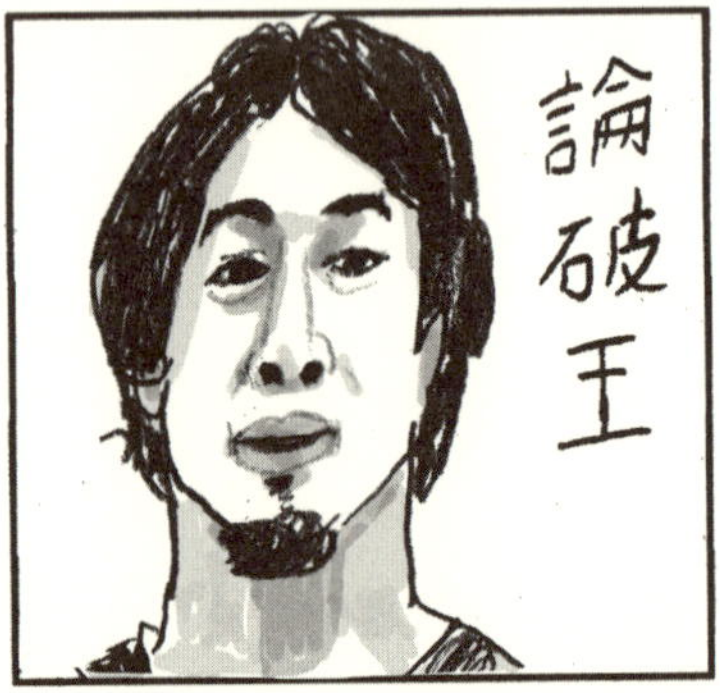

　朝鮮学校のTwitterが「今まで朝鮮学校出身者でアメリカ留学した人は沢山います」と反論、「もし何処かの国へ行けないのなら、我々大人は行けないと伝えるよりも、そんな事がない世の中にする事が我々の役目ではないでしょうか」と付け加えると、それに対して、「あなたの国の金正恩氏に核ミサイル開発と日本海にミサイル実験するのを辞めろって言っていただけるんですね？『そんな事がない世の中にする事が我々の役目ではないでしょうか。』期待してますー。」と更にツイートをしてみせた。

　こういうのが得意だ。こういうのとは何か。まったく違う話なのにあたかも話が続いているように見せる技術。そして、自分が上回っているように見せる技術。この場合、「将来アメリカに留学出来なくなる」という彼の発言が「いや、沢山います」と事実誤認だと指摘された。その上での提言に対し、ミサイルの話にすり替える。彼自身が逃げているのだが、「言ってやったぞ」という雰囲気を作り上げる。ずるい。

彼の著作に、自身のずるさを綴っている本があったので読んでみた。『ひろゆき流　ずるい問題解決の技術』に、「自分が勝てる場所で戦えばいいんです。負ける場所では極力戦わない」「僕はつねに自分が得意な分野でしか戦わないようにしているので、勝率が高く見えたりするんです」とある。

そうだったのか。先の例のように、「得意な分野」ではない「負ける場所」でも戦っているように見える。アメリカに留学した人は沢山いると学校側が答えているのだから、彼の見解は間違っている。でも、話をずらす。

彼の著作『叩かれるから今まで黙っておいた「世の中の真実」』には、自分に対して意見してくる人への苦言が書かれている。

「意見を言ってくる人たちが、基本的な知識を持っていないか、間違った知識を元に論理展開していることがある」

「これは、とても残念なことだと思います」

「前提となる知識が間違っているせいで、まったく噛み合わないやり取りになってしまっている」

「そんなことをしていても、世の中はまったくいい方向へ行きません」

まるでご自身への苦言のようだ。前提となる知識が間違っていることによって、噛み合わないやり取りを作り出しているのだから。

日頃、執筆仕事をしていて、「自分が勝てる場所」かどうかを基準にしていないのでわからないが、そう思っていた場所が意外にもそうではなかったなんてことは誰にでも起きる。その時、自分が言及すべきではなかったと引き下がれないのは情けない。「これは、とても残念なことだと思います」。

タモリが乗り気な時

タモリがレギュラー出演する番組は、もれなく彼を中心とした番組なのに、毎回、番組が始まった瞬間は、「あまりここにいたくないんだけど」と言いたげな表情をしている。サングラスをしているので表情ははっきりしないのだが、積極的な姿勢ではない。だが、この姿勢こそがタモリだと全国民が理解している。

番組を仕切るような大物芸人は、「それでもまだ貪欲な自分」を強調しようとする。その姿勢について、周囲にいる若手・中堅が突っ込み、場を動かそうとする。その人自身が面白いかとなれば、正直、そんなことはない。その場の空気を他人に作ってもらっている。仕組みはバレているのだが、あまりにあちこちで繰り返されるので、「バラエティ番組における所作の基本形」として動かない。ボケもツッコミも、真ん中に立つ人が正しいとするリズムに合わせていくと、確かに一体感は感じられるのだが、面白いというか、機嫌をとっているだけなのではないか、と疑わしくもなる。

タモリにはそれがない。つまり、周囲に対する期待がない。周囲が自分をこのように持ち上げてくれるのではないかという望みを持たない。『タモリ倶楽部』を見ていると、タモリのテンションがゆっくり上がってくるタイミングがわかる。逆に言えば、当初のテンションはそこまでもない。ようやくエンジンがかかる瞬間を味わうのは、あの番組の醍醐味の一つだった。

嬉しいことに二度ほど番組に出演した経験があ

る。タモリによる「毎度おなじみ流浪の番組『タモリ倶楽部』でございます」に始まり、その日のゲストがトボトボと入ってくる。たまたま通りかかったくらいのテンション。カメラに向かって存在感を強調する人は少ない。自分は長らく番組を視聴してきたので、出演前、「トボトボ」のイメージトレーニングを繰り返した。収録前になると、さすがにその場は緊張に包まれていたが、いざ始まると、及第点の「トボトボ」ができた。

番組を見ていると、どんな芸能人・アーティストでも、あの入り方をしている。日頃、爪痕を残せる瞬間があればどんな時だって動いてやろうと画策する芸人でも、『タモリ倶楽部』での所作をわきまえている。旬であろうがなかろうが、そして自分のように、日頃はテレビに出ない人間でも、誰が混ざろうが番組としての空気が乱れない。

タモリは、番組を引っ張る、のではなく、番組にいる。まず、そこにタモリがいる状態がある。何人《なんぴと》もその状態に吸い込まれていく。『タモリ倶楽部』だけではなく、『ミュージックステーション』でのアーティストとの短い会話でもそうだ。「今年はどうでした?」「ツアーをしまして……」「ツアーを?」「あっ、はい」。話が膨らまなくても、視聴者はドキドキしない。そういうものだとわかっている。「面白い」をいち早く作り出すレースではないからこそ、時間をかけて生まれたものに「くだらねぇ」「面白い」と気持ちが動く。

『タモリ倶楽部』が終了する。1982年10月からの放送なので、自分が生まれたのとまったく一緒だ。面白い時と面白くない時、タモリが乗り気な時とそうでない時があった。当初、あまり興味がなさそうにしていたタモリが、あるタイミングで身を乗り出してくるのがわかると、視聴者である自分にもスイッチが入る。常にハイテンションの番組では決して味わえない、稀有な体験だった。イマイチ盛り上がらなかった回の最後に入る次週予告で楽しそうにしているタモリに安堵したりするのが無くなるのが寂しい。

ワイドショーのコメンテーターとして頻出していた三浦瑠麗。色々あって見かけなくなったが、その代わりに重宝されそうなのが、NHK政治部の記者で安倍晋三元首相の番記者だった岩田明子。NHKを退職してすぐ、『めざまし8』『サンデー・ジャポン』に出演し始めた。『サンデー・ジャポン』出演時のテロップには「去年NHKを退職／ジャーナリスト〝安倍元総理に最も食い込んだ記者〟」と書かれている。

「食い込んだ」ってどんな意味だろう。「スパイとして食い込んだ」の場合なら、「3年もの間、お手伝いさんとして暮らし、一切バレることなく、○○家の事情を根こそぎゲットした」だろう。「ジャーナリストとして食い込んだ」ならどうか。

いつも味方する岩田明子

「政治家が明らかにしたくない部分であろうとも手厳しく追及し続け、その政治家からは嫌がられるほどだった」だろう。

となると、この「最も食い込んだ記者」は岩田の紹介にふさわしいのだろうか。安倍政権時代、岩田はとにかく、安倍元首相の言い分を代弁していた。窮地に立たされているように見えても、いや、これはこういう狙いなのです、とフォローしていた。

夜7時から1時間近く首相会見が行われる場合、NHKのニュース番組で生中継するのは半分程度。会見は、一方的なスピーチ→幹事社からの質問→フリーランスも含む質問と流れていくが、最も厳しい質問をするのは最後のパート。だが、その段階になると、生中継は終わり、岩田が〝代弁〟していた。『文藝春秋』で岩田が連載している「安倍晋三秘録」を読む。安倍と旧統一教会の接点がどんなものであったか、いまだに全体像が明らかになっていない。安倍が銃撃される前日に電話を受けた岩田は、旧統一教会との接点が取りざたされた井上義行議員について安倍に聞くと、「私自身は、さほど関与していないから……」との返事。

いや、でも、私たちは、安倍が関連団体にビデオメッセージを寄せていたと知っている。その点について岩田は、「安倍は、日ごろから、多忙を極める中でも会場に駆けつける場合と、逆にビデオメッセージだけで済ませる場合がある。こうした使い分けで交流関係に違いを出し、ある種の距離感を滲ませていた」（『文藝春秋』2022年10月号）と書いている。

「距離感を滲ませ」るために、会場には行かずにビデオメッセージだけにした→だから、そんなに関係があるわけではない。そうか、こうやって擁護する論法が残っていたのかとビックリする。第二次安倍政権下で大活躍した岩田だが、NHKの会長に就任した籾井勝人が、会見で「政府が右と言うことを左と言うわけにはいかない」と述べて問題視された時期とも重なる。「食い込んだ」のではなく、「寄り添った」あたりが正確だろう。

放送法の解釈をめぐる総務省の行政文書が議論されている。文書の存在を小さく見せたい政府に対して、テレビ局は自分ごととして不明瞭な部分を細かく追及していく姿勢を見せなければいけないが、ちっともそうはなっていない。それどころか、代弁に励んできた記者を「最も食い込んだ」と紹介している現状にある。

どんな政権でも、政治はメディアをコントロールしたがるもの。黒を白と言ってくれたら、自分たちが助かるのだから当然。その資質を受け止めた上で「食い込んで」欲しいのだが、いつの頃からか、「食い込む」の語意に「いつだって味方でいる」が加わってしまった。岩田明子はその象徴的な存在である。

結婚発表の「気配り」とは

俳優・中村倫也と日本テレビ・水卜麻美アナウンサーが結婚を発表した。スマホに速報ニュースが届いた時、珍しくちょっとオシャレなカレー屋におり、いつも行っているガサツなカレー屋とは異なる空気に動揺していた。

そこにいるヤングたちが一斉に二人の結婚に言及し始めた。地獄耳で収集すると、「意外」「素敵」「長続きしそう」といったもので、肯定的なものが多かった。他人同士の結婚に肯定も否定もないが、俳優もアナウンサーも、繊細な膜に守られたイメージの中を生きているので、この日のカレー屋での反応は、二人を安心させるものだったに違いない。

自分が気になったのは「長続きしそう」という、始めたばかりの占い師のようなコメントで、その指摘に周囲は頷いていた。「長続きしそう」の向こう岸には、「どうせすぐに別れるに違いない」がある。その代表格は、年の差カップルで、特に年配の男性と極端に若い女性が結婚した場合。そこに続くのが、明らかに知名度や収入格差がある同業者の場合。

その結果はどうか。なんともつまらないものだが、「別れることもあるけど、別れないこともある」である。当たり前だ。これ以外にない。なぜカレー屋のヤングたちは中村と水卜の結婚を知って「長続きしそう」と思ったのだろう。水卜アナは「理想の上司」ランキングという謎めいた調査で1位を飾り続けている。上司の立場になった経験がないのでわからないが、上司というのは、部下から好かれるだけではなく、ある程度は嫌がられながらも業務を動かしていく力が求められていて、そのバランス感覚が必要なのではないか（適当に言っています）。

自分の社会人経験から導き出すと、部下に好かれようとする上司の姿勢をあまり受け入れられず、「いいよ、歩み寄ってくるなよ」と思っていた。でも、それができたのも、出版社という、個人で動き回る範囲が大きい仕事だったからなのかもしれない。「理想の上司」と「理想の上司に選ばれそうな人」は違う。その後者に共通することは「感じが良い」と「動じない」だろうか。このランキングの常連である水卜、いとうあさこ、天海祐希、小池栄子あたりの名前からは、そんな特徴が見える。

水卜といえば食べるのが大好きな人で、嬉しそうに食レポする様子が人気を博してきた。中村と水卜の連名での結婚報告の書面にも、中村が書いた水卜のイラストにおにぎりが添えられていた。料理上手の中村が料理を振る舞うことも多いそうで、それも「長続きしそう」の断言につながったのか。

スポニチアネックスの記事に「水卜麻美アナ＆中村倫也の結婚発表が25日だった理由　関係者『2人らしい気配りが…』」とあった。読み進めていくと、3月25日の土曜日に発表したのは、3月の最終週は終わる番組もあるし、その翌週からは新しい番組が始まるので、「注目の期間となるだけに、そこにプライベートで騒がせてはいけない」と民放関係者の声が載っている。さすがに分析に無理がある。それを「気配り」とすると、年度末を迎えるちょっと前の土曜日って、正直、気配りが足りない、になってしまう。

本人たちが想定していないことまでも「気配り」とされたり、そのイメージによって、「長続きしそう」と言われたりする。めでたい出来事に向けられる声って、冷静になると、なかなか傲慢である。そう言っても許されるほどめでたい、という消費でいいのか。

寺田心さんについて、長い間、強い興味を持って眺め続けている。いまだに「寺田心くん」などと「くん」づけするメディアも多いが、彼ほど「さん」づけが似合う人もいないので、個人的には常に寺田心さん（以下、心さん）と表記するようにしている。

数年前、『しゃべくり００７』に出演した小学6年生の心さんは「6年生の目標」を問われて「これからは下級生を支える」と答えている。先生が生徒に向けて、「下級生を支えてくださいね」とお願いする機会はあるだろうが、当事者が「支えます」と宣言する様子を初めて見た。

あんなに小さかった芦田愛菜がすっかり聡明な若者になり、誰からも好かれる優等生として振る舞い続けている様子に、多くの人が感心している。そこに不安はない。子役として精一杯愛でられた後、さすがに子役ではなくなった頃の立ち居振る舞いを、私たちはあまりに残酷に分別する。すっかり大人になって、という定型句を振りかけて、芸能界における持続性や個人的な好みを測定するのだ。

「恋愛はまだ早い」と寺田心

心さんは大人を翻弄し続けてきた。２０１６年、『ボクらの時代』に加藤清史郎と芦田愛菜と共に出演した際、心さんは、ママに怒られるようなことをすると鬼さんから電話がかかってきて怖いんです、というエピソードトークを披露した。心さんより年上の加藤と芦田は、そういうアプリがあることを知っているのを隠すように、心さんに乗っかりながら「怖い！」と盛り上がっていた。だが、その直後、心さんは「（そういう）アプリがあるんです」と続けたのだ。

心さん、あまりに恐ろしい。「自分に求められているもの」を自覚して振る舞い、「こういうのを求めているんでしょう」という客観視を同時に見せつけてきた。子どもならではの「無邪気な反応」は、子どもから大人へと移行していくなかで「冷静な反応」に変わっていく。芦田愛菜が国民的な優等生として周知されているのは、「冷静な反応」に加えて、知性や好奇心を存分に兼ね備えているからだろう。この移行がうまくいく子役は少ない。

では、心さんはどうか。先述の通り、心さんは当初から「無邪気」と「冷静」が同居していた。概念上、同居はできないはずなのに心さんには可能だった。無邪気な自分の様子を冷静に分析していた。この特異な状態が今に続いている。あるスマホアプリの会見に登場した心さんは、このアプリ制作会社が発表した「片思いあるある」の結果を踏まえた上で恋愛への考え方を問われ、恋愛経験について「ないんですよね」と答え、「がっつりとしたものはまだ早いと思っていて」と続けた。

まだ早い、である。心さんの真骨頂とも言える。恋愛するにはまだ早いって、親などの年輩者から発せられる言葉であって、中学2年生（この春から3年生）が自己分析する時に使う言葉ではない。「がっつりとした」恋愛というのは、そうではない恋愛もあるということ。たとえば、一緒に下校するだけ、映画を観に行っただけ、といった青春時代の思い出として語る恋愛を、真っ只中にいる彼が把握しているのだ。

「あまり恋愛がわかるわけではないので」とも言っていた。「〇〇についてそんなに知っているわけではない」という謙遜は、往々にして〇〇について詳しい人、経験を重ねてきた人が使う言い方である。実は心さんが恋愛しているとか、そういう話ではない。まだまだ「無邪気」と「冷静」を共存させているところに凄みがある。

ハルキストの反射神経

村上春樹の作品をそれなりに読んできたが、熱心な読者ではない。村上春樹の熱烈な読者がよく目に入るようになって久しい。ノーベル文学賞の有力候補と呼ばれるようになってからは、発表される日に村上春樹好きが集まり、受賞を逃したと知って落胆する様子がニュースで伝えられてきた。2017年、カズオ・イシグロがノーベル文学賞を受賞した時には、「カズオ・イシグロさんのノーベル文学賞受賞の知らせを聞き、クラッカーをならす村上春樹さんのファンら」（毎日新聞・2017年10月5日）とキャプションに記された写真が載っていた。落選したけどクラッカー。とにかくクラッカーをならしたかったのだろうか。クラッカーのヒモを引っ張る時、ためらいはなかったのか。クラッカーから飛んだ紙を拾ったりまとめたりする時、「あれ、なんか変だぞ」と思わなかったのか。

　ハルキスト、という言い方がある。どこまで定着している言葉か知らないが、彼が新作を出したり、ノーベル賞が発表されたりすると、にわかに耳に入る。むしろ、「新作が発売されたから買おう。でも、ハルキストと呼ばれるほどではない」という配慮や警戒が生まれているのではないかと心配になるのは、まさに自分がそれに該当するからか。

　6年ぶりの長編小説が発売される日、午前0時から店を開けた紀伊國屋書店新宿本店にはメディアが押しかけており、そこにやって来たハルキストがインタビューを受けている。NHK　NEWS　WEBには「6年ぶりの長編で興奮しています。村上春樹さんの読書会を行っているメンバーで集まりました。コロナ禍を経ての作品ということで、どれぐらい作品に表れているか楽しみです。このあとみんなで読もうと思います」とのコメントが、読売新聞オンラインには「思ったより分厚くて読み応えがありそう。コロナ禍中の執筆ということもあり、どう作品に影響しているのか気になる。徹夜で読みます」とのコメントが載っている。両媒体とも「このあとみんなで読もう」や「徹夜で読みます」と、ハルキストたちのおさえられない気持ちを強調している。

SNSでは、いち早く読んだ人の感想が飛び込んでくる。600ページを超える作品なので、このスピードは「真っ先に感想を言う」を目的に読み進めたのだろう。それくらいの状況を作るのが村上春樹の凄さであり、こうやって出すだけで現象となる新刊書籍は他には存在し得ないわけだが、このところ続く、村上春樹が動けばニュースになるとわかっている人たちによる「ニュース化」の共同作業がやっぱり気になるのだった。

知り合いの書店員が、村上春樹の前作が発売された時には、注文した数が十分に入ってこなかったが、今回はしっかりと入荷された、この6年間で書店の数が減ったということなのかもしれない、などと言っており、寂しい気持ちにもなる。ならば、ハルキストと、ハルキストを狙い撃ちするメディアが結託して作り上げる賑わいは、この業界に必要なのだろう。

本は、音楽や映画とは違い、いち早く反応できるものではない。だが、今の世の中は、どんなものでも、誰がいち早く反応しているかが可視化され、その反射神経が重宝される。個人的に、誰かのために用意したクラッカーをその誰か以外のためにならしたくない。とにかく盛り上がろうとする様子を遠くから見てしまう。ハルキストの反射神経の良さは出版界にとってどのような影響力をもっているのだろう。いずれにせよ、読書全体が反射神経で語られるのは嫌だ。

ChatGPTより芦田愛菜

あらゆるワイドショーで、対話型人工知能「ChatGPT」の話題が取り上げられている。基本的なパターンはこう。番組名や出演者名を打ち込み、「○○について教えてください」と投げかけると、不正確な答えが返ってくる。「えー、1998年から続いている番組じゃないし！　香川県出身じゃないし！」と騒ぐ。「まだまだ課題はあるようですが、これから様々な方面での活用が期待されています」と膨らんでいく。この扱い方の同質性を見て、人間は率先してAIに負けようとしているのだろうかと不安になるが、ワイドショー＝人間ではない。私たち人間にはもっと可能性がある。思ってもみないことをしでかすし、どうでもいいことやとんでもないことを考える生き物でありたい。

人工知能はどんどん賢くなっていく。『女性自身』がつけそうな見出しを考えてください」「もうさすがに小室夫妻についてのネタが思いつかないんですが、どうしたらいいでしょうか」と問いかければ、それなりの精度で文章や案を出してくれるのだろう。しかし、人間の発案や対話の面白さというのは、精度とは異なる尺度でも存在している。そっちを愛でたい。「ChatGPT」よりも、「ChatGPTの話をしている様子がおおよそ同じ」のほうに危うさを覚える。

無難な発言というものがある。テンプレート、なんて言い方もできる。たとえば結婚式での親への手紙。「お父さん、お母さん、○年間、大切に育ててくれて本当にありがとうございます。今日を迎えることができたのは2人のおかげだよ」に始まり、「高校時代はちょっとケンカもしたよね」的な話を挟み、「こうして出会えた○○さんと温かい家庭を」と続いていく。結婚式でそのテンプレートを聞きながら、「どうして、オリジナルなものを目指さないのだろう」と不満に思う。でも、どうやら、「みんながやってきたものを踏襲しておきたい」という判断があるらしい。みんながやっているからやりたい、という欲や希望があるようなのだ。

たとえば、有名なロックンローラーと話す機会がやってきたとする。当然、緊張する。でも、ロックンローラーは優しかった。その時の無難な発言としてはこうだ。「ロックでかっこいいイメージがあったので、どんな方なんだろうと最初は緊張していたんですけど、すごく温かく接してくださって素敵な方でした」

相手のことを気遣いながらも自分の緊張感を伝え、実際に会うとそうではなかったと答える。100点だ。では、これはどうか。「ロックで怖いイメージがあったので、どんな人なんだろうと最初はビビっていたんですけど、意外と優しくて驚いちゃいました」

方向性は一緒でも、それぞれの言葉の選び方を間違えるとこうやって失礼になる。で、1つ目の発言が、サントリー「天然水」のCMで布袋寅泰と共演した芦田愛菜の記者発表会での発言である（TBS NEWS DIGより）。

すべてが的確である。そして無難である。「ChatGPT」よりも明らかに精度が高い。それでいて私たちは、その精度が平均値から導かれたものではなく、芦田愛菜らしさであると理解している。子役が、子役ではなくなるタイミングを見計らうのは難しいが、芦田愛菜は悠々とクリアした。外から見ていて「悠々と」と感じているだけで、本人や周囲には苦労・葛藤があったはずで、それはなかなか言語化できるものではない。AIの進歩より、俄然こっちに興味がある。

謝らない梅村みずほ議員

以前、廃案となった入管法改正案の審議が再び進んでいる。「改正案」と記すのが一般的だが、「正しく改める」と書く「改正」は似つかわしくないと考えているので、以降は「改定案」と表記してみる。

この改定案では、難民認定申請中は強制送還が停止される規定を外し、3回目の申請以降は「相当の理由」を示さなければ追い返すことが可能になる。日本の難民認定率は極端に低く、2021年の数値で0・7％。つまり、100人が申請しても1人が認定されるかどうか。ちなみに同年の数値で英国は63・4％、米国は32・2％。G7の中で圧倒的な最下位だ。

改定案が議論される中で取りざたされているのが、2021年に名古屋出入国在留管理局で亡くなったスリランカ人のウィシュマ・サンダマリさんへの対応。公開されたビデオでは、ベッドから体を動かそうとする職員から「重たいわぁ～」と言われ、憔悴する彼女の前で「この間の産婦人科の先生はかっこいい」と雑談を交わす様子も確認されている。

このウィシュマさんについて、「資料と映像を総合的に見ると、よかれと思った支援者の一言が、ウィシュマさんに『病気になれば仮釈放してもらえる』という淡い期待を抱かせ、医師から詐病の可能性を指摘される状況へつながったおそれも否定できない」と述べ、支援者の助言は「かえって収容者にとって見なければよかった夢、すがってはいけない『わら』になる可能性もある」と続けたのが、日本維新の会・梅村みずほ議員だ。これは、囲み取材やSNSでの発言ではなく、国会の議場での発言。党の政策部門が内容をチェックし、音喜多政調会長も「問題提起として間違ったことをしたとは思っていない」と述べたもの。

その後の法務委員会でも「ハンガーストライキとウィシュマさんの状況は違う。でも、近しいかもしれない」と述べ、ウィシュマさんの弁護団からの質問状には「事実はありません。しかし、可能性は否定できません」と連呼している。「私たちは何のために免責特権を持ってるんですか」(免責特権とは、国会議員が議院内で行った演説・討論などについて、院外で責任を問われない特権。もちろん、好き勝手に言っていい特権ではない)なんて発言もあった。

なんだかもう、わけわからない状態。わけがわからないが、わけがわかると言い張るために、どんどんわけがわからない方向へ向かう。結果、法務委員から更迭された。経緯を確認するだけで、相当な文字量を費やしてしまったが、これをやらず、彼女の強い主張の断片を聞くと、「へぇ、あの事件って、どっちもどっちなんだ」なんて思ってしまう。でも、それこそが目的なのだろう。

梅村議員は話し方が上手い。淀みなく話す。議員になる前、話し方教室を運営していたこともあるそうで、かつてのトークイベントの告知がネット上に残っていたので確認してみる。「梅村みずほ／話し方おブスからの脱却 1-DAY lesson」の案内は、「あなたのまわりにもいませんか？　いつもガミガミこわい口調のおじいさん。『ああ、そういう人生を送ってきたのだな』」と始まる。そんな話し方を変えましょうと、悪いサンプルが書かれていた。

口調だけで、その人の人生を決めつけようとは思わないのだが、その考え方に従ってみるとして、怒鳴り散らすことで自分の考えを押し付け、それでいて撤回・謝罪もしない梅村議員から「ガミガミこわい口調」ではいけませんとレッスンを受けた人は、今、この一件をどう見ているのだろう。

「鳴り止まない拍手」の意味

ヴィム・ヴェンダース監督『PERFECT DAYS』の主演・役所広司がカンヌ映画祭で最優秀男優賞を受賞した。

日本の監督や俳優が海外の映画祭に招かれると、ワイドショーなどでは、会場で拍手がどれくらい続いたかを伝えようとする。今回も同様。いくつか報道を拾う。「2時間5分の上映が終わると、満員の観客2300人は約10分のスタンディングオベーションでたたえた」（サンスポ）、「上映終了後には5分以上にわたって拍手が鳴りやまず」（テレ朝ニュース）。

あれ、だいぶ時間が違う。どっちなんだろう。こんな記事もあった。「観客は総立ちで迎え、約5分間におよび拍手が鳴りつづけ、上映開始前から期待の大きさを感じさせる」「2時間5分の上映が終了するや否や、会場は一気に熱を帯び、観客は一斉に立ち上がって約10分に渡るスタンディングオベーションが起こった」（cinemacafe.net）

上映前も上映後も拍手。それは、5分なのか10分なのか。拍手の様子をフルで流す放送局はないから、私たちは「拍手が鳴り止まなかった」との情報だけを得る。拍手がすごかったって、なかなか感覚的で、伝える側の都合に合わせられるものでもあるはず。

たとえば、自分が行ったライブがそこまで盛り上がらなかった。後日、音楽雑誌を開くと、「この日を待ち焦がれていた客席の熱気」とか、「すぐさまアンコールを求める声が」とか、会場全体が興奮に包まれていたかのように書かれている。実際にはそうでもなかったが、だからと言って記事を糾弾するかといえばそんなこともなく、こういうもんだろうと受け止める。

海外の映画祭で日本の監督・俳優が褒められる→どれくらいの拍手だったかで伝える、という流れはいつから生まれたのか。是枝裕和監督『怪物』のカンヌでの上映について伝える報道の多くでは、9分半のスタンディングオベーションと書かれていた。9分半って、ものすごく具体的だ。10分でいいんじゃないか。映画の広報担当などが、律儀に、そして正確に測って伝えた結果なのだろう。

映画祭ではなくライブでの経験だが、始まる前に会場が一斉に拍手に包まれる時、大抵、きっかけとなる個人や集まりがある。全体に広まる時もあれば、局地的に終わってしまう時もある。拍手が広まらなかった＝ライブの期待値が低い、というわけでもない。これから展開されるライブが自分にとって大切なものであればあるほど、静かに迎えたい人もいる。それは映画の鑑賞前でも鑑賞後でも同じではないか。

思えば私は、そして、おそらく皆さんも、映画祭での観客たちのルール・慣習を知らない。この映画はイマイチだと思った時にはどんな態度をするのか知らない。大絶賛と絶賛と「まずまず」をどのように分けているのかを知らない。

時たま映画の試写会に行くのだが、とにかくあの空間が苦手だ。なぜって、終わった途端、配給会社の人が近寄ってきて、「どうでした？」と聞いてくるのだ。自分は映画の感想を頭の中で固めるのに時間がかかるので、「ええ、まあ、うん、良かったですね」とひとまず言ってしまう。なんだか偉そう。

帰り道、しみじみ素晴らしい作品だったなと感じるようになる。すると、上映直後の「良かったです」が軽くなる。上映後の拍手の長さで計測する慣習にひっかかるのもコレかもしれない。感想って、時間をかけて自分の頭に定着するものでしょう、という思いが強くあるのだ。

オリエンタルラジオの中田敦彦が自身のYouTubeチャンネル「中田敦彦のYouTube大学」で「【松本人志氏への提言】審査員という権力」と題した動画を公開した。

その内容は、ダウンタウンの松本人志が複数のお笑いコンテストや番組で、審査員や仕切る立場におり、権力が集中していると訴えたもの。確かに、『M-1グランプリ』（漫才）、『キングオブコント』（コント）、『IPPONグランプリ』（大喜利）、『人志松本のすべらない話』（漫談）など、お笑いの各ジャンルの番組で中核にいる。中田が松本に対して「審査員ちょっと何個かやめてくれないですか?」などと呼びかけると、松本は自身のTwitterで「テレビとかYouTubeとか関係なく2人だけで話せばいいじゃん　連絡待ってる！」と

オリラジ中田と松本人志

応答、複数の芸人がSNSやラジオ番組などで言及を続けている。

松本に限らず、そして芸能界に限らず、審査員は権力である。数ある中から自分の考えに基づいて選ぶのだから権力。審査員だけではない。数年前まで新聞社の書評委員を務めていたが、その委員になった途端、自宅に送られてくる献本が倍以上に増えた。編集者と打ち合わせをしていると、「これ、よければ書評で……」と本を渡される。そんな誘いになびかずに2年間の任期を終えると、心なしか献本が減った。こういうものなのだ。誰かを、そして作品を、その人の権限で選べる状況は権力なのだ。

権力を得た事実に酔いしれることほど恥ずかしいものはない。なので自分は、今でも、書評する

本は、できるかぎり書店で手に取り、吟味した本にしようと心がけている。自分は権力を持っている、それに酔いしれていないか、と自覚し続けるためでもある。

松本が権力者なら、チャンネル登録者数が500万人を超えている中田も権力者である。権力者同士の争いに、別の権力者がツッコミを入れている。非常に強い権力者に対して、なかなか強い権力者が物申した、という構図だ。

中田は、文学の世界の中では「芥川賞の審査員(正確には選考委員)をやってる作家が一番偉いんですよ、実は。なんでかっていうと、どの作家が良い文学かっていうのを規定できるからなんですよ」と例示し、自身の主張に説得力を持たせようとしている。確かに偉い。これまで、石原慎太郎など、あまりに偉そうな論評もあった。でも、現役の選考委員たちは新しい作品を書き続けている作家でもある。書店に行けば、選考委員の作品が優先して展開されるわけではない。業界内の権力は、売り場ではすぐさま無効化される。そして、松本にもそれがない。テレビにはそれがない。つまり、自身の権力性を外したところでの勝負が、すっかり見えなくなった。『IPPONグランプリ』が顕著だが、芸人の回答に「そうきたか」「うん、そうやね」などと副音声的に論評しながら、優位な立場を保とうとしている。

中田の動画で相方・粗品の名前を出された霜降り明星・せいやが「真っ直ぐ勝負してないウンコみたいなやつが相方の名前使うな　中田」とツイートした。「真っ直ぐ勝負」が何を意味するのか定かではないが、おそらく、芸人というよりYouTuberの仕事がメインになっている状態への苦言なのだろう。キャリアを積めば権力を持つのはどの業界でも一緒。それでもなお、その業界で「真っ直ぐ勝負」し続けるのは簡単ではない。

で、中田も、そして松本も、自身の権力性を外しながら、他の同業者と同条件で「真っ直ぐ勝負」できているとは思えないのだ。

なぜ広末の不倫に怒れるのか

有名人の不倫が明らかになると、相手は誰なのか、不倫をされてしまった配偶者はどんな対応をしているのか、あれこれ詮索される。登場人物を洗い出した上で、誰が一番悪いのか、誰が一番かわいそうなのかを決めつけていく。無関係の人間がそれをやるのだ。

その決めつけ作業がとにかく気持ちよさそう。絶対的に自分は問われないから。時事問題の場合、どんな問題でも、「で、あなたはどう思うの?」が発生する可能性が残る。だから、意見を言わない。慎重になる。「不勉強でして、ちょっとそれは……」なんて、お茶を濁したりする。

不倫報道は違う。不勉強で構わない。不倫した人が悪い。誰に対して悪いかといえば、その配偶者や家族に対してであって、決してオマエに対してではないのだが、不倫が発覚した広末涼子に、なぜか色々な人が怒っている。

ワイドショーを見ながら、どうしてあなたが怒っているの? どうしてあなたがアドバイスしているの? と突っ込み続けた。「人を好きになるのはいいのよ。でも立場とか考えて犯したことを反省して」(和田アキ子・『アッコにおまかせ!』)というアドバイスにも、「そもそも僕の周りって、結婚してる人で不倫してない人ってあんまり見たことないんだよね逆に」(堀江貴文・YouTube「不倫を叩く奴らに言いたいことがある」)という持論にも、もちろん頷けない。

不倫報道について、私はこう思う、という意見表明が並ぶ。その様子が丸ごと奇妙だ。週刊誌などが、「こう思います」のための材料を提供してくるのだが、そもそもそれは必要なのだろうか。相手の奥さんがかわいそう、子どもたちが悲しんでいるに違いない、そんな意見が出てくる。かわいそうだなと思うし、悲しんでいるのだろうなと思う。でも、なぜ、怒りやアドバイスの燃料として、その立場を借りられるのだろう。

広末の夫であるキャンドル・ジュンが会見を開き、その内容を肯定的に捉える声がSNSにいくつも流れてきた。会見全文を読んでみると、反原発への考え方、メディア報道への苦言など、なかなかイレギュラーな会見ではあったのだが、この会見を踏まえた上で、自分は彼を応援したい、「こっちにつく」的な見解が表明されていたのには違和感を覚えた。

「彼女はいつもメークなんかしないし、美容だなんだってことも何も気にかけず、ひたすらに家事のことをしたり、子どもたちの学校行事や子どもの友人たちのお母さんたちとの仕事なんかに没頭していて、メークだとか香水なんか全然つけないんです。でも、過度なプレッシャーがかかったりだとか、不条理なことに出くわしたりとかそうなってしまうと、濃い化粧をして派手な格好をして、眠ることができず、常に何かを書いていなければ心が収まらず、誰かに連絡をしたり、豹変してしまうんです」

キャンドル・ジュンはこんなことを言っていた。出会った頃から心が不安定な彼女は、今でもこんな感じだったのです、といった方向の言葉を並べていた。それは、議論されている題材がなんであろうと、とてもプライベートな情報であって、当人以外からは言うべきではないことだと感じた。

だからといって、広末側につきたいとか、いや、キャンドル側だ、というわけではない。他人と他人の夫婦のトラブルを遠くから眺め、大勢に向けて、「自分はこっち派。だって、こうでしょ」と身を乗り出す感じに、躊躇いはないのだろうか。

「ネタバレ?」とうるさい

宮崎駿監督にとって『風立ちぬ』から10年ぶりとなる長編アニメ映画でスタジオジブリの最新作『君たちはどう生きるか』が公開された。

以下の原稿にネタバレはない。なぜって、まだ観ていないから。今回の映画は事前の宣伝をせず、キャストの情報さえ出さずに公開初日を迎える手法をとった。「宣伝しないという宣伝戦略」は何も新しいものではない。音楽の世界でも文学の世界でも、大御所になればなるほど、その人（やバンド）が動いた、という事実だけで十分に宣伝になる。宣伝をしない、ではなく、それ自体が宣伝なのだ。

ワイドショーやバラエティ番組を適当に眺めていると、「橋本環奈、この前も映画に出演してなかったか?」と思う。しょっちゅう見かける。調べてみたら、この1年で『キングダム2 遥かなる大地へ』『バイオレンスアクション』『カラダ探し』『ブラックナイトパレード』『湯道』『映画ネメシス 黄金螺旋の謎』に出ている。誰もが知っている作品は少ないが、「この人は何かしらの映画に出続けている」というイメージがある。だって、彼女はずっと宣伝している。映画での演技より、映画の宣伝で出たバラエティでの振る舞いばかりを知っている。

宮崎駿の最新作はこれをやらなかった。でも、それは、橋本環奈的な人を稼働させなくても人が入るから、というだけの話だ。公開当日のNHKニュースを見ていたら、早速観た人から、「冒頭は暗い話なのかなと思いましたが、見ていくと〝駿ワールド〟が繰り広げられて、ジブリ的なときめきもありました。見てよかったです」という、深いことを言っているような、それでいて、何も言っていないようにも思えるコメントを拾い、とにかく劇場に足を運んで観るしかないという雰囲気作りをしていた。こんなに力強い宣伝もない。

少し前まで「ネタバレ」という言葉はここまで頻繁に使われる言葉ではなかった。仕事柄、公開される前の映画を観る機会があるが、一緒に配布される資料に、「後半3分の1付近からの、主人公の家庭に起きる変化については、原稿やSNS等では言及しないようにお願いします」なんて書かれていたりする。おかしな話だ。どういう感想を持とうが、考察しようが、その原稿やコメントの主体はもちろん書き手にある。「真犯人は隣の部屋の大学生です」とはさすがに書かないが、書く範囲を制限してくることに対して、少しは抵抗したいし、素直に受け入れたくはない。『君たちはどう生きるか』について、瞬く間に各種ニュースサイトやカルチャーサイトにレビューが掲載されていたが、そこでは、「ここからはネタバレを含みます」や「ネタバレになりますのでこれ以上は触れられませんが」といった文言を見かけた。これから観る人への配慮は必要だが、それが絶対的なルールのように浸透した心地悪さがある。

このところ、批評文の書き手があちこちで言及しているのが、ある対象について書くと、そのファンから、「公式から許可をもらっているのですか？」と言われてしまうこと。Aというアーティストについて考察すると、「Aに無断で書いているのでは？」とのコメントが寄せられるそう。

考察する、批評する、そんなの当然、許可なんているはずがないのだが、これは公式なものかどうかを問うてくる流れがある。今回の『君たちはどう生きるか』にも同様の流れを感じる。ジブリ側があああやってきたのだから、それに従うべきだと。ネタバレしちまえ、とは思わないが、とにかく従っている様子に違和感を持ちたい。

24時間テレビと27時間テレビ

「君たちはどう生きるか」は根源的な問いかけだが、「どうして24時間もマラソンを走るのか」も、根源的な問いかけである。自分は後者に興味がある。

夏の『24時間テレビ』の時期が近づくと、放送日までアナウンサーらが黄色いTシャツを着て、いよいよですね、というテンションを高めてくる。で、本番の日。また誰かが走る。日本武道館に向けて走る。みんなで待って、放送時間ギリギリのタイミングで戻ってくる。

かぶりつくようには見ない。時折チャンネルを合わせ、「そうか、今年もやってるのか」と確認する。今年もやる、って簡単ではない。どんな番組でも人気に波があるし、同じ内容ならば視聴者が逃げていく。だが、あの番組はルーティーンを獲得していて、そして、共有していて、決まりきった型にはめ込むメンバーを変えるだけでいい。とても力強い仕組みが完成している。

先日、『FNS27時間テレビ』で「100キロサバイバルマラソン」が行われ、参加者18人のうち、6人が完走した。4位でゴールした井上咲楽がその場で倒れ込み、しばらく放置されていた様子に批判の声が集まった。ゴールした人のタイムは17時間程度だった。こうなると、どうしても、『24時間テレビ』はなぜいつもギリギリでゴールするのかという問いが浮上する。

難しい問いではない。薄々わかっている。ギリギリになるように調整している。誰が、というわけでもなく、暗黙の了解なのだろう。走る側にとってみれば、そう簡単な調整ではない。体の異変は突如としてやってくるし、天候にも左右される。ひたすら絶好調で番組終了5時間前にゴールされても困るし、絶不調で、番組終了直前で残り32キロでは困る。不確定要素が多いなか、基本的にいつもギリギリでゴールするのは、みんなで力を合わせた結果なのだ。みんなで『サライ』を歌う時、テレビの前では「ゴール」に感動するが、現場では、「ギリギリの達成」への感動が大きいのではないか。

『24時間テレビ』は夏の風物詩なので、逆に言えば、直前にならないとその存在について考えないし、終わればすぐに忘れる。だから、夏が来るたびに「そうか、今年もか」と思い出す。番組の仕組み、成り立ちをさほど疑問視せず、「やってるな」という認識だけで済ませる人が大半だ。その程度の接触だから、また来年もやってくる。「100キロサバイバルマラソン」は『24時間テレビ』にとっては、これまでになかったタイプの雑音で、「24時間のやつって絶対ギリギリになるように調整しているよね」という声に、「だって、こないだのフジテレビのやつでは、17時間くらいでゴールしてたじゃん」が加わってしまう。「ゴールしてたじゃん」は、なかなか強敵である。

ものすごい距離を走り、ゴールする。家族や相方や仲間がゴールで待ち構える。本当によくがんばったと感極まる。「いやいや、よくがんばったのかな？」なんて冷たい反応はしない。確かに大変だよな、と心底思っている。

思っているけれど、心のどこかに「でも」がある。この「でも」について、目の前に広がる光景によって抑え込んできた。思った人も隠してきた。ネット等で批判的な見解は飛び交ってきたが、ネットの声というのはどんな場面でも局地的なもの。今回、なんとなくテレビをつけてきた人たちにも、「フジテレビのやつでは、ゴールしてたじゃん」という武器が加わった。この武器の出現は大きな出来事なのではないか。

自覚的な丸山桂里奈の解説

サッカー女子ワールドカップ、日本代表は準々決勝でスウェーデンに惜敗した。2011年ワールドカップで優勝して以降、日本の女子サッカーは「ワールドカップで勝ち進んだ時だけ注目される（注目してあげる）」との過酷な状況下にある。さらに勝ち進んでいればメディアの注目が膨れ上がったはずだが、そうはならなかった。

アメリカの女子サッカー選手、ミーガン・ラピノー著『ONE LIFE ミーガン・ラピノー自伝』を読むと、サッカー界の男女不平等を解消するための働きかけがいくつも具体的に記されているが、日本のメディアは、とりわけ女子スポーツに対して「あまり人気がないので、突出してイイ成績をおさめた場合のみ報じます」との方針を変えようとしないので、どのような不平等を抱えてきたのかが伝わりにくい。

テレビは、引退したアスリートの中から、使いやすい人を引っ張り出す。主要なバラエティ番組に登場しては珍しがられ、困惑する様子を笑いながら、そのうちまた別のアスリートがやってくる。今は、アスリートがYouTubeチャンネルを持っていたりもするので、発見され、一通り紹介されるスパンが短くなる。この循環の中で、引退したアスリートがテレビの世界で定着するには相当な才気が求められるのだろう。

今なら、レスリングの浜口京子、サッカーの丸山桂里奈あたりが安定感のある元アスリートの筆頭だろうか。求められているものとは別のところに走り出す浜口の言動、話を振り出しに戻してしまうような丸山の発言は、その場の進行を確実に遅らせるのだが、その遅れが期待されている。彼女たちが登場するたび、なかなかスムーズに進まない様子が映し出される。これ、本人たちは自覚的だろう。

ＮＨＫで放送された準々決勝の解説を務めたのが丸山と永里亜紗乃。試合開始直後、丸山は元サッカー選手の知見に基づいた解説をしていた。たとえば、試合会場の芝生は短く刈られているようだから、パス回しを得意とする日本代表にとっては、より正確なパスが武器になる、といった具合。

ところが、試合が進むにつれ、入っていないシュートを「入ったでしょ！」と訴えかけるように叫んだり、クロスバーに嫌われたペナルティキックを見て、「もうちょっとゴールが上に高かったら」などと言ったり、松木安太郎の影響を感じさせるハイテンションに変わっていった。

真面目な解説と感情的な解説の双方が注目されたが、サッカーチームが試合展開によって守りの姿勢から攻めの姿勢に切り替えるのと同様に、丸山の解説にも巧妙な切り替えが存在した。実況アナは困惑しながら丸山に対応していたが、当然、彼女をブッキングした時点で「困惑しながら対応してもらう」仕事の発生を自覚していたはず。彼女の解説は、需要に対する正確な供給だった。

ハンカチ王子こと斎藤佑樹が引退した後、テレビに引っ張りだこになった。高校時代から変わらない清潔感があり、「六本木で享楽的な夜を過ごしてそう」という野球選手に対する大雑把なイメージから離れたところにある存在が重宝された。だが、テレビの世界で求められる緩急がなかった。「誠実で真面目」以外のチャンネルがなく、あまり見かけなくなった。

元アスリートに様々なチャンネルを求めること自体、おかしな話ではあるのだが、おかしな話だよね、と思いながらも、色々なチャンネルの提示を求めてしまい、丸山は難なくそれを供給し続けていたのだった。

高校球児ではない人たち

テレビで高校野球をやっていると、つい観てしまう。積極的な視聴ではない。スタンドにいる応援団が映る。控えメンバーがメガホンを口に当て、繰り返し叫んでいる。隣にはチアリーダーの女性たちがいる。みんな本気だ。自分の部活動経験（＝中学サッカー部控え／弱小高校バレー部キャプテン）を振り返ると、「本気でやってます：本気でやりたいけどイマイチ：やる気なんてない」の割合は「1：3：6」くらいだったが、甲子園の出場校は、客席にいる部員たちも含めて「10：0：0」に見える。

　でも、そんなことってあるんだろうか。甲子園に出ているチームは部員の層がもれなく厚いはず。ベンチ入りするのはごく一部で、多くの部員はグラウンドにすら立てない。スタメンだけ合宿のご

飯が豪華、スタメンだけ先にシャワー浴びてよし、なんてことはなく、あらゆることが平等っぽく行われているのだろう。でも、だからこそ、自分の境遇、圧倒的な実力差に不満を感じる部員が出てくるのではないか。

　陰で不平不満をぶつける控え選手はいないのだろうか。自分たちの部活動には、そういう人がたくさんいた。そういう人しかいなかった、とも言える。シャワー室で先輩がシャワーを浴びているのに気づかずに、隣にあるロッカールームで悪口を言いまくっていたらバレたこともあったし、自分が高校3年生の時には、下級生からちょっと舐められていて、合宿前の大切な時期に、下級生のほとんどが臨海学校に行ってしまったこともあった。顧問の先生は3年の自分たちを叱り

つけた。

優勝したあの高校には大量に控え選手がいるはずで、そういう選手たちはどんな気持ちでいるのだろう。試合を決めるヒットを打った選手、ファインプレーでチームを救った選手、派手なプレーはなかったものの堅実な仕事を重ねた選手……それぞれが学校に帰ったら、スター扱いされるのだろう。俗っぽい言葉でいえば、モテモテになるのかもしれない。

そんな時、控え選手や、あるいは既に部活を辞めてしまった同級生が、その様子を妬み、「あいつ、中学の時、調理実習で作ったじゃがバターをロッカーに入れたままにして、すさまじい悪臭になって、大問題になったことあるんだぜ」といったネガティブキャンペーンを始めるのだろうか。

自分が同じ立場だったら、絶対にやっていた。高校野球を観ていると、そういう陰の部分、下世話な部分、思春期の悶々とした部分が見えてこない。でも、どこかにはある。だから勝手に探す。

大人は、高校野球に過剰なほどドラマを求める。ワイルドピッチでホームインを許して負けてしまったチームの捕手の表情を執拗にズームする。「でも、彼がいたからこそ、ここまで来られたのではないか」といった物語につながっていく。泣ける話がザクザク生まれてくる。

高校野球を観ながら、見えない部分を想像する。自分の同級生が甲子園に出場している様子を、地元の町中華で650円のチャーハンを食べながら、「昔、こいつから借りたゲームソフト、借りたまんまだわ！」とか言いながら、米粒飛ばして笑いまくっている同級生の様子を想像する。高校野球を観ながら「今の若い人たちは誠実で清々しくて……」的な評価を下す人がいる。そんなことはない。今の若い人たちは色々なところにいる。

自分は高校生の時、クーラーの効いた部屋でアイスを食べながら、高校野球を観て、「地元帰ったら、体育館の裏で告白とかされんのかな」と思っていた。実は、今もそう思いながら観ている。

ヒロミの「マラソン感動指数」

少し前に、『FNS27時間テレビ』で「100キロサバイバルマラソン」が行われ、一斉に走り出した人のうち、何人かが17時間程度で完走したので、この事実によって、『24時間テレビ』のマラソンに厳しい目が向けられるのではないかと書いた。エンディングの時間にあわせてゴールする微調整に多くの人が勘付いてきたが、それが、よりハッキリするのではないかと。

今年のマラソンランナーは放送当日に発表された。ヒロミだった。ナンシー関が彼について、「どこから来るかな、その自信は」とコンパクトに評したのは1997年、今から25年以上前のことである。

あれからずっと、彼は周囲にいる大物に同調し、中堅とじゃれ合い、新参者にイキっている。DIY関係の企画でも活躍しているが、芸能人として秀でたポイントというのか、力量があるわけではない。基本的にその場にいる人とのコミュニケーションを強引に壊したり、向かってくる人の勢いを生かして転がしたり、膨らんだ風船に針を刺すような言動が続く。それこそが力量なのか。

彼自身に何か突出した芸があるわけでもないが、テレビに出る条件として「突出した芸」が求められるわけでもないので、引き続きテレビ番組の真ん中にいる。楽屋でのコミュニケーションをカメラの前に持ち込みながら、自分の存在感を保つ。芸能人として的確な生存能力なのだろう。

マラソンを走る前に、ヒロミは「いろんなとこ

ろに何を言われてもフィナーレにしかつきませんから！」と宣言した。１００キロではなく、「おじさん」を意味する１０２・３キロ。ここに『27時間テレビ』への牽制が含まれていたのか。

これだけの酷暑、そして、本当に走っているかを追い続けてネット配信するような人たちと付き合わなければならず、加えて、「で、なんで走るの？」との問いに答えられない状況など、このマラソンに参加する利点は減る一方である。もちろん、放送時間ギリギリに感動のゴールをして、直後の『行列のできる相談所』に出演、翌日には『ヒロミ！真夏の激走！完全密着90日』の特番が組まれたのだから、確かに努力によって得られる旨味もある。

あれこれの数値をチェックする年1回の健康診断のように、視聴者の「マラソン感動指数」をチェックしたら、指数は年々下降しているはず。その変化はなかなか可視化されないので、ある途端に途切れるのではないか。マラソンが行われた日、あるトークイベントに登壇しており、お客さんの大半は、自分と同世代くらいの女性だった。開口一番、「みなさん、今日はマラソンの行方が気になるなか、わざわざお越し下さってありがとうございます！」と言ったところ、クスクス笑ったのはわずかで、多くの人が困惑している。あまりの空気に「24時間テレビです。もうすぐいつも通りにギリギリゴールするはずです！」と付け加えると、ようやく笑い声に包まれる。その笑い声の遅さに、「今日やっているとは知らなかった」「っていうか、まだやっているのか」「あなたはまだ観ているのか」という動揺や嘲笑を感じ取った。

テレビをたくさん観てきた世代でも、今、こんな感じなのだ。ゴール直前に妻・松本伊代が登場してヒロミを応援する、というシチュエーションに心を動かされた人が、来年も再来年も献身的にチェックするとは限らない。なぜ走るのか、という懐疑的な目が少しずつ増えている。この増加傾向を制作側はどれくらい自覚しているんだろう。

みんなが観てる前提

堺雅人主演のドラマ『VIVANT』が大きな話題となった。こういう時の「大きな話題」って基準値が設けられているわけではないので、「全米が泣いた！」「発売前から話題沸騰！」といったキャッチコピーと同様、自由気ままに使える。ちなみにもうすぐ、武田砂鉄待望の新刊『なんかいやな感じ』が刊行されるのだが、発売前から話題沸騰、各地で大きな話題になっているので、手に取ったほうがいいと思う。

今回の『VIVANT』は、大ヒットドラマ『半沢直樹』のチームが作っているとの事前情報など、始まる前から注目されていた。部分的に公開された映像では、堺雅人や阿部寛が大げさに動いている様子、日本ではないどこかでの撮影（モンゴルだった）が行われた様子が伝えられていた。

「毎回のように視聴者は裏切られた思いをするだろう。一体、誰を信じたらいいのかわからない、ハラハラドキドキの展開。手に汗を握る展開が続く。これまでこんなドラマがあっただろうか！」

と、今のカッコ内は適当に自分が「テレビ情報誌」的な紹介文を書いてみたのだが、どうしてこんなに安っぽい文章になったかといえば、自分はちっとも『VIVANT』を観ていないから。そんな人はこういう文章を書いてはいけない（でも、正直、よく載っている）。

観ていないドラマについて、ああだこうだ言う資格はない。ただ、あちらが、つまり、ドラマ側やテレビ局側が「みなさん楽しみにされている、このドラマですが」という前提で語るのを頻繁に見かけたらどうだろう。ここで、「みんなが観ていると思うなよ！」と返すのは野暮なんだろうか。

ラジオ出演のため、週末の夜にＴＢＳに通っているが、局の前の広場に『VIVANT』のロゴを大きく立体物にしたものが置かれている。通りかかると人だかりができているので、誰か来たのかな、と注視していると、その立体物に出演者のサインが添えられており、サインを写真におさめたいらしい。

そんなに貴重かな、と私。一方、大興奮しているみなさん。この温度差は重要である。強引に距離を詰めたり、逆に、必要以上に貶したりしてはいけない。このところ、あちこちで「推し」という言葉が使われるようになったが、その「推す」行為が生活の背骨になっている人は思いのほか多いのだ。

でも、こんな場合はどうか。そのテレビ局で放送されている情報番組やニュース番組で、「みんなが『VIVANT』を観ていて、この先がどうなるかわからずにハラハラドキドキしているという前提」の企画が組まれる。ヒットしているドラマとはいえ、視聴率は10パーセント台だ。大半は観ていない。でも、『VIVANT』を語る時に、なぜか「みなさん」になる。一体どうなるのか、いまのところイイ人に見えるあの人を信じちゃっていいのかと、話が膨らんでいく。

局をあげて大切にする、これはとても建設的な戦略。局のアナウンサーも、全国民が『VIVANT』の続きが気になっているかのような前提で煽っていた。

それはもちろん、「そう思わせて、これからでも観てもらう」との目的を持っているわけだが、テレビ局がまだ、自分たちが流行らせようと思っているものは流行らせることができる、という意識を強く残している。絶対にコレ、という共有が生じにくいメディア環境で、テレビ局がまだ「みんな」を背負えると思っているのが謎だ。

またバレー中継をやっている

長年の付き合いになる女性編集者がおり、その人はどんなことに対しても斜に構えている人なのだが、「実は今、この人にハマっているんです」と気持ちよく打ち明けられたのは1年半くらい前だったか。「えっ、誰かにハマったりするんですね？」と返すと、バレーボール男子日本代表の髙橋藍選手の写真を見せられた。その理由を聞くと「カッコいい！」とのこと。この人がこんなにまっすぐな見解を投じてくるのは初めてだった。その後、テレビのバレー中継で見かけるたびに「あっ、この人か」と確認してきた。

バレーボールはしょっちゅう「重要な大会」をやっている。その「重要な大会」を、しょっちゅう日本でやっている。「いつも同じ時間帯に日本て眺めている。雑に「なんか有利な感じなんでしょ？」と捉えている。この雑なイメージを消すべきでは、と感じてきたが、いざ大会が始まり、接戦を繰り広げ、運命がガラッと変わるかもしれない場面が用意されると、たくさんの客がついてくるはず、という算段なのか。男女チームそれぞれに、確かな実力を持つスター選手が登場し、テレビ局が総出で、その存在を盛り上げていく。大会戦が行われるのって不公平では？」といった事情通気取りの苦言を蹴散らす方法を用意しておいたほうがいいと思うのだが、日本チームにとって有利な環境が整えられ続けている。

お客さんは、大きなたくあんのような棒を両手に持ち、ボコボコやっている。その慣習を多くの人はテレビを通しの前後に接触機会が急増するのだ。

先日、ラジオ番組で一緒になった柔道家の山口香氏が、スポーツで得られる感動は打ち上げ花火だと言っていた。とにかく持続しない。どんな大会も瞬時に消費される。だからこそアスリートはキャリアを形成していくのが難しい。バレーボールも、この花火に使われやすい。なにせ「重要な大会」ばかりなのだ。テレビ局が盛大に盛り上げる癖に付き合わされる。

ポーランドで行われたネーションズリーグで初の銅メダルを獲得した男子バレー。石川祐希や髙橋藍など、スター性と実力がかけ合わさっている存在が複数人おり、これまでにない注目を集めている。この場合の注目とは、チームの存在感でもあり、テレビ局が精一杯盛り上げる力でもある。

バレーが連日中継されている時期に発生する「そういえばバレーやってんな」程度の層をつかむためには、わかりやすい存在が複数人いることが大切。流行りのスポーツマンガやドラマの類いでは、複数人で物語を動かす。一人ではなく複数人。今、男子バレーには役者が揃っている。

バレーボールでは点を取るたびに、コートの中でみんなが集って笑顔で喜び合う。その時の笑顔が、毎回、必ず思いっきり弾けている。正直、何度も繰り返しているのに、合格発表で自分の番号を見つけた時のような、「取り寄せないと在庫ないっすね」と言われたのに「あっ、もう一個ありました」と言われた時のような、弾ける笑顔をしている。あそこまで笑顔が繰り返されるスポーツもない。意識しながら鑑賞してみると、彼らの笑顔につられて、テレビの前の自分も、ちょっとだけ笑顔になってしまう。

先述の編集者は、日頃、感情を顔に出さないタイプだが、髙橋藍選手の話をする時には、これまで見たこともない笑顔になる。選手たちは自分たちのスポーツが瞬間的に盛り上がる流れに慣れている。今回はこれまでと違うのか。だって、自分の周りの偏屈な人が素直になっているのだ。

どういった結論になるのか、現時点では定かではないが、2023年の紅白歌合戦、ジャニー喜多川による性加害が明らかとなったジャニーズ事務所からの出場者は例年通りというわけにはいかないはず。

韓流グループを豊富にするのか、ジャニーズ以外の日本のアイドルグループをいくつか入れるのか、枠が少なくなっている演歌勢を一時的に戻すのか、どのような判断を下すのだろう。絶対に外せない大物だけが残っている演歌勢を多めにしてほしいが、いずれにせよ、「今年はあんな事情があったから、こういう感じなのか」との認識に包まれることは確実。

紅白歌合戦の司会が、有吉弘行・橋本環奈・浜辺美波・高瀬耕造アナウンサーの4人に決まった。

紅白司会以降の有吉弘行

これまでの内村光良や大泉洋がそうだったように、紅白全体を動かしていく役割を担うのが有吉という流れになるのだろう。

今、『有吉の壁』で、有吉は芸人をジャッジし続けている。もちろん、そういう役回りだからということでしかないのだが、芸人が有吉に対して哀願する様子を見続けていると、こちらは芸人でもないのに、有吉という存在を高い位置に置くようになる。

芸人は、周囲から突っ込まれながら、その言動を積み重ねていく。なんなんそれ、アホかいな、どういうことやねん、を受け止め、そこからもう一回動かして、笑いを膨らませていく。便宜上、関西弁にしてみたが、関西だろうが関東だろうがこの展開に変わりはない。キャリアを重ねていく中で、突っ込まれるほうから、突っ込むほうに変わっていく。評価される側から評価する側に変わるのだ。

有吉が再ブレイクしたのは「毒舌」で、彼に対して「そこまで言ってしまって大丈夫なのかよ」と心配する存在と「そこまで言われるとむかつく（けれど許してやる）」と突っかかる存在がいた。有吉自身はその様子をケタケタ笑いながら見届ける強さを貫いていたが、その毒素は業界内の慣習や構図を反転させるほどのものではないので、結果的に既存の芸能界に巧妙に溶けていった。

マツコ・デラックスと有吉による『マツコ&有吉 かりそめ天国』を、前身の『怒り新党』時代からほぼ欠かさず見ているが、『怒り新党』という番組タイトルからもわかるように、世の中への不平不満を思いっきり漏らしていた番組から、現在の番組に変わると、怒りの矛先は限定的になった。ロケに出た芸人の所作や、食べ物の嗜好の差異に対してスタジオで強めに議論する程度。自身が望んでいたとも思えない「毒舌」を背負わされていた2人は、徐々に薄めていく微調整を繰り返し、この世界に定着している。

紅白歌合戦の司会って、年末年始の休みに早速飽きてきた視聴者に厳しくチェックされるポジション。言い間違い、時間読みの甘さ、歌手との短い会話における冷淡さなど、複数のチェック項目がある。それを乗り越えるアイテムが「持ち前の愛嬌」や「なんだかんだで性格がポジティブ」といったあたりなのだが、有吉はこれまでそういった点から遠ざかりながらキャリアを重ねてきた。「いつも通りの紅白」と「いつも通りの有吉」がせめぎ合うはず。どちらが優先される紅白になるのだろう。有吉が「いつも通りの紅白」に合わせれば、紅白以降の有吉が変わっていきそうだし、「いつも通りの有吉」に紅白が合わせると、「いつも通りの紅白」が崩れた様子への異論が噴出しそう。最適解はどこにあるのだろうと無責任に心配している。

「麻世・カイヤ離婚」の受け皿

有名人に向けられる「あの人、○○だっけ？」の「○○」にはいくつかの種類がある。もっとも失礼なのは「あの人、亡くなったんだっけ？」。いぶし銀の俳優について、生死が不明確になる。Wikipediaで調べ、「めっちゃ生きてる！」と知る。「あの人、捕まったことあったっけ？」の読みはおおよそ外れないが、罪を償ったからこそ現在があるわけで、あまり掘り起こすべきでもない。

「あの人、離婚したんだっけ？」も多い。片方に不倫報道があり、相手が激怒したという情報や、一度の不倫では飽き足らず、複数回報じられてしまい、さすがに腹に据えかねたらしい、といった情報が入る。だが、しばらくすると、詳細を忘れ、「えっと、結局、離婚したんだっけ？」となる。その程度の興味なのだ。誰かの婚姻・離婚なんて他人にとってその程度なのだが、その手の疑問を、誰かしらに定期的に向け続けてきた。

　では、これまで、「あの人、離婚してなかったんだっけ？」はあっただろうか。あの2人はもう離婚していると思っていたのに、実はまだ離婚していなかったという驚き。「結局、離婚したわけではない」より、「離婚した」のほうが情報として強いので、「離婚した」は間違いにくい。明石家さんまと大竹しのぶは離婚しているし、三谷幸喜と小林聡美も離婚している。「離婚していると思い込んでいた」というのは、なかなか見当たらない。

　モデルのカイヤと俳優の川崎麻世の離婚が成立したとのニュースを読んで、「えっ、あの人たち、離婚していなかったっけ？」が浮上した。同じように感じた人は多かったようで、これまで、正式には離婚した状態ではなかったのに、多くの人が2人は離婚していると決めつけていた。

極めて稀な事例だ。私は猛省している。これまで何度も、故・ナンシー関の愛読者だったと記してきたが、ナンシー関による2人の考察が好物だった。2人が結婚したのは1990年。ナンシー関が亡くなったのが2002年。カイヤに自宅の鍵を勝手に交換された川﨑が憤って別居を始めたのが、2004年。あれから20年が経った。私たちは、この夫婦に、もっと丁寧に接するべきだったのではなかったか。

長年、裁判で争っており、その結果がようやく出て離婚が成立した。その泥沼っぷりを推察するのは身勝手な行為だが、この2人の場合、そういった他人の身勝手な推察を養分にして、芸能活動を膨らませていた。身勝手さを求めていた。代表作はワイドショー、と言わんばかりの状態が続いていた。

離婚が成立したカイヤが「離婚届～思い～さよなら麻世」と題したブログを書いている。その投稿は「出会ってから一週間の間まで、あなたは本当に素敵でした。さよなら、麻世。」で締めくくられる。この2人の一挙手一投足がワイドショーを賑わせていた頃ならば、この挑発的な一文を分析する流れが生まれたはずである。

今、テレビには、カイヤが川﨑麻世に送った別れのメッセージを読み解く時間も、場所もないし、人間もいない。自分にとっては、そして、あなたにとっても、マジでどうでもいい話に違いない。でも、マジでどうでもいい話に溢れていた時代が確かにあった。カイヤのブログは明らかにワイドショー向けだ。でも、受け皿がない。「あの人、離婚してなかったんだっけ？」と思ってしまった現在を、どう受け止めればいいのか。別に受け止めなくてもいいんだろうか。やっぱり受け止めなきゃいけないいんじゃないか。

ハロウィンの風習はすっかり日本社会に浸透した。自分には馴染みがないというか、馴染まないように守り抜いている感覚が強いが、子育て中の友人から、仮装した子どもたちの動画が送られてくる。実に楽しそうだ。子どもたちは、目の前にイベントごとがあれば、精一杯そこに向かっていくのだから、「すっかり商売臭くなっちゃったよね」みたいな苦言を漏らすべきではない(これから漏らそうとしている)。「商売臭い」とは、イコールで「浸透している」でもある。これからも、どんどん臭うのだろう。

あらゆる物事は「渋谷」と掛け算すると物騒になる。これは、この社会のテーゼであり、メディアの手癖である。「ハロウィン」と「渋谷」という掛け算への返答は、「マジ勘弁してほしい」といった厳しいものになる。2018年のハロウィン直前の週末、軽トラックが若者たちに囲まれ、横転させられる事件が起きた。結果、4人が逮捕されたが、繰り返し流された「騒いだら何をするかわからない若者たち」の映像は、ハロウィンのイメージを一気に悪化させた。

「荒れるハロウィン」撮影隊

ただし、あちこちの家庭などでは楽しく仮装をしている。となると、悪いのは「ハロウィン×渋谷」ではないか、という方程式も強固になる。渋谷区長が「ハロウィン目的でハロウィン期間に渋谷駅周辺に来ないでほしい」と呼び掛けた。韓国・梨泰院《イテウォン》で発生してしまった群集事故のような惨事を避けるためにも必要な呼び掛けだったのだろう。10月27日から11月1日まで、18時から朝5

時までの時間帯、公共の場での飲酒禁止を条例にて定め、なるべく来ないでほしいと訴えた。

28日夕方から夜にかけてのワイドショーやニュースをザッピングしていたら、どの局も「それでもやってくる若者たち」を待ち構えていた。渋谷駅前の忠犬ハチ公の銅像周辺が封鎖され、大勢の警察官が警戒にあたり、スクランブル交差点では、通称「ＤＪポリス」が声をあげて誘導している。

スタジオにいるキャスターが「それでは、現在、渋谷駅前はどうなっているでしょう。ハロウィン初日を迎えた、渋谷・スクランブル交差点から伝えてもらいましょう」と呼び掛けると、映像が、スクランブル交差点全体が見渡せる場所に陣取ったレポーターに切り替わる。だが、特に荒れている様子はない。みんなおとなしく誘導に従っているし、そもそも、仮装している人自体が少ないようだ。「それでもやってくる若者たち」が「所構わず騒いでいる」、この状態が発生していない。レポーターは神妙な面持ちで、目立ったトラブルは起きていないと伝える。警官がいつもより多い渋谷、平穏なのだった。

たとえば、「テレ朝news」の28日配信の記事「ハロウィン直前の週末…渋谷厳戒〝路上飲み〟禁止　ハチ公像〝封鎖〟」には、「来ないでと言われれば余計に行きたくなるのかもしれません。28日の東京・渋谷は、お祭り前の高揚感と規制による緊張感が漂っていました」とある。それに続く、ゾンビの仮装をした人のインタビューでは、渋谷に一緒に行こうとした友達はいなかったのかと問われ、小さな声で「いない」と答えていた。高揚感はなさそうだった。

泥酔して大声をあげた人がいた、と伝えるニュースもあったが、毎日のように起きていること。来年こそ、渋谷でハロウィンの仮装をしようと思っている人には、ぜひ、「ハロウィンの騒動を撮影しに来たけど空振りした撮影クルー」のコスプレをしてほしい。それが、もっとも辛辣で批評性が高い。

この時代、「ニュース」といっても、スマホで目にする自分用に選び抜かれたニュースになりがちなので、テレビのニュース番組がどのような構成で何を伝えているのかをチェックするように心がけている。夜は『news23』と『報道ステーション』を録画しておき、23時くらいから一気に観る。観終わった頃には『FNN Live News α』も放送されているので、この3つを観れば、おおよそその日のニュースが摑める。『news23』がリニューアルしたのだが、視聴者にアンケートをとる企画「みんなの声」がスタートした。番組の最後に、前日からその日の朝まで募集していた設問に、視聴者がどう答えたかを報告する。その後、結果について議論する時間はなく、「それでは、また明日」と番組が閉じていく。

大谷翔平で口直し

　アンケート結果を見せ、「ふーん、みんな、そんな感じなんだ」と思わせるのはニュース番組の役割なのだろうか。朝方のワイドショーで「アイスクリームはカップ派かコーン派か」を問うならばまだしも、重大なニュースについても、「どっち？」「どれ？」と答えてもらい、そのまま終わってしまう。結果を伝えるキャスターたちの表情に「これでいいのだろうか」との迷いが感じられるのは気のせいか。

　先日は、このようなお題と答えが並んでいた。「Q　大谷翔平選手はMVP発表時に愛犬？と〝ハイタッチ〟どう思いましたか？」「ますます好きになった　40・1％／意外な側面を見た　31・1％／米放送局の演出に感銘を受けた　10・9％

／わからない・その他　17・9％」

なんだこれ、と思う。作っている人たちは、なんだこれ、と思わなかったのだろうか。

大谷翔平選手が2年ぶり2回目のMVPを獲得した。その喜びの声を伝える大谷の傍らには犬がおり、仲睦まじく触れ合う様子が映し出されていた。こういったプライベートの姿をあまり見せない大谷なので、その様子が注目された。誰の犬なのか。愛犬なのか。犬種は何か。大谷が手を出すとハイタッチしてくれる犬がかわいすぎるなど、シーズンオフで移籍にまつわる情報以外の大谷の話題を欲しているメディアが、とにかく、隣にいる犬に時間を費やした。

『news23』は、大谷のMVP獲得や移籍先ではなく、大谷が犬とハイタッチしたことについてのアンケートをとった。自分が答えるならば、「彼が楽しそうにしている姿は珍しいけれど、もちろん、たまたま映ったプライベート映像ではないわけで、多くの人に観られる前提での所作に徹していました。どう思いましたか、と問われても、そもそも、こちらが思いを伝えるべき場面なのでしょうか」である。

でも、そんな回答欄はない。ますます好きになったか、意外な側面を見たか、演出に感銘を受けたか。ここから選べという。自分が望む「そういうことじゃないんじゃないの？」はない。

ニュース番組が何かと大谷ネタで口直ししている。殺伐としたニュースがあまりに多いので、一休みしたり、ポジティブな気持ちになったりするために、大谷の存在は各種ニュース番組で酷使されてきた。

犬とのハイタッチをアンケートで問う。「わからない・その他　17・9％」と答えた人の冷たさがいい。その通りだ。わかるはずなんてない。「他に問うべきテーマがあるのではないでしょうか」なんて選択肢も欲しい。双方向でニュースを作ろう、語ろう。こういうの、見直すつもりはないんだろうか。

馳浩知事の言い訳が意味不明

石川県・馳浩知事が講演会で、かつて、自民党の東京五輪招致推進本部長を務めていた時に、官房機密費を使い、1000人余りのIOC委員に対して1冊20万円のアルバムを作って渡したと明らかにしてしまった。音声も残っており、「ここからはメモを取らないようにしてくださいね」とわざわざ述べている。ダチョウ倶楽部の「押すなよ!」的な論理でいえば、「メモしてください」と伝えているに等しいが、後日、事実誤認があったとして全面撤回した。

自身の講演というのは、自分が主導権を握れる場所。うっかり間違える場所ではない。事実誤認って、「その場の流れに任せて言ったものの、事実ではなかった」という流れで起きやすい。雑談の中で、「あれ? 結婚式で大きな地球儀のケーキに入刀したのはイチロー夫妻だよね」と話した時に、誰かから「いや、それは、谷亮子・佳知夫妻だよ。当時の映像、覚えているもん」と返される。その上で「そうだった、すまん、間違ってた」というのが事実誤認・全面撤回である。

今回の場合、当時の安倍晋三首相から「必ず勝ち取れ」「金はいくらでも出す。官房機密費もあるから」と言われたことを明らかにするなど、とにかく具体的。彼のブログ「はせ日記」(2013年4月1日)には、「菅官房長官に、五輪招致本部の活動方針を報告し、ご理解いただく」とあり、その内容を箇条書きした中に「想い出アルバム作戦」とあった。菅義偉官房長官(当時)からは「安倍総理も強く望んでいることだから、政府と党が連携して、しっかりと招致を勝ち取れるように、お願いします！」とも言われたそう。

官房機密費は、国民のチェックを受けずに政府内で自由に使えるお金。どのような使途かは明らかにされない。使い道を決めているのは官房長官なので、馳が菅のもとを訪ね、「想い出アルバム」の話をして、安倍の名前を出しながら話し合ったというのは、「事実誤認と言い張っている」発言内容と見事に合致してしまう。

発言が問題視された後、囲み取材を受けた馳知事。記者から「アルバムはあったのか」と問われ、「改めて昨日の私自身の事実誤認を確認した上で、全面撤回をした。五輪招致にかかわる問題であるので、IOCの倫理規定を踏まえて対応をした。これに尽きる」と答えている。意味が不明である。

しかし、意味を不明にする、って強い。その件はもうわかりません、と言う。地球儀のケーキ、じゃなかった、想い出アルバムについては、音声やブログが残っているので逃げられない。逃げられない時には、「へ？　は？」みたいな感じでバカになるしかない。それを知事がやっているのだからまったく困る。

東京五輪は招致段階から終わった後まで、金の問題がつきまとった。全体像はいまだに明らかになっていない。馳浩著『ほんとにもうひとこと多いこの男』という、自分の現在をあらかじめ告知しておいたような本に、「五輪招致」と題したコラムがあり、そこには安倍からこう言われたとある。「馳さん。何としても２０２０年東京五輪招致を実現したい。ついては、自民党を代表して、五輪招致本部長を引き受けてほしい。１０１名のIOC委員を説得するために、世界中を駆けまわってくれ!!」

このコラムでは、「想い出アルバム」作戦の話は書かなかったのに、今回の講演では話してしまった。まったく、「ほんとにもうひとこと多いこの男」である。

違法薬物問題で4人の逮捕者が出た日本大学アメリカンフットボール部。日本大学・林真理子理事長らが会見を開いた。酒井健夫学長が2024年3月末に、澤田康広副学長が今年12月末に辞任、その一方で林理事長は辞任せず、6ヶ月の減俸処分となった。自分にも責任はあるが、2人ほどの責任はない、との判断なのだろう。「色々なご意見があるかと思うが、まだ改革の途中。それを成し遂げないと、という思いが強い。ご理解いただければ」と述べていたが、自分の責任が彼らほどではないことの説明にはなっていない。

　部員が大麻を使用しているという情報をもとに大学が調査しているとの報道を受けた後、林理事長は「一部のマスコミで報道されていますように、違法な薬物が見つかったとか、そういうことは一切ございません」と述べていた。実際には取材を受ける前の段階で大学側が寮を調査、植物片を発見していた。そして、澤田副学長が12日間も植物片を持ち続け、警察に提出していなかったこともわかった。

　あの理事長の断言と、結果的に組織として隠していた事実を比較すると、辞任と減俸の落差に疑問が生じる。このポジションに就く前からとてもよく知られている人であり、その人が前々から多くの問題を起こしてきた組織を改革しようと試みるという、とてもわかりやすい構図で就任したので、本件もその構図で語られがち。だが、彼女の知名度や以前の事件の経緯を取り外して考えなければいけない。すると、この差が疑問だ。

林真理子の濁す答弁

大学の競技スポーツ運営委員会が廃部の方針を示しているが、当初の会見では継続審議とした。各種ニュース番組が現役のアメフト部員の声を拾っていた。彼らが、自分たちには十分な説明がない、一部の人のせいで連帯責任になるなんてひどい、と述べる。すると、世論が廃部に賛成か反対かの二つに分かれた。だが、そこまで簡単に語れる話でもないだろう。

まず、大学側が部員たちにどれだけ経緯の説明をしていたのか。以前の悪質タックル問題以降、部内はどのように意識改革されていたのか。大麻所持で逮捕された選手が初公判で、監督から「澤田副学長に見つかって、良かったな」と言われ、「澤田副学長がもみ消すんだと思い、少し安心した」と述べた。この空気感で過ごしていたのが逮捕された部員だけだったとは思えない。

人を人相で判別してはいけないが、澤田副学長はなかなかの強面である。そして、今、理事長を務めているのは、ベストセラーを連発してきた人気の作家。残された多くの部員たちには、夢も希望もある。こうやって物事を単純に整理すると、悪い人、少しは悪い人、ちっとも悪くない人といった区分けを急いでしまう。

これまでも度々指摘してきたが、テレビは結論を急ぐ。登場人物を並べて悪者ランキングを作るわけではないにせよ、視聴者の頭の中でそのランキング作成を急がせる伝え方をする。発覚から現在までを整理すると、そう簡単な話ではない。

就任1年の会見で、林理事長は日大改革の現状について、富士登山で言えば「6合目」としたが、今回の会見では「何合目というより、富士吉田の駅に着いたくらい。まだバスにも乗っていない」と答えた。いかにも作家らしい返答だったが、文字通り受け取ると、相当な距離を引き返している。では、6合目から富士吉田の駅まで戻したのは誰なのか。その説明が足りない。具体的な経緯を抽象的な表現を使って濁しているようでは、同じような出来事が起きかねない。

自民党の裏金がバレた

自民党の政治資金パーティーをめぐる問題が日に日に膨らんでいる。政情をかなり大雑把に把握している人が酒場で漏らす、「どうせアレだろ、あいつらはカネのことばっか考えていて、汚いカネとか使いまくってんだろ、庶民のことなんか考えていないんだから。ふざけた話だよ！」みたいな戯言って、さすがに解像度が低すぎるのだが、今回起きていることと完全に一致している。もしかして、1ヶ月前に浜松町で見かけた中年男は事情通だったのだろうか。

　マイナンバー制度にしろ、インボイス制度にしろ、国家から庶民への締め付けが厳しい。絶対にズルさせないからな、と凄んでくる。ズルはしていない。なぜって、ズルをするのって大変だから。

ズルがバレたら厄介だと知っている。やるとなれば、巧妙な手段を考えなければいけない。

　大学時代、音楽番組の制作会社でADの仕事をしていた。様々なレコード会社からサンプル盤が送られてくる。自分の好みの音源も数多くあり、学生の身分で持ち金が限られていたので、自分のものにしてしまいたかった。でも、もちろん、会社の共有物。誰がどこで使うかわからないので、自分のものにはできない。発売から3ヶ月くらい経過するとさすがにあまり使わなくなる。その時期を見計らい、まずは自分のデスクに移動させる。もし、「あれ、〇〇ってどこにある？」と言われたら、「すんません、ココっす！」と渡せばいい。でも、そのタイミングがいつやってくるかわからないので、持ち帰ることはできない。

　年末の大掃除の時に、部署のリーダーに「これ、いいっすか？」と聞くと、「あー、別にもういいよ」とのこと。ようやくもらえて嬉しかったのだが、手に入れるまでのハラハラドキドキや、じっくり聴けなかった期間を考えると、発売後すぐに自分で買えばよかった、と思ったのだった。

　ズルするのって大変なのだ。でも、大変ではないズル、というのもある。組織全体でズルをしてしまえばいい、さあ、みんなでズルをしますよ、となれば、ズルが簡単になる。たとえば、「レコード会社から送られてきた音源は好き勝手に持って帰っていい。なくなったら、また送ってもらえばいい」と方針を決めたら、自分の家はたちまちサンプル盤だらけになったはず。

　でも、どこかのタイミングでレコード会社の人が「いつもあの会社に複数枚送ってないか？」と気づいて、信頼関係が崩れたはず。ズルするとやがてバレるのだ。

　パーティーで得た収益の一部を議員にキックバックし、政治資金収支報告書に記載しなかった問題で、次々と具体的な議員の名前、そして金額が明らかになっている。政権のスポークスマンである官房長官として、定期的に記者の前に立たなければならなかった松野博一は「政府の立場として答えは差し控える」と繰り返した。とにかく差し控えまくった。彼は差し控えるしかなかった。なぜならば、みんなでズルをしてきたから。それしか方法がなかったのだ。

　みんなでズルしていると、そのズルが当たり前になり、いつの間にかズルという認識がなくなる。第三者から、それはズルですよね、と指摘されても、「いや、うちはズルしていませんよ」と返す。そのうち、「えっ、あれってズルなの？」「やっぱりズルだった」「やばいやばい、みんな、めっちゃ怒っている」となる。今の自民党がその状態。やっぱり、ズルしてはいけないってことがよくわかる。

自分は新しい存在であると主張するためにはどうするか。新しさを訴える、ではない。自分の周辺には古いものがたくさんある。あれもこれも古い。いやになっちゃいませんか。いつまでそれ使っているんですか。こっちのほうがいい。

正直、家電製品の類いはずっとこれを繰り返している。お持ちの○○よりも、こちらの新製品のほうが、短時間でキレイにすることができますし、燃費も良く、電気代もお得になります。その新製品を買うためにそれなりのお金を出すのだから、「お得」はさすがに言い過ぎでしょ、と返せば、エコの時代に燃費を考える方向で進んでおりまして、なんて続けてくるかもしれない。

あなたはもう古い、いらない、と言われるのはつらい。テレビの中にいる人は、常にその意見の発生と戦ってきた。とりわけ女性に対して使われる「劣化」なる言葉が象徴的なように、新しい存在を見つけて愛でるのを繰り返す人は、なぜか自分を棚に上げて、〝新商品〟ばかり追いかけている。様々なメディアが乱立する中で、テレビはその鮮度の管理が下手になってしまった。やっぱりいつもの

2024

人に仕事を頼んでしまうし、新しい存在を独自に発見するのではなく、すでにネットで発見されていた人を、テレビもどうですかと引きずり込む。最初こそ、ふーん、これがテレビかと喜んでくれた人たちは、いつしか、元の住まい（YouTube、TikTok など）に戻っていく。遠足気分で戻る。離れていく様子を見て、これまで新しいものを発掘していたはずのテレビが、いつの間にか、存在丸ごと古いものになる。

テレビなんて古い、という文句は、ずっと続いている。テレビへの注目は薄まっているのに、テレビなんて古い、もう終わり、と突っ込む姿勢は維持されている。テレビはサンドバッグのようだ。ネットで勢いをつけてきた人は、自分を肯定するためにも、あれは古いっしょと指をさす。テレビはずっとその指の存在を自覚しながら、なぜか抵抗せずに、むしろ、おこぼれをもらい続けている。

もう古いよねと言われるのに慣れている。その存在感の出し方はポジティブなものとは思えないのだが、それなりの需要はあって、なかなか捨てられないという判断なのか。整理してみると、「新しいものはどんどん変わる」「古いものはそんなに変わらない」となる。テレビの変わらなさ、変われなさを、別の動きに変換できないものかと思うのだが、おそらく業界内で団結はできないし、ずっと古いと言われながら、今出てきたものにすがりながら、強引に進んでいく感じを出し続けるのだろう。

紅白は野暮ったくていい

元日に能登半島地震が、翌日に羽田空港で衝突事故が起き、重苦しい年明けとなった。大晦日の紅白歌合戦の記憶がすっかり遠ざかっている。遠ざかってしまったが、遠ざかったなりに覚えているものはそれなりのインパクトを残したもの、とも言えるかもしれない。

今回の紅白、最大の不満は、NHKホールを使わずに別スタジオから歌うアーティストが増えたこと。もちろん、その時間を使ってNHKホールのセットチェンジを行っているわけだが、個人的には、すべてをNHKホールでこなすために、セットがどんどん切り替わり、演歌歌手のために用意した大きなセットを片付けている途中でも、その前で元気にアイドルが踊り出す、といった瞬間がなくなったのが寂しい。

あくまでもたとえだが、同じ皿に、サラダ、ビフテキ、ウナギと続いて、バニラアイスを挟んで、焼き芋とピラフとパイナップルが出てくるような食べ合わせの悪さが、紅白らしさを作ってきたはず。天童よしみが通天閣そばの商店街から、Adoが東本願寺から等々、イレギュラーな中継も多かったが、レギュラーの中でドタバタやってほしいのだ。

放送開始直後、出場歌手が後ろにずらりと並んでいる段階で「新しい学校のリーダーズ」が歌い始め、並んでいるうちの誰が「首振りダンス」をやるのか、最初から諦めているのか、やろうとしているけどやりきれていないかをチェックする。これが自分にとっての紅白の醍醐味なのだ。

三山ひろしのけん玉チャレンジに対抗するため

か、水森かおりはドミノチャレンジに臨んだ。といっても、彼女が最後のドミノをセットするわけではなく、身にまとっているドレスが途中で切り替わる程度の関与。歌い始める前、「(ドミノが心配で)動けないです」と言っていたが、「動かずに歌う」はチャレンジなのかどうか。毎年、彼女の歌唱にプラスアルファされるものを定点観測してきたが、豪華衣装からイリュージョンに移行したものの、さほどの迫力を作り出せず、ドミノチャレンジに行き着いた。「昭和のテレビみたい」との意見も多かったようで、それは批判的な見解なのだろうが、「昭和のテレビみたいであること」って、紅白には必要な姿勢だと思う。「なぜ、けん玉をやるのか」「なぜ、ドミノをやるのか」、そういう問いが浮上しようとも、答えずにやりきって笑顔を撒くのが紅白なのだ。

アニメ作品の主題歌になった曲をその作品を映しながら歌ったり、ディズニー100周年を記念したメドレーなどは、他の音楽番組でも目にしてきた。大晦日まで「紅白ならでは」をとっておいてもらうのは難しい。様々なアイドルが交じりながら踊ったYOASOBIの『アイドル』は特別な瞬間だったが、紅白らしさはこういった「スペシャル感」よりも、「色々と頑張ってこの形にしたんだろうとバレている感」にあると思うのだがどうだろう。

自分にカメラが向けられていると気づいてから表情を作り出す審査員の吉高由里子や、「緊張している」というより「緊張している自分」を保とうとしていた有吉弘行に代わって強気の進行を繰り返していた橋本環奈など、ドタバタの中からこぼれてくる人間味が印象に残った。となると、「新しい学校のリーダーズ」の「首振りダンス」を、おそらく初めて見たであろうYOSHIKIが、真似してみようと試みたものの途中で諦めている感じなどが、自分にとっての紅白だった。いい加減なことを言えば、もっと野暮ったくてもいいのではないだろうか。

ドリフ、アンパンマン、自民党

『ドリフに大挑戦！ドリフ結成60周年 爆笑大新年会SP』を観た。ザ・ドリフターズは加藤茶と高木ブーだけになってしまったが、多くの芸人や俳優と共にドリフのコントを再構築していく。これまで何度か同じ手法で番組が作られてきたが、ドリフの「型」を律儀に踏襲することで、これまでと比べても遜色のないコントが並んでいた。

　ドリフのコントには、人間を信頼しているという共通点がある。明らかに悪人に見える人を信じてしまうし、ヤブ医者の申告をそのまま受け止める。どう考えても頭上からタライが落ちてくるのに、ちゃんとそこに座る。「コントだから」と言えばそれまでだが、相手への信頼があってこそ話が動いていく。

　こんなコントがあった。寂れた飲み屋で、明らかにカタギではない男を演じる劇団ひとりと、一人でやって来た男・澤部佑（ハライチ）が揉め始める。仲介するのは飲み屋で働いている女性・百田夏菜子（ももいろクローバーZ）だ。劇団ひとりが澤部に向かってパイ生地を投げると、澤部が避け、百田の顔につく。「表へ出ろ」と言われて表に出ると、危ないから避けて、と澤部が百田を押す。百田が池に突っ込んでびしょ濡れになる。池から上がるために手を貸してほしいと百田が澤部を掴み、池に引っ張り込む。おなじみのオチだ。

　元々、ドリフが好きで欠かさず見てきたが、この気持ちよさはどこにあるのだろうと改めて考えてみたところ、「人間を信頼している」に行き着いたのだ。何度ミスを繰り返しても、次こそは、と付き合ったり、大変なことになるとわかっていても、軽々しくついていく。

ドリフの世界では嘘をついている人がハッキリ明示される。嘘つけ、と頭を叩かれる。ごまかそうとした人はすぐにバレる。逃げ切ろうとしても逃げ切れない。コントの中の整合性を作り上げるのは、意外や意外、「正しさ」にあるのではないか。悪いことをした人が、バレずにそのまま逃げ切るケースはない。悪事がちゃんとバレる。自分のずる賢さに酔っている人が、最終的に、最も悲惨な目にあう。それを観ながら痛快だと笑う。ドリフを気軽に観られるのは、その約束が破られないからだろう。

『それいけ！アンパンマン』における「ばいきんまん」の役割も似ている。彼はいつも悪いことをしている。観ている皆は、彼の悪事にすぐに気づく。案の定、たちまちバレる。アンパンマンにパンチされるなどして成敗されるが、彼はまた、新たに企むのである。

アンパンマンはばいきんまんを殺しはしない。全治半年のケガを負わせたりしない。その理由をアンパンマンは語らないが、「しょうがないなあ、ばいきんまんは」という諦めがあり、確かな愛情が見える。それは、ばいきんまんが悪事を隠さない・隠せないからだろう。ばいきんまんは、時折、他の人（パン？）のせいにしたりするが、最終的に、企んでいたのは自分だと表に出てくる。その潔さが約束されているから、観ていて気持ちいい。ドリフのコントも同じだ。悪人が、誰か他の人に押し付けて、逃げたままにはならない。

つまり、最低限の正義が保たれている。どうしょうもない人たちばかり出てくるが、どうしょうもないなりにちゃんと成敗され、成敗された後には、まあしょうがないよねと皆で受け止める。今、日本の政治を見ていると、最低限の正義がない。後ろ暗い人たちが、自分以外の人に責任を押し付けて逃げ回っている。それが嫌なのだ。

水原一平通訳の自覚

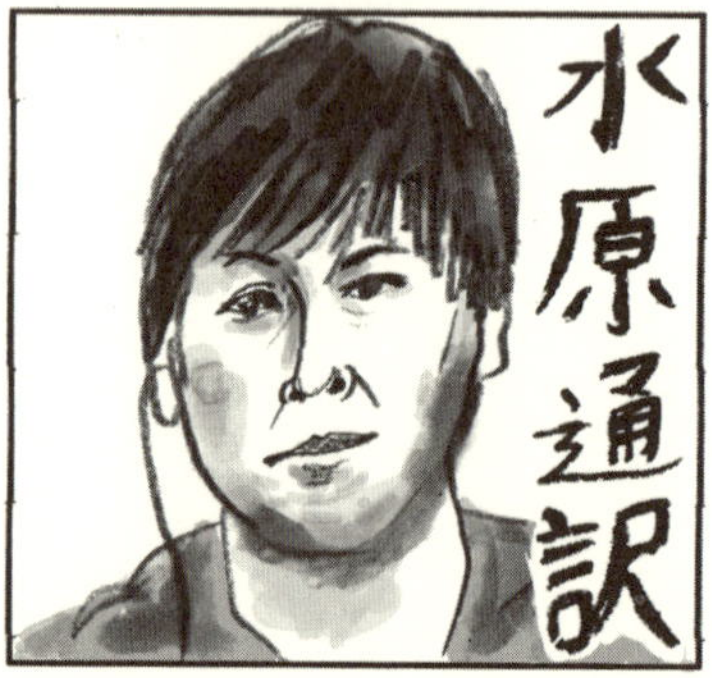

かつて、サッカー日本代表監督のフィリップ・トルシエの通訳だったフローラン・ダバディが人気を博したが、ああやって「有名な人の隣にいつもいる人」は一定の注目を集める。常に隣にいる状態を消費されてから、「でも、あの人、有名な人の隣にいつもいるだけでは？」と飽きられていく流れがあるとしたら、これはなかなか残酷な話である。

ダバディのインタビューを読んだら、トルシエの通訳を辞めた後、スポーツキャスターの仕事をしたが、「制作会議のときには『自分はこう思わない』と意見を出していましたが、多数のプロデューサーやディレクターが『この方向で』と決めたら、そうせざるを得ません」（PATRICK）などのわだかまりを吐露していた。ダバディの存在をしっかり考えてこなかった。猛省したい。

制作サイドが「この方向で」と決める。その通りに従ってくれる人を重宝する。スポーツ界からテレビ界・芸能界にたどり着いた人は、素直さが求められる。用意された枠組みにちゃんとはまってくれるかどうかをチェックされる。

大スターだった人でも、テレビの世界では新人なので、表向きは尊重されながらも、軽い扱いを受ける。あっちの世界であんなにすごかった人がこんなことまでやってくる、というシチュエーションが散見されるが、消費のシステムに飲み込まれていく姿を見せられるのは残念なものがある。

大谷翔平の通訳・水原一平をずっと見てきたが、彼には自覚があるのではないかとの結論に至る。

何の自覚かといえば、自分の消費についての自覚。大谷関連の話題であればなんでも欲しいメディアだが、大谷はそんなにたくさんの発信をしない。叶姉妹のように「謎めいている私生活」を積極的に開示し続けたりしてくれれば、受け止める方はいくらでも記事が作れるのだが、そういったサービス精神が豊富ではない。賢明な判断だ。

飼っているペットを表に出したのは、出涸らしになってきた報道陣へのサービスにも思えたが、その出涸らしっぷりと比例するように、通訳の水原一平に関する記事が増えている。彼自身は、自分の言動が報じられる流れに慣れており、あちこちからカメラを向けられている以上、ちょっとしたじゃれ合いや、自分からの仕掛けがあれば、それもまた報じられるとわかっている。「水原氏は黒地に白文字で『BOSS』と書かれたバックパックを持って球団施設入りした」（Full-Count）と、練習に向かう様子まで記事になっているが、「よろしければこれも記事にどうぞ」的な余裕さえ感じられる。

大谷が絶大なる信頼を寄せているからこそ、ドジャースに移籍した後も水原が通訳を務めるのだろうが、そこには彼の、表への絶妙な出方があるのではないか。叶美香が叶恭子を語るような頻度では、水原は大谷を語らない。たまに語る。たまに自分が前に出る。横で仲睦まじくする。このさじ加減が絶妙だ。

やがて大谷のもとを離れた時、ダバディがそうだったように、メディアは水原争奪戦を始めるはず。その時、水原は、あんまりあちこちの番組には出ないと読む。「あの時どうだったんですか？」との需要に応えるように各局を回ることもできるが、それはせずに、なかなかそう簡単にメディアに登場しない希少な存在になってほしい。こうして、軽く扱われない水原を期待している時点で、現時点での水原の出方が巧妙ってことなのだろうけれど。（そう書いておいたら、その後、あんなことになった）

テイラーの“移動”報道

テイラー・スウィフトが東京ドームで4日間連続公演を行った。最終日の終演後、すぐに空港へ向かい、恋人が出場するアメリカンフットボールの祭典「スーパーボウル」にプライベートジェットで向かったと繰り返し報じられていた。

私たち平民は仕事終わりの夜中に飛行機に乗るなんて、その後、数日間の体のダメージが約束されてしまうが、エコノミークラスの窓側の席に座り、「トイレ行きたくなった時に通路側の人がちょうど寝始めたくらいだったらどうしよう」みたいな心配事はテイラーには不要である。機内食の二択、肉か魚を選んで、実際に食べようとすると、「こういう魚のイメージじゃなかった」とぶつくさ言いながら食べる不満も、テイラーには発生しない。

新型コロナによる入国制限がなくなり、とりわけこの1年ほどは大物ミュージシャンの来日公演が相次いでいる。その手のミュージシャンがSNSで、繁華街にできた「昔の居酒屋を表面的に再現しただけの店」で喜んでいる写真をアップしているとガッカリしてしまうのだが、そのガッカリには優位性がある。「そこじゃないでしょ、行くなら」という優位性。この優位性を客観視すると恥ずかしい。海外旅行って、誰だって、どこだって、そうなるものだから。

日本経済の弱体化により、観光地としては選ばれても、興行先としては選ばれにくくなっている。テイラーのような圧倒的な人気を誇る存在はまだしも、「それなりに知られた存在」の興行が難しい。音楽業界の知人に聞いた話だが、渡航費が増大し、ギャラの支払いなどを考えた結果、ものすごくタイトなスケジュールで来てもらうそう。来日した当日に東京公演、翌日に大阪公演、次の日の朝すぐに離日、なんてスケジュールを強いることもあったという。ゆっくり滞在してもらう余裕が作れないのだ。

あるバンドが来日すると、メンバーがSNSで「トーキョーに来たぜ」などとホテルの様子をアップしており、それを見ると、誰もが知っている格安ビジネスホテルで、もうちょっとどうにかならなかったのか、と思ったのだが、どうにもならなかったのだろう。

このところ、ワイドショーで、北海道のニセコに外国人観光客が殺到しており、2000円の牛丼に「安い」との声が出ていて驚きです、と伝える様子を何度か見た。地元の住民が困惑している、これじゃ買えない、少し離れたところにあるスーパーに行っています、と嘆いている。ただし、どうしてこんなことになったのだろう、という問題提起や深掘りをするわけでもなく、大谷翔平のキャンプ情報に移行してしまう。

テイラーの件にしても、彼女自身の発信がアメリカ大統領選挙に大きな影響力を持っていることや、スーパーボウルで流されたCM枠をイスラエル政府が高額で購入していたことなどに広げて考えていくべきなのだろうが、とにかく「すごい」「やばい」という反応を伝え、その先にはさほど進まない。

かつて、トランプ大統領（当時）の娘、イヴァンカ・トランプが来日した際、彼女のファッションや立ち居振る舞いに興奮しながら追いかけ回していた。いや、そうじゃなくて、トランプの強引な政治指針や問題発言の数々とあわせて検証すべき、と苦言を呈す原稿を書くなどしたのだが、とにかく海の外からやってきたスターや観光客に対して、あまりにも単調に反応しすぎ。その反応は伝統芸ではあるが、「どうだ、日本すごいだろ」という芸が使えなくなってきた寂しさが目立つ。

伊藤美誠を物語化する他人

川端康成『雪国』の有名な書き出し、「国境の長いトンネルを抜けると雪国であった」に似た感じで、「部屋に積み上げられた本が崩れると、そこには『愛は天才じゃない　母が語る福原家の子育てって？』（生島淳著）があった」。あちこちに本が山積みになっており、ちょっとぶつかるだけで崩れてしまうのだが、崩れると、崩れた先から、自分でも買った記憶が曖昧な本が出てくる。

福原愛の私服姿とユニフォーム姿の写真が並ぶ本を開くと、いくつかの箇所に付箋がしてある。『泣き虫愛ちゃん』といわれていますが、愛が試合中に泣いていたのは、4歳のときだけなのです」「テレビでは、そのときの映像がずっと使われているんです」「5歳になってから、試合で愛は泣いていません」

そう、福原愛が語られる時、しょっちゅう泣いていた幼少時代の映像が使われるが、そんなに泣いていなかったのだ。「あの泣き虫愛ちゃんが」と報じられる違和感について書くために手に入れた本だった（どうやら２０１８年に手に入れており、本著でも言及している）。ずっと泣いていないのに、ずっと泣いていた人、と言われ続けてきた。泣きたくなるはずである。自分だったら、その事実に泣いてしまう。

幼少期からアスリートだった人、とりわけ女性に対して、私たちは「ずっと〇〇（特定のスポーツ）に打ち込んできた人」という評価の裏側に「〇〇しか知らない人」という印象を隠し持つ。引退を決めるとその隠し持っていた部分を持ち出して消費しようとする。結婚や子育てを経て競技に復帰すると「ママさんアタッカー」的な消費を試みる。いずれにせよ、消費する。消費するための物語作りが簡単なのだ。

卓球の世界選手権団体戦で5大会連続銀メダルを獲得した女子日本代表は、絶対王者・中国に対して2−3という接戦を演じた。出場したのは早田ひな・平野美宇・張本美和の3選手。伊藤美誠には出場機会がなかったが、ベンチから腕組みをしながら試合を見つめたり、タイム中に選手に的確なアドバイスを送る様子などが、監督よりも監督のよう、と注目された。

パリ五輪代表から落選した伊藤の去就が注目されていたが、こうしてみんなで一緒になって戦う時にはそんなことは関係ないよね、という物語が暴走した。複雑な気持ち、というか、どんな人でもどんな場面でも気持ちというのは常に複雑なものだが、シンプルに処理していく。あるスポーツに対して秀でているアスリートは、それ以外の部分はどこかピュアであるという幻想を、アスリート自身が崩すのは難しい。っていうか、そんなことしている暇はない。

福原愛の母親が語る本に戻る。「『天才』のひと言で片付けられてしまうのが、どうにも不満なようです。ずっと愛を見てきた私としても、愛を『天才』と呼ぼうなんて考えたこともありません」

そして実際に、福原愛本人も、「天才って便利な言葉だよね。だって、天才っていったら、努力もしないで持って生まれたものだけでやってきたように思われてるんじゃないかなあ」と語っていたそう。

天才も努力も挫折も復活も引き際も本人と離れたところで物語化される。中継を見ていたら、とにかく伊藤にカメラを向ける。そこを狙え、との意向・指示・一致団結があったのだろう。アスリートはその手の一致団結を引き受けるのに慣れている。でもやっぱり、他人たちが作った一致団結を自分たちで受け止めるって理不尽だ。

ボートレースCMを味わう

やたらとボートレースのCMを見る。直接的な分析だが、それだけお金があり、それだけお金が動いているのだろう。ギャンブルとは無縁で暮らしてきたので他との比較ができないのだが、とにかくあのCMが始まると凝視する。なぜかといえば、なんだか皆さんの演技がぎこちなく感じられるから。見続けた結果、「これは、わざとぎこちなくしているのではないか」との暫定的な理解に至っている。

CMに登場するのは、レーサーの格好をした江口のりこ、中村獅童、神尾楓珠、藤森慎吾（オリエンタルラジオ）、山之内すず、矢吹奈子の6人。俳優とアイドルと芸人が混ざっており、その人選には軸がない。この軸のなさが狙いなのか。

ボートレースの売りは「性別も年齢も関係なく、頂点を目指せるスポーツ」であり、男女混合、そして、それなりの中年も若者も一緒の場で勝負するのが魅力なのだと打ち出す。江口・中村・神尾なら連ドラっぽいし、藤森・山之内・矢吹なら『王様のブランチ』っぽい。それが平気で交わるのだ。

打ち出したい特性はよくわかる。だが、CMでのそれぞれの演技は、水と油のまま混じり合わない。すでにいくつかのパターンが放送されているが、第1話「だれもが躍動するスポーツ」篇では、中村獅童に勝った江口のりこが獅童に向かって、勝ち誇ったような顔で「よっしゃ！」と叫ぶと、獅童が近づき、「おもしれぇ」と呟く。すると、江口が獅童に「ありがとうございました」と頭を下げる。

その後、二人が微笑み合う。

第2話「ナコの野望」篇では、落ち込んだ表情で帰ろうとする矢吹奈子に対して、柱にもたれながら隠れるように待っていた獅童が「どうだ？デビュー戦の感想は？」と聞くと、矢吹が「性別も年齢も関係なく強い人ばかりで……そんなボートレースの歴史に、私、名前を刻みたいんです！」と強い気持ちを込める。

負けるとは思っていなかった相手に「おもしれぇ」と呟く獅童。柱にもたれながら新人に話しかける獅童。演技がぎこちない。今後のシリーズで登場するであろう「ブランチ」方面のレーサーたちの演技に合わせるためにも、この手のぎこちなさを貫こうとしていると読む。

CMのメイキングムービーを見ていたら、江口の「よっしゃ！」の撮影場面が含まれており、そこでは満面の笑みで叫んでいた。こっちのほうが自然に思えたが、様々なパターンを撮り、最終的には真剣な表情のものを使っている。ボートレースのイメージを変える人選、その人たちが真剣勝負に挑む。その演技がなんだか不自然。でも、自分はこの不自然さに目を奪われている。

よく、ドラマで特殊な役に臨む時、「現地にも通いながら数ヶ月にわたって方言を学びました」とか、「ダンスシーンのために先生にしごかれました」とか、「ピアノの練習ばかりしていました」とか、演じる上での苦労を知らされる。素直にすごいなと思う。作品にかける熱い想いを前面に出されると重い、なんて感想はさすがに意地悪だろう。

CMでの演技ってそうではない。何ヶ月も練習するわけではない。その日にやってみました、という硬さが残っている。男も女もベテランも新人も同じ土俵で戦えるのがボートレース、この自由度を伝えるために集った人たちが、「ボートレースってこういう感じかな」を自由に披露していく。ぎこちない。硬い。でも、それに目を奪われているのだから、やっぱりこれ、CMとして成功しているのだ。

『笑っていいとも!』では観客席がよく映った。タモリとやりとりする観客は一致団結しながら応えていて、とにかく楽しそう。いつか行ってみたかった。『いいとも!』が13時に終わると『ライオンのごきげんよう』が始まる。ゲストがサイコロをふり、トークテーマが決まると、司会の小堺一機がサイコロを持ち、「○○な話、略して……」と観客席にふる。ここでも観客は嬉しそうに声を揃える。

　学生時代、自分は「行くなら『いいとも!』だな」と思っていた。理由は残酷。『いいとも!』は旬な芸能人が多く、『ごきげんよう』は、旬ではないが、この世界にしっかり残っている芸能人が多かった。今なら後者の価値がわかるが、まだまだ旬に浮かれる素直さが残っていたのだ。

『ひるおび』を見に行く人

　今、なんでこの番組の観覧をするんだろうと感じる番組の筆頭が、恵俊彰が司会を務める『ひるおび』。番組自体はよく見ており、何があっても自分が一番よく知っているポジションを崩さない田崎史郎の所作を冷静に見つめるのも含めて、積極的にチャンネルを合わせている。だから毎日のように思う。なんでこの番組を現場で観覧しようと思ったのだろう。
　恵はみのもんたやタモリのように観客と積極的にコミュニケーションを図るタイプではない。エンタメ性も薄い。後半はニュース解説がほとんどで、アナウンサーがパネルをめくりながら時間をかけて説明していく。
　恵はニュースに対してラディカルな視点を注ぎ込むわけでもなく、かといって冷笑的に処理するわけでもない。コメンテーターの大半も、「今、この場における無難な発言」を探している感じ。その平常運転がニュースを知るには便利なのだが（だからこそ田﨑の「よく知っている」アピールが際立つ）、これをわざわざ見に行く動機が気になる。時折、観客席が映る時、同時にスタッフの慌ただしい動きも目に入る。生放送がいかにして作られているかを勉強するにはもってこいの現場だが、そういう若い層は一切見当たらない。八代英輝弁護士を一目見たい、みたいな需要なのか。

『ひるおび』の観覧募集のサイトをチェックしてみると、「その日一番の〝最大関心事〟解説を、ぜひスタジオでご覧になりませんか？」とあり、「出演者の撮影（静止画・動画）・サイン・握手・ハイタッチ等　またスタッフの指示なく接近する行為は禁止です」などの注意事項が列挙されている。応募フォームを確認すると、参加希望日、氏名、年齢、住所の他に「この番組と出演者にひと言」とあり、これらを入力した上で、当選した人にのみメールが来る形となっている。

自分ならここに「毎日のように拝見しております。何があっても自分が一番よく知っているポジションを崩さない田﨑史郎さんの所作を現場でも見たいと思い、応募させていただきます」なんて書き込んでしまいそうで、それでは絶対に落選するはずなので、猫をかぶった内容を書くにとどめるだろう。つまり、嘘を書く。あれだけ近い距離にお客さんがいて、毎日その人たちが静かなまま過ごしているというのは奇跡的だと思う。今日こそ何か起きるのでは、とヒヤヒヤする。でも、何も起きない。

観客席に来ている人は「テレビ」に対する信頼感が高く、「テレビをやっている場所」への興奮が純粋に保たれている人なのだと思う。「へー、テレビってこんな感じでやっているんだ！」との興奮を抑えながら、真面目にテレビの現場に参加してみる。この感じ、近いうちに希少な光景になると思う。大切にしたほうがいい。

夜遅く、風呂に入った後、ニュース番組をはしごする。『報道ステーション』と『news23』を録画しておき、気になるニュースを中心に見る。見終わると『Live News α』がやっているので、歯磨きしながらそれを眺める。それぞれの番組説明をウェブサイトやSNSから拾ってみるとスタンスの違いが見える。

『報道ステーション』→「きょう知りたいニュースを『平たい言葉』でお伝えします」『news23』→「毎日テーマを絞って、じっくりディスカッションし、身近な目線で多彩な意見を伝えるニュース番組です」『Live News α』→「『いま、使える情報を＋α』働く人の役に立つ、ステップアップ、スキルアップ（＋α）につながるニュースをお届けする新感覚の報道番組」

フジテレビアナのドアップ

平たく伝える『報道ステーション』、じっくり伝える『news23』、ステップアップやスキルアップのための『Live News α』、それぞれの説明は、見ている実感とズレがない。

この順番で見ていくと、「こんなことがあったのか」「それにはこういう背景があったのか」「えっ、あの件報じないんだ」となりがち。

『Live News α』は文字通り＋αが大好きで、何よりも「役に立つ」が重視される。でも、ニュースって「役に立つ」が基準でいいのか。

同番組の近藤篤正プロデューサーと月〜木を担当する堤礼実アナウンサーのインタビュー記事を読んだ。そのタイトルが「『Live News α』報道マンの常識を覆し、独自スタイル確立『揚げ足をとるだけのニュースはやらない』」（マイナビニュース）である。
　揚げ足をとるだけのニュースってなんだ。記事内で特定されているわけではないが、対比している存在がヒントになる。この番組で扱うのは「日本を応援したくなるようなポジティブなニュースが多いと思います。揚げ足をとるだけのニュースはやらないですね」と近藤プロデューサー。「心地よく明日を迎えてほしいという気持ちが根底にあるので、そこにひもづく部分を感じます」と堤アナ。

　そういうことだったのか。ニュースは往々にしてポジティブではないものが多い。事件、事故、天災、戦争、政争、疑惑、隠蔽、破綻、格差、こういった事象や言葉を軸に語られる。ネガティブな話題ばかり。日本や世界を監視するのがニュースの役目だが、ポジティブなニュースで心地よく明日を迎えてほしいというのは、報道番組として「新感覚」なのではなく、もろもろ諦めているだけなのではないか。

　先日、フジテレビの番組審議会で、審議委員から堤アナの「アップ」についての言及があった。この番組では、やたらと堤アナがアップになり、画面の半分が彼女、残り半分のニュースのほうが小さくなる場面さえある。これではニュースに目がいかなくなるとの苦言だった。その他にも、男性目線で作られているとの指摘があったが、これも、「ポジティブ」という方向性を考えた上での帰結なのだろうか。

　先ほどのインタビュー記事の中で堤アナは「1つ気を付けているのは、コメントによって必ずそのニュースや出来事に対して希望が持てるということです」とも述べていた。あまりにも稚拙な姿勢ではないか。一方的な侵攻で人が死ぬ。裏金が発覚して逃げる。万博に金を注ぎ込みまくる。どうすればこれに希望が持てるのだろうか。結局、問題を直視しなくなる。やがて忘れる。＋αに無視や軽視が含まれているように思えるが、それでいいのだろうか。

関口宏が『サンデーモーニング』を辞めるにあたり、それを伝えるニュース記事で多かった表現が「勇退」と「降板」。ワイドショーのアシスタントなどを別の人に切り替える時に使われる「卒業」はさすがにあまり使われていなかった。「関口宏卒業」より、「関口宏勇退」が確かに似合った。

逆に言えば「卒業」が使われる時、そこには、当人にはどうしようもできない不可抗力が臭う。本当はまだそこにいたかったのに、そこにはいられなくなった。かといって、不本意な顔で出ていくと今後に支障をきたすので、明るい顔を作って出ていく。そんな時、「卒業」の文字が躍る。

関口宏が辞めるのは「卒業」ではない。「勇退」「降板」だった。『サンデーモーニング』のスタジオは関口の背後にある花が豪華。毎回異なる表情を見せながらも、高い気品が保たれている。その前にいる関口宏には、みのもんた的な脂ギッシュ感は薄いし、宮根誠司的な軽妙であろうとする自意識も薄い。コメンテーターに話をふった後で、持論をまくしたてるわけでもない。

関口宏の「紙めくり」

ただ、番組のテンションはつかさどる。自分の近くにいるコメンテーターから順番に「○○さん、どうでしょう」とふっていき、一通り話してもらった後で、「一体、どうなるのでしょうかね？」や「これで終わらせるつもりなのでしょうか？」などとボソッとつぶやいて次のニュースへ移行していく。その「ボソッ」は、大抵、政権を中心とした体制側への苦言なのだが、この短い苦言が番組の肝になっていた。

1週間のニュースを月曜日から順番に振り返っていくコーナーは、「まず、月曜日。こちらの映像は……」などと始まる。その時、関口はホチキスでとめた紙の束をめくってから読み上げる。その紙の束が映り込む。曜日ごとに1枚にまとまっているのかもしれない。VTRが入るわけだから、その曜日の分だけを手にとって読めばいいのに、あえてホチキスでとめた紙の束を持ってめくる様子が映る。

どうしてなのだろうと思ってきたのだが、ラジオの仕事をやるようになってわかった。あれは、脂がなくなった手で次の紙がめくれなくなってしまわないようにする対策ではないか。今、プリントを配るたびに指先を舌先につけていた昔の先生のような所作は厳禁である。

でも、紙の束って、思わぬ場面で突然めくりにくくなるものなのだ。生放送では、思わぬ場面を作るわけにはいかない。関口宏の指先の乾き具合を知らないが、ホチキスでとめて、曜日が変わるごとにめくる姿を見せてでも、次のページがめくれない事態を防ぐのを優先したのではないか。実際に7枚くらいの紙をホチキスどめするとわかるが、一度、折り目をつけておくと確実に次にめくれる。

だが、問題はある。マイクの前で紙をめくると、その音をマイクが拾ってしまう。だからこそ自分は、テーブルに置き、読み終えた紙を横にズラし、音を出さないようにするのだが、関口はわざわざ、ピンマイクの前で紙をめくる。それでも、めくる音が大きくは聞こえない。めくる様子が見えるのに、さほど音が聞こえてこない。

見る限り、慎重にめくっている。あの「紙めくり」には鍛錬があったのではないか。関口宏が紙をゆっくりめくると、次の日の話題になった。スポーツコーナーの「喝！」は続くが、あの1週間の紙めくりはなくなってしまう。もう一回見てみたくなった人もいるはずだが、もう見られない。めくり方の奥義を知りたかった。

ビンドゥンドゥンにあれだけ興奮して、長蛇の列に並んでグッズを買い求めた人たちは、今、あいつをどのように扱っているのだろう。意外にもリビングを見渡す好位置をキープしているかもしれないし、やっぱりタンスの奥で窒息しているのかもしれない。北京での冬季五輪の公式キャラクターがビンドゥンドゥン、「では、東京五輪は?」と問われて、ミライトワ&ソメイティと即答できる人は少ないはず。この比較を何度も持ち出せば、ビンドゥンドゥンはいつまでも輝きを保てるのだろうか。

大阪・関西万博の開催まで1年を切った。もろもろの建設が遅れており、海外パビリオンのなかには建設会社が決まっていないものもある。決まってさえいないのに、間に合うと言い張ってきた。

ミャクミャクの困惑

さすがにやばいと思ったのか、今度は、開幕後も内装工事を続ける可能性がある、との見解を出した。

すみません、遅れちゃいそうです、とは言わない。これまでの万博でもこのような流れはあったので、「それが今までの万博運営の歴史」(万博協会幹部・産経ニュース・4月5日)とのこと。間に合わないのがこれまでの歴史なので、今回も間に合いません。そうですか、そういうものですよね、と理解を示す人はいるのだろうか。自分の記憶では、開催当日まで内装を続けていたのは、高校2年生の文化祭が最後である。

公式キャラクター、ミャクミャクは発表時から「気持ち悪い」と言われてきたが、整った状態での開催さえ危ぶまれている現状では、「気持ち悪いんだよ！」と嫌悪するのではなく、「ご体調はいかがですか？」と気遣いたくもなる。目玉があちこちについているアレは、準備がうまくいっている状況があってこそ許容されるトリッキーさで、準備がうまくいっていない現状では、その混乱っぷりを象徴する存在になってしまう。

漫画で、怒っているキャラクターが頭の上から沸騰したヤカンのように湯気を出したり、大勢でケンカしている時に雲のような形の土ボコリでそれを表したりするが、ミャクミャクの造形って、吹き出しにコメントを入れるとしたら「絶対に来てね！」「楽しみだなぁ～」などではなく、「ああ、もう、大変だ、どうしたらいいんだ！」あたりである。これ以外、似合わなくなってきている。

公式プロフィールには「なりたい自分を探して、いろんな形に姿を変えているようで、人間をまねた姿が、今の姿。但し、姿を変えすぎて、元の形を忘れてしまうことがある」とある。やはり、あれは人間をまねていたのだ。パニックになっている人間だったのだ。

万博の工事現場ではガス爆発事故まで起きている。会場のシンボルとなる木造建築の大屋根リング、建設費用の高騰が問題視されると、自見英子万博担当相は「夏の日よけとして大きな役割を果たす」と弁明、完成予想図を見ても、背の高い木造建築が作る日かげの部分はごくわずかで、その部分を選んで歩けば確かに日よけになるかも、と皮肉が飛び交った。

来場者数を2800万人と想定している万博。一般チケットの販売は伸び悩み、経済界が買い取るチケットの数ばかりが増えている。当然、「買う」のではなく、「買わされている」わけだが、経済界はその枚数を誇らしげに語る。こうなると当然、一般人は「わざわざ買うチケットではない」と認識する。知り合いの知り合いくらいからもらえるのを待つようになる。五輪と違って「選手は頑張っている」にも頼れない。どうするのだろう。ミャクミャクがますます困り果てている。

寺田心さんのことは、尊敬の念を込めて、ずっと「さん」付けしている。いよいよ高校生になったが、炭酸飲料・マッチのウェブCM公開に合わせたインタビューで、中学生活を「お互いに悲しいことだったり楽しいことだったり、それも全部分かち合っていくっていう、すごくいい思い出がたくさんあります」（日テレNEWS）と振り返っている。

客観視が早い。この時期って、あれこれモヤモヤしたまま、時間をかけてあれが青春だったのかと馴染ませていくものだが、心さんはもう既にそれを済ませている。「一日一日を大切に考えていけるようになった」とも語っており、これを読んでいるあなたが何歳かは知らないが、心さんは、私たちをとっくに通り越している。

「あのちゃん」の自覚

自分は新古書店「ブックオフ」のヘビーユーザー。長年、ブックオフのCMを担当してきたのが心さんだった。2019年には「ブックオフなのに本ねえじゃん！」とイキる様子を見せた心さんに驚かされ、2022年には、なかやまきんに君とCMに登場、メイキングや対談の動画をチェックすると、元気満々ななかやまきんに君に合わせるように、自分も筋トレをしていると告げて、上機嫌にさせていた。

正直、ブックオフは本好きが集まるところではない。数年前のベストセラーが並んでいるし、その棚を眺めたところで、特に知恵がつくわけでもない。『○○するだけダイエット』が各種並んでいるのを見て、これを売るとき、「○○だけ」でダイエットできると思った自分をどのように振り返ったのだろうか、などと意地悪に思う。それを誰に言うわけでもない。頭の中の邪念がしっかりと積み上がっていく場所なのだ。

昨年夏から、ブックオフのCMが「あのちゃん」になった。心さんからあのちゃん、どちらも、こういうCMになるのだろうと予想させないブッキングである。

先輩店員から新しいキャッチコピー「ブックオフに寄り道してく？」を教えられた後、やってみてほしいと言われる。「はーい」と答えたあのちゃん。でも、何も言わない。先輩店員がオーバーにつまずいてみせる。

もう一つのパターンは、レジ横に並んだ先輩店員から、「ブックオフに寄り道してく？」をやってみようか、と言われたものの言わない。その後、先輩に顔を近づけて、「ちょっと、イヤだ」と囁き、先輩を困惑させる。以降にも何パターンかCMが作られているが、困惑を作り出す方向性は変わらない。

心さんとあのちゃんの共通項は何か。まず、その人選を聞き、「私たちごときではこの人たちが考えていることは想像できない」という前提が生まれる。二人とも、とても自分自身を知っている人だ。心さん自身が、心さんらしさを知っている。いかにもあのちゃん、って感じをどうすれば出せるのか、あのちゃん自身が知っている。

芸能界には常に、「大人びている」存在や「つかみどころがわからない」存在が活躍している。なぜかといえば、一風変わったとされがちな自分自身をどのように見せればいいのか、ちゃんと把握し、正確に提示してくれるから。

今、「天然キャラ」で括られる存在はあまりテレビの中にはいない。試みる人はいるが、そのうち見かけなくなる。定着するトリッキーな存在は、どのようにトリッキーであるべきかを自覚しており、その自覚を含めて人気を博す。心さん、なかやまきんに君、あのちゃん。ブックオフのCMは、なぜか芸能界の今を捉えている。

柳沢慎吾が好きだ

柳沢慎吾が好きだ。新聞のテレビ欄を眺め、その名前を確認すると、欠かさず録画予約するようにしている。後日、録画した番組を見ると、彼はもれなくその場を気持ちよく混乱させている。混乱させているのに「気持ちいい」のがポイントで、傍若無人に振る舞うわけでもなく、ただただシュールに困惑させるわけでもなく、その場にいる人を巻き込みながら、独壇場を作り上げている。笑い転げたり、困り果てたりしながら、独壇場を受け止めている。

ただし、その世界を堪能するためにはそれなりの時間が必要なので、旅番組のゲストで登場する時などには十分な時間が与えられず、短い時間でネタ（タバコの箱を無線機に見立てるやつ）をやらされており、その消化不良が悔しい。

「警察24時」や「ひとり甲子園」が鉄板ネタだが、甲子園ネタだけで一枚のCD（『柳沢慎吾のクライマックス甲子園!!』）を出しているほど尺が長い。今、多くのバラエティ番組は、トークもロケも、テンポよく切り替わる傾向が強まっているので、十分に柳沢を堪能できる機会は珍しい。「もういいよ！」と突っ込まれながら、まだやる。これが彼の真骨頂であり、その時間を用意する側の覚悟が求められる。ちょっとだけやってくださいよ、から発生するインスタントな笑いだけでは物足りない。

その点、『だれかtoなかい』は久々に柳沢慎吾を味わえる番組だった。元々、松本人志と中居正広がゲストを招いてトークする番組だったが、その後、中居の相手を二宮和也が務め、4月半ばからはムロツヨシが担当している。それなりの時間を使ってゲストの話を聞く構成の番組は珍しくないが、この手の番組では、ゲスト側が「自分の時間にしてしまおう」と前のめりになれば独壇場を作れる。いかにも柳沢にぴったりの舞台だ。

この日はまず、映画『帰ってきた あぶない刑事』の公開を控えている舘ひろしが登場、その後で、舘にどうしても会いたい人、という設定で柳沢がやってきた。登場した瞬間から舘への愛情を炸裂させ、トンカツ店で初めて会った日のエピソードを披露する。初対面だったのに、「久しぶり」と手を差し出された話、帰り際に自分のほうを振り向かないまま指パッチンをして去っていった話などをする。舘は柳沢の話を「盛ってる」と笑いながら抗議したが、その抗議が呼び水となり、柳沢による再現が続く。

久しぶりに柳沢を凝視していると、彼の身体能力の高さに気がつく。可動域が広い。瞬発力が高い。わざわざ後ろを向いてから振り返る。いちいち顔を近づける。いつでも反応できる状態を保っている。ビーチ・フラッグスの笛を待つ選手のような待機。相手の、ちょっとした発言の隙間に入り込んでいくのに不快感がないのは、人の話を遮るのではなく、相手の呼吸を読み取り、息継ぎの瞬間を見計らい、一気に畳み掛けていくからなのだろう。

念願かなって舘ひろしと刑事ドラマを再現、との企画もやっていたが、それ自体はさほど面白くなく、想定通りに進んでいった。やはり、柳沢には「この時間、どうぞご自由に」という一定の時間が必要。そこに、好きなように言葉と動作を敷き詰めていく。テレビの世界は常に過剰なもの(大食い、無人島脱出、逮捕劇など)を求めているが、その過剰さを一人で始めてドラマティックに作り上げられる人は少ない。「ここはもう、柳沢慎吾さんに任せちゃいましょう」と制作陣が意を決する機会が年に数度はある。この定期的な機会が嬉しい。

上川大臣「うまずして」発言

政治家の問題発言が報じられ、該当の報道記事を貼り付けて、SNSに投稿すると、もれなく「切り取りだ」「誤読だ」というツッコミがやってくる。なぜか「本文を読まずに、記事の見出しにつられちゃった人」と決めつけられて、「ちゃんと読みましょうねwww」といった嘲笑を向けられる。この展開には慣れっこなのだが、「つられちゃった人」とされるのは不愉快ではある。

5月18日、静岡県知事選挙の応援演説で、上川陽子外務大臣が多くの女性の支援者が集まっている場所で、推薦している候補について、「私たち女性がうまずして何が女性でしょうか」と発言した。

この発言が「『うまずして何が女性か』発言」などと省略された形で報じられた。森喜朗による「子どもをつくらず自由を謳歌した女性を、税金で面倒みなさいというのはおかしい」や、麻生太郎による「子どもを産まなかったほうが問題だ」などの発言を念頭に置いた上で、「この党のいろんな人から定期的に出る本音」と投稿すると、先述の嘲笑がやってきた。

上川の発言は諸先輩方のように直接的に女性を指差して否定する発言ではない。ところが、まさに全文を読んでみると、彼女のレトリックが「女性＝産む性」との前提から出ていたとわかる。

上川は、「今日は男性もいらっしゃいますが、うみの苦しみは本当にすごい」とも述べている。「うむ」を、「子どもを産む」と「知事を生み出す」の両方にかけている。この発言について、これは知事を生み出すとの意味であって、子どもを産むとは関係ない、とする意見が噴出し、お得意の〝マスゴミ〟批判につながっていった。

いや、もっとちゃんと文章を読まなければいけない。上川の発言、性別の部分をひっくり返してみるとすぐにわかる。

「私たち男性がうまずして何が男性でしょうか」

「今日は女性もいらっしゃいますが、うみの苦しみは本当にすごい」

たちまち、発言の意味が通じなくなる。通じたのは、「うむ」が「産む」を意味していたからだ。

結局、上川大臣は発言を撤回した。「真意と違う形で受け止められる可能性があるというご指摘を真摯に受け止め」ながらも、「女性のパワーで私という衆院議員を誕生させてくださった皆さんに、いま一度、女性パワーを発揮していただき知事を誕生させようという意味」だったとした。

「産む」ではなく「誕生」の意味だったと強調したわけだが、男性だろうが女性だろうが議員を誕生させるサポートはできるのだから、「女性」と「うむ」をかけあわせたのは、そこに「産む」が想定されている。これを機に、上川が2020年に記した著書『難問から、逃げない。』を読んでみた。これまでのキャリアの中で、女性の人権問題に注力してきた。「性犯罪・性暴力の全ての責任は加害者にあり、被害者には一切の責任はありません」などと書かれている。かつて、麻生が「セクハラ罪はない」などと発言していたことを考えれば、自民党議員がこういった当たり前の主張を明示するのは重要。だからこそ、いざ、要職に就いた上川の発言は厳しく問われるべき。

比喩表現やうっかり出てしまった言葉にこそ、その人の考え方が現れる。「はい、問題発言、即座に辞めろ」と言いたいわけではない。なぜ、結局、同じような発言をしてしまうのか、と問いたい。あと、「ちゃんと読みましょうねｗｗｗ」で終わらせようとした人に対して返す言葉があるとしたら、「ちゃんと読みましょうね」である。

中尾彬の許容する力

年末になると、「今年亡くなった芸能人」のダイジェスト映像や特集記事を目にする。「この人は入れる？」「入れたいけど無理かな」といった現場のやりとりを想像し、勝手に「残酷な判断だな」と思うところまでがワンセットなのだが、毎年、「ああ、たくさんの人が亡くなってしまった」と嘆く。

昔はそんなことはなかったはず、との戸惑いが残るが、昔は、死んでいく人がどんな人なのかを知らなかっただけなのだ。親がテレビの前で「嘘でしょ……」と訃報にうなだれているのを見て、よくわからない人の死にショックを受けているなと、訃報に重みを感じなかった。自分の知っている芸能人が割と頻繁に亡くなってしまう、という実感って、単なる中年の証しなのだろう。

このところ、芸能人の誰かが亡くなると、テレビ朝日では『徹子の部屋』、TBSでは『ぴったんこカン・カン』に出演した際の映像が流れる。その人が黒柳徹子に翻弄されているシーンと、少し毒っ気のある安住紳一郎とのやりとりを楽しんでいるシーンが放送される。対話能力の強い黒柳と高い安住の前で、その人が生き生きしていた映像を、訃報と共に目にする。「まったく、この人の前では仕方ないな」と言わんばかりの崩し方をする。この両番組はこれからも訃報に使われていくはずだが、双方の番組をそんなに見てきたわけではない自分は、「そうか、こんなにフレンドリーに接する人だったのか」と、訃報の映像素材で新発見をしてしまう。

自分が中尾彬に初めてちゃんと接したのは映画

やドラマではない。1998年から99年まで放送された『愛する二人別れる二人』だ。タイトル通り、夫婦崩壊の危機にある男女がスタジオに登場、それぞれの言い分を聞いているところに、浮気相手が登場したり、双方の浮気が発覚したり、なんだかもう大変になっている状態を前に、みのもんた、美川憲一、そして中尾彬などが厳しいツッコミを入れていく。

のちにヤラセが発覚して短命に終わったのだが、一般人（すべてがヤラセというわけではなかったはず）に対して、下世話に突っ込んでいく。あなたのような人はこうするに違いない、といった類いの断定口調が積み重なっていく。平和的解決を願うのではなく、持論の飛ばし合いが潰し合いとなり、下世話な合戦を楽しんでいた。

中尾はよく、一般人に向かって、「なあ、おまえさん」と話しかけていた。「キミ」でも「おまえ」でもなく「おまえさん」。自分は学生時代から声が低く、さらに低くしてゆっくりしゃべると中尾彬の低音にやたらと似ていたので、高校の放送委員会でお昼の番組を作った時には、最初から最後までひたすら中尾彬で番組を進行したこともある。同級生の受けはよかった。それくらい中尾彬は浸透していた。俳優としてではなく、バラエティ番組でなにがしかの厳しいことを言う人として。

江守徹とのコンビで出演する機会も多かったが、「怖くて、そう簡単なことを言えない雰囲気」を作り出していたものの、それでいて、突っ込まれるのを許容していた。俳優としてキャリアを積み重ねた後だったわけだが、ある一定の世代からは、俳優ではなく、バラエティでがさつに突っ込まれるのを許容してくれる人、との認識だった。

言っちゃっても大丈夫な人。実は、テレビの中でこの需要って強かった。「ねじねじ」がトレードマークだったが、初見の人があれを軽々しく指摘しても大丈夫だからこそ、広まったのだと思う。中尾彬の許容する力は強かった。

滝沢ガレソなるインフルエンサーが投稿した、星野源だとわかるように記した男性歌手による不倫、その事実を事務所が莫大な額を支払って揉み消したとの内容について、星野の所属事務所・アミューズが事実無根だと否定。妻・新垣結衣も否定するなど、ひとつの投稿が大きなトラブルに膨らんだ。

元気だった頃のガーシーを思い出そう。彼のスタンスというか生命線は、「自分、裏のこと、何でも知ってる」というアピールで、港区あたりでアテンドする仕事をしていた以上、普通の人が知らない事情を知ってはいたのだろうけれど、知っていることには限りがあった。その枯渇に焦り始めると、たちまち自滅していった。滝沢にはその枯渇の心配がない。「かもしれない」「らしい」程度の内容と、週刊誌などがスクープした記事をいち早くコンパクトに編集して垂れ流した内容を混ぜ合わせ、ガーシーと同様に「自分、裏のこと、何でも知ってる」を見せてきた。

週刊誌を購入したり、デジタル版を記事単位で購入する人は限られるから、そこに載った内容を「こういうことになっています」と伝えると「事情通！」に見えるのだが、実態は「まとめただけ！」だ。ただし、元の記事自体は取材に基づいているので、それを繰り返していると「何でも知ってる」人に変換されやすい。そこに今回のような虚報を混ぜ込むと、「何でも知ってる」人による、「名前さえ出せないヤバい情報」として信憑性が発生してしまう。

芸能界をとんでもなくドス黒い社会だと決めつ

星野源の不倫デマ

けてもらうと、自分の言動が「果敢」と評価されやすくなる人たちがいて、ガーシーや滝沢がその類いである。ヤバいところに足を踏み入れて情報をゲットしている「果敢」を欲する。

散歩中に映画『アルマゲドン』のテーマを聴いていると、あたかも一世一代のプロジェクトに臨むかのような気持ちにもなるが、駅前の喫茶店に向かっているだけ。この手の盛り方と遠くない。芸能だけではなく政治でも経済でも、「情報掴んでます」を売りにするインフルエンサーは多いが、その人たちはその状態、つまり、「情報掴んでる」状態を保つことに精一杯になる。そんな場にオリジナルの情報は入ってこない。

滝沢は、事務所が否定するなど、事態が大きくなった後、「【意識調査】先日投稿した不倫ゴシップについて、えげつない量の批判を頂戴しています。今後の運営方針について皆さんのご意見をお聞かせください!」と投稿した。反省するでも謝罪するでもない。自分の意見ではなく、「意識調査」の結果を受け、皆が求めるものを提供していきますよ、というスタンスの表明だったのか。

この手の「事情通」は自分の意見が問われない。ずっとそうだ。SNSの登場によって、こうして影響力を持つポジションに到達できるようになっても同じ。トラブルになった時の、自分の意見の無さが滑稽でさえある。

この連載でもっとも名前が出てくるのが井上公造。彼のような芸能レポーターの存在を積極的には評価してこなかったし、芸能界に配慮したイニシャルトークに実りはなかったが、ああやって顔を出して伝えていたことの希少性について、今になって多少の価値を認めたくはなる。

今回の件で、滝沢ガレソなる人物から発せられる情報の信憑性は低いままになるだろうが、ここから井上公造への再評価が高まったりしないだろうか。そう書いておきながら、高まったりしないのだろうと思っている。でも、モノを言うなら、あれくらい隠れずにやるのが基本だ。

個人的に、鮮度の高い芸能ニュースを知るのに欠かせないのが、『THE TIME』で朝7時前に設けられている「7時までエンタメ！」と、『堀潤モーニングFLAG』の朝8時前の「SHOWBIZ」コーナーである。数分の間に複数の芸能ニュースが入る。かといって独自スクープがあるわけではなく、情報解禁日を守った上での新作PVの公開や、CMのメイキングシーン、映画の公開記念イベントなど、見応えのない映像が続く。

でも、この見応えのなさから得られるものは大きい。見応えがないからこそ、ここで選ばれる題材について、残酷なほど、作品の期待値、業界のルール・ヒエラルキーが明らかになる。記者会見後の個別インタビューではどうやら疲れ気味の俳優がいる。それを隠すようにハイテンションな主演に感心したりするのも楽しみ方のひとつ。

きんに君の使われ方

ひとつのネタに割く時間は1分もない。30秒を切っているかもしれない。

「○月○日に公開される映画『○○○○』、完成披露試写会が行われました。主演の○○さんが、撮影時のエピソードを明かしました」

「差し入れがとても美味しくて、でも、撮影中だから太っちゃいけないし、ホント、誘惑に負けないようにするのが大変でした」

これくらいで次のネタに移行する。その映画がどんな映画かもほとんどわからなかったが、「主演のこの人が精一杯頑張った映画なのだ」とわからせたいという狙いはわかる。短いからこそ、メッセージにひねりはない。

この手の30秒系芸能ニュースで、作品内容がもっとも伝わりにくいパターンが、洋画の宣伝隊長として駆り出されたタレントの振る舞いに時間を割いたもの。アクション映画系に多いが、映画に出てくる人物やキャラクターのコスチュームを着てもらい、大雑把に真似てもらったり、オリジナル解釈で動いてもらったりする。

記者たちは複数の質問をしているのだろうが、短い尺で使われるのは「最近、死ぬかと思った瞬間は？」みたいな、映画の内容とうっすら絡めた質問。端的に答えた後、「映画『○○』は今週金曜日から公開です」と知らされる。今週金曜日から公開と言われても、もはや、どんな映画なのか、情報がほとんど届いていない。こういうの、いつまでやるのか。洋画の宣伝に日本の芸能人をくっつけて、本当に宣伝として効果を発揮しているのか。

これらの番組を見ていて、最近、登場する頻度が高いのが、なかやまきんに君。頼みたくなるのはわかる。売り出したい作品を含めた形でギャグに盛り込んでくれる。「パワー！」に行きつけばいいのだから、作品は何でも大丈夫。

映画『マッドマックス：フュリオサ』の映画宣伝アンバサダーとして、オーストラリアで行われたプレミアイベントのレッドカーペットで、監督などにインタビューを敢行。自身のネタのＢＧＭに使ってきたボン・ジョヴィからは、「スペシャル・アンバサダーになってほしい」とメッセージをもらい、アンバサダーに就任した。久しぶりの新作アルバムのプロモーションの一環といえばそれまでなのだが、こうして物語を作るのが宣伝担当の腕の見せ所。

旬なタレントを起用するだけではいけない。今、このポジション、つまり、「海外の作品を日本でコンパクトに紹介する」需要をなかやまきんに君が数多く引き受けている。「パワー！」で切ればいいので編集も簡単なはず。この需要、しばらく盤石なのではないか。

逃げる小池百合子

ネットで「小池百合子パネル」と画像検索すると、小池が掲げた複数のパネルが出てくる。

「5つの小《こ》とこころづかい」「感染拡大警報」「この夏は『特別な夏』」「感染爆発　重大局面」「NO!! 3密」「ガイドラインを守らないお店は避けて！」などなど。自分に資金力があれば、これらのパネルを掲げた順番を全て当てた人に賞金を差し上げたいほどだが、かなりの難問である。「この夏は特別な夏」なんて、TUBEの隠れた名曲と言われれば疑わないはず。

今から4年前の春、小池百合子都知事は独自の発信を繰り返した。政府の姿勢に迎合せず、東京は東京でやりますと言わんばかりの態度を見せ続けたが、歌舞伎町などの「夜の街」のせいにしたり、先述のように記者会見のたびに新しいパネルを掲げたり、困惑する都民を落ち着かせるのではなく、新たな困惑を作り出していた。

そんな小池が、しばらくすると「東京大改革2・0」のパネルを掲げ始める。2020年、都知事選への出馬だ。そのパネルには「東京の未来は都民と決める」と書かれていた。

メディアで目立つ、メディアでいい具合に使ってもらうセンスというか目的達成に長けている彼女は、「今は選挙も大事だけど、選挙どころではありません、選挙に集中しているだけではいけません」と、他の候補者にはできない選挙戦を展開していた。東京五輪の開催が延期されると、五輪とも一定の距離をとるようになる。無事に終わると、いつの間にか成果として盛り込むのだった。

2018年に出した拙著『日本の気配』で、小池にまつわる二つの文章を引用している。まず、『文藝春秋』(2017年7月号)の手記。そこには「誰が名付けたかは存ぜぬが、昨年7月の東京都都知事選で私がキャンペーンカラーとして使った緑は『ゆりこグリーン』と呼ばれている」とあった。自分が身に着けた緑色が、自然とそのような名称で呼ばれるようになったという。

もうひとつ。都知事選を追った『クローズアップ現代+』(2016年7月28日放送「誰が首都のリーダーに? ~密着・東京都知事選~」)の放送後の解説記事には、「イメージカラーを、百合子グリーンと自ら名付けました。演説会場で、緑色のものを身につけてくるように呼びかけます。支援者の一体感を出そうとしています」とあった。

自分で名付けたものなのに、誰が名付けたかはわからないけど、いつの間にか流行っちゃった、と言い張る。冷静に振り返るとすぐにバレるのだが、今、この国のメディアの大半は、冷静に振り返るのが苦手で、新しく提供された情報に飛びついてしまう。

小池都知事はそれを知っている、というか、それを生命線にしてきたので、今回の都知事選も新しいスローガンを連発し、テーブルに並べ、こんなに揃っていますとプレゼンしている。8年間も都知事をやってきたならば、「これまでやってきたこと」を提示すべきだが、いつの間にか「これまで色々とやってきた私が、今回、新たに提案すること」の話ばかり聞かされている。これ、なかなか巧妙な戦略で、聞かれたくない内容に踏み込ませないようにするガードを常に保てるのだ。

イメージを打ち出すのだけはうまい。「あの人、その辺がうまいよね」と高く評価する記事なども散見されるが、そのうまさを褒めると、実務が問われなくなる。それでいいんだろうか。何をやろうとしている現職かではなく、何をやってきた現職かを見たい。

だいぶ長い間、『朝だ！生です旅サラダ』を観てきた。番組開始から数年は草野仁が総合司会を務めていたが、神田正輝が担当するようになってから30年ほど経過している。

この番組の「三大長期政権」は「神田正輝×向井亜紀×田中義剛×竹内都子」と「神田正輝×向井亜紀×勝俣州和×三船美佳」。いずれの政権でも神田はそこまで大騒ぎせずに、常にいる大騒ぎ枠（田中・竹内・勝俣・三船）の対応をしながら、落ち着かせる役を担う向井の後で、さらに落ち着かせたり、逆に話を戻したりするのが役割だった。

自分がこの番組を観てきた理由のひとつに、「土着」と「異世界」の両立があった。土着とは、ラッシャー板前によるレポート。日本各地を回り、農作物を収穫したり、地元の名産を食べたり、スタジオからの雑なツッコミに笑ったり怒ったりしながら、ポップな中継コーナーを作り上げていく。

その一方で、海外旅行に出かけた、さほど名前の知られていない女性レポーターが、その土地のレストランや絶景を紹介する。「海外マンスリー」というコーナーで、生中継ではなく、旅をしてきた女性がスタジオにおり、「どうだったの？」「これがもう最高で！」くらいのヌルい会話をしながら一緒にVTRを観る。お馴染みの観光地の場合もあるが、なかなか知られていないヨーロッパや中南米の国々を訪問することも多く、ラッシャー中継との対比が際立っていた。

神田正輝はよく、どうでもいいギャグを言って

神田正輝のギャグ

いた。先述の大騒ぎ枠が間髪いれずに突っ込んでくれるので、神田は満足げな表情を浮かべる。ギャグがその後の展開につながることはなく、どうでもいいギャグとして独立しているので、「とにかくこれを言い出さずにはいられなかった」という気持ちが視聴者に伝わってくる。

もし、週の折り返しで疲れている水曜の夜くらいの放送だったら、殺伐とした気持ちにもなったかもしれないが、土曜日の朝である。多くの労働者が今日も明日も休みという、心が穏やかな時に受け止める神田のギャグ。これに気分を害するようであれば、自分自身の調子が優れないのかもしれないと慎重に疑う必要が出てくる。

「バレンタインももうすぐ。で、3連休。連休ベリーマッチ」（2024年2月10日）と言われた時に、心の中で小さくクスクス笑ってあげるくらいの余裕を持たなければいけない。神田が連休ベリーマッチと言ってくれること自体にセンキューベリーマッチという気持ちを残さなければいけない。その気持ちを持てれば、そんな自分にはまだ心の余裕がある。神田のギャグは心の定点観測にぴったりだった。

家族の不幸や激やせ報道もあり、その体調が心配されていたが、9月で『旅サラダ』から離れるという。正直、積極的に観ている番組ではない。テレビの前で始まるのを待ち構えているわけではない。昨年からパートナーが向井亜紀から松下奈緒に変わったが、まだ大先輩への配慮が残っており、これから一気に薄まっていくのではないかとの期待もあった。

いや、そんな大きな期待を向けていたわけでもない。でも、土曜の朝って、これくらいでいいんだよな、という勝手な理解が、神田の不在によってどう変化するのか、不安な気持ちが残る。後継者には、元気ハツラツな司会者ではなく、元気がほどほどの司会者を望むが、司会者って基本的に元気ハツラツだから、そうではない神田って貴重だったのだろう。

パリオリンピックが開幕した。テレビ各局、とにかく興奮している。私たち、興奮しているんで、ほら早く、みなさんも興奮してくださいよ、と促される。私たちには、興奮してもいいし、興奮しなくてもいいという選択肢があるはずだが、テレビの中には選択肢はない。

　金メダルとりました、喜びましょう。金メダルとれませんでした、悔しがりましょう。4年間のうち、3年11ヶ月は注目さえしなかった競技についても、「ようやくたどり着いた舞台」の共有を試みる。

　劇的な勝利を収めた人に対して、あたかも自分ごとのように喜ぶ人が出てくるのはまだわかる。自分はそうはならないように心がけているが（だって、3年11ヶ月も注目してこなかったのに、喜ぶときだけ一緒に喜ぶ、ってどうなのかと気にしてしまうから）、別におまえの心がけなんてどうでもよく、大騒ぎすればいい。その大騒ぎに改めてぶつかっていくほどの気持ちの強さはない。

負けた選手に苦言を呈する人

　気になるのは、メダルが有力視されていた選手が残念ながら負けてしまった時。なぜか、その心情を勝手に理解しようと急ぐ。選手当人でさえ整理ができていない状態なのに、なぜか整理する。次があるとか、ゆっくり休んでまた立ち上がって欲しいなんて言う。

　どうして負けてしまったのかと絶望する時間すら用意しない。ずっとこの日のために体を作り、集中力を高めてきた選手同士がぶつかり、どちらかが負けてしまう。その様子に対して、「この日」なんて昨日まで考えてこなかったような人に敗北の意味を整理される。それ、屈辱的だと思う。

長年一緒に仕事をしている編集者に、「武田さんの新しい本、ちょっと読み応えが足りなかったのが正直なところなんだけど、第4章の指摘はその通りで、今度はあの辺りを集中的に論じて欲しいですね」と言われれば、心の中でちょっとムカつきながらも、その意見を受け止める。でも、自分の本を部分的にしか読んでいない人に「次はもっといいものが書けるはず！」と励まされたら、絶対的にそちらのほうが屈辱的だ。負けた選手に対する励ましがいたずらに飛び交う状況について、その選手が語る機会は少ない。

時には、苦言を呈する人まで現れる。柔道女子52キロ級、2回戦で敗退し、会場内で大きな声を出しながら涙を流した阿部詩選手について、『ゴゴスマ〜GO GO！Smile！〜』に出演した東国原英夫が、「悔しいのは分かるけど、あの泣きというのはどうなのかなと思いました」「柔道家として、武道家として、もうちょっと毅然として欲しかったなとは思います。そこにへたり込んで、泣いているというのはどうなのかなと」などと発言した。

一瞬の判断ミス、ほんの少しの集中力の差で結果が決まるシビアな場所で、自分の実力を発揮しきれなかった悔しさって、そう簡単に想像できない。できないっていうか、想像してはいけない。

ホントにお辛いでしょうね、と寄り添うのはあまりに軽い。かといって、悔しさの発露について、そ「どうなのかな」と苦言を呈するのって、それこそ「どうなのかな」。「柔道家として、武道家として」どのようであるべきかなんて、実数値で、苦言を呈した人の5億倍くらい考えているに決まっているのだが、なぜか、当人と同じレベルで考えられる前提でいるのだ。その前提、おかしすぎる。

オリンピックにはさほど興味はないのだが、歓喜と失望が入り混じる結果について、なぜか自分なりの見解を投じられると考える人の言い分には興味が尽きない。

中山秀征の価値観

KAT-TUNの中丸雄一が女子大学生とホテルで過ごしていた様子が報じられ、芸能活動謹慎が発表された。数々のレギュラー番組の対応が注目されたが、自分が気になったのは『朝だ！生です旅サラダ』でのリポーター活動がどうなるのかのみ。SNSで「ラッシャー板前」と検索すると「前任者のラッシャー板前に戻すべき」との意見がいくつか目に入り、意図的な検索なので決して世論ではないのに、やっぱりラッシャーだろ、と興奮した。

ところが、アフターフォローとして注目されたのは、ラッシャーでも神田正輝でもなく、『シューイチ』で長らく共演してきた中山秀征だった。中丸の結婚相手の元アナウンサーとも同番組で共演してきた経緯もあり、神妙な面持ちで本件について語り始め、「（謹慎期間は）中丸君本人が新たな中丸君としての生まれ変わりという、そういう機会になってほしい」などと述べた。

昨今の風潮として、「問題視される言動をした芸能人」によって「それに言及せざるを得ない芸能人」が生まれた場合、世の中が一気にその人の味方となり、「〇〇さんにそんなこと言わせるなんて」的な言及が膨れ上がるのだが、中山秀征のことって、みんな、そんなに考えてきたのか。私は考えてきた。

謹慎発表後の放送から数日経つと、中丸にしろ中山にしろ、さほど言及する人はいなくなり、念のため「ラッシャー板前」で検索するとほぼ無風。あれ、ラッシャー待望論、まさか、世論ではなかったのか。いずれにせよ、問題発生→対応注視→

批判殺到→話題移行の流れが早い。下火になってきた「ヒデさんにそんなこと言わせるなんて」との投稿を眺めながら、そうだ、あの本を読まなくては、と書店へ急いだ。中山秀征の新著『いばらない生き方　テレビタレントの仕事術』である。

以前、私がナンシー関のベスト選集『ナンシー関の耳大全77　ザ・ベスト・オブ「小耳にはさもう」1993－2002』の編者を務めた時に、解説の冒頭で中山について触れている。

中山がインタビューで「ナンシーさんには『ゆるいバラエティー番組を作った男』とか、毎週のようにボロクソ書かれていました」と語っていたが、正確には「なまぬるいバラエティー番組全盛の状況が生んだスター」であり、創造主を意味する「作った男」と、既にある状況に続いていく「申し子」は違うなどと書いた。

『いばらない生き方』の中にナンシー関についての言及があり、そこでは「彼女にとって僕は『なまぬるいバラエティー番組全盛の状況が生んだ』タレント」と記し、今回は正確に引用されていたのだが、なぜか「スター」までは引用せず、「タレント」としている。

「笑いを突き詰める〝芸人〟が好きなナンシーさんが、司会も歌もバラエティもやる〝テレビタレント〟を嫌うのは、彼女の価値観」とも書かれているが、ナンシー関はそうやって肩書きで区分けして、自分はこっちが好き、あっちが嫌いで終わらせる人ではなかった。むしろ、得意としていたのは、それこそ芸人とテレビタレントの間で揺らいでいるような存在の振る舞いを考え続けること。

中山について言及したコラムも、メインテーマとしては、バラエティの現場スタッフによる、「たいしておもしろくもないことに過剰に反応する」笑い声についてだった。おもしろいから笑うのではなく、みんながおもしろがっているから笑っているのではないか。この手の指摘こそがナンシー関の「価値観」だった。勝手に彼女の価値観を変えないでよ、と思った。

まんが
テレビ磁石のできるまで
ライター
武田砂鉄
お、この魚まだ食えるぞ
この梅干しのタネも…
砂鉄さん砂鉄さん
テレビ磁石の原稿早く書いてください！
漫画家　堀道広
もうネタがないよ〜
原稿がないと似顔絵描けないじゃないですか
しょうがないナー
ど、どこへ…？

どんどん山奥へ行くな・・・
洞窟に・・・
あった
パカ
箱の中に巻物が・・・
METAL
えっこれがテレビ磁石の原稿!?
企業秘密ですよ堀さん
まあ・・・小ネタだね
カイヤの離婚
誰も興味なし

もう自分では書いていなくて、誰かの書いた書物を
この不思議な磁石で見つけて丸写ししてるだけなんだ…
信じられん話だな…
先週の原稿は…
砂漠の向こうまで行って
小さい宝箱を開けました
パカ
あった
24時間テレビのマラソン今日やってた
こんなRPGのスタート時みたいな家あるんだ
じゃあ、その磁石があるから連載が続けられるんですね？
実はそうなんです
テレビ局はまだみんな背負えると思っているのが謎
どうしても武田鉄矢の動向が目に入る

おっ
ビビビビビン
ビビビビ
すごい「引き」だ
き、きっと
とてつもなく
大きな
ネタに
違いない
ザザザザ…
ゴー
ガコン
なんて大きな
宝箱なんだ
いったいどんな
大ネタが入って
いるんだ!?
ピカー
ギィ…
井上公造的
ゴシップ好き
ズコー
うわー
砂鉄さんの
高校バレー部時代の
しょぼしょぼエピソード
の原稿だった〜!!
おしまい

あとがき

自分で読み返しながら、今時こんな本も珍しいなと思う。テレビ番組やその中に出てくる人、映し出された社会情勢についてツッコミ続けるこの手の本って、昔はよくあった。それは、テレビこそ最大のメディアだと、作るほうも見るほうも疑っていない時代の産物であって、自信満々に見せつけてくるからこそ、自信満々に「なんだよそれ」と返せた。「なんだよそれ」を向けられても無視できる強さがあった。でも、いつのまにかテレビは視聴者にへりくだるようになり、リモコンを使ってアンケートをとって双方向性ですと言い張ったり、ネットでバズっている商品を紹介したりしながら、「私たち、そんなに古くないですし、柔軟です」と強調する作業を繰り返している。

数年前、朝のワイドショーで、若者の間でフィッシングベストが流行っていると特集を組んでいた。若者は荷物を極力少なくしたがっているが、かといってポケットだけでは足りず、フィッシングベストを着れば、あちこちにポケットがあって便利なので流行っているとのこと。ベストを着ている若者にインタビューを試みると、古着屋で買ったら持ち主の名前がマジックで書かれており、いかにも中高年男性って感じの名前だったのだが、その女性は「それも含めてレトロでかわいい」と言っていた。おもわずスマホのメモ機能に「なんでもレトロでかわいいでいいのか」とメモしておいたのだが（今それを確認して書いている）、たぶんその女性は、マイクを向けられたから反射的に「レトロでかわいい」と言ってみたはずで、冷静に考えてみると、その記名（放送内容を文字起こしした記事を読んだら「ササキジロウ」と書かれていた）がレトロでかわいいはずがない。

放送後、ネットのトレンドワードに「フィッシングベスト」が浮上していた。今、若い人の間でコレが流行っているとテレビが報じたものについて、ネットで話題になる。実際には流行ってないでしょ、と懐疑的な声もあれば、確かに便利かもしれない、と理解を示す声もある。たまたま声をかけられた女性の「レトロでかわいい」発言が、ブームらしきものの土台となり、拡散していく。

この本で議論されているテレビ番組や芸能人、政治家や文化人に共通点があるとすれば、「テレビが偉そうでいられた時代から、そうではいられなくなった時代に移行していくなかで、それでもまだテレビがそれなりに影響力を持ち、心酔できなくなったとはいえ、無視もできない状況でテレビの中に映し出されていた存在」であるということ。テレビでの発言がネット記事になり、番組を見ていない人から論評されてしまう機会が増えた。毎日のように「そんなつもりで言ったわけではない」「その場のやりとりをしっかりと確認してからにしてほしい」といった苦言や弁明が続いている。

テレビだけを見ていれば、もうそれだけで十分という時代ではないことは、ササキジロウがなぜか手放したフィッシングベストをめぐる余波を知ればよくわかる。テレビという背骨が不安定になっているからこそ、そこに確信と不安が入り混じっている。こうして、コラムにイラストを添えてテレビ番組について記した本を出すと、「ナンシー関のパクリだろ」と言われがちなのだが、本文でも繰り返しその存在に言及しているように、パクれるような位置にはいない。手の届かないところにいる。各局で繰り返される医療ドラマのようには簡単にパクれないのである。だが、彼女がいなくなって以降、これまで通りに振る舞う人たちについては意識的に言及したつもりである。

その人たちは、テレビの変わらなさの象徴でもあった。
2018年から『女性自身』で連載してきたものを厳選した一冊だが、編集担当の吉田健一さんに「次回はこの人でお願いします」とイラストにしてもらう人物を伝え、数日後に原稿を送ると、堀道広さんの見事なイラストとドッキングされて、確認用のゲラが送られてくる。特に打ち合わせしたわけでもないのに、自分の原稿と堀さんのイラストの温度感がバッチリ合うことばかりで、「そうそう、この感じの川崎麻世だよ！」と興奮が続いた。これだけの大著にまとめられたのはお二人のおかげである。『王様のブランチ』のブックランキングで取り上げられて、「レトロでかわいい1冊」と紹介されたらいいな、と思っている。

2024年8月　武田砂鉄

本書は『女性自身』2018年8月21・28日合併号〜
2024年9月3日号掲載の連載
「武田砂鉄のテレビ磁石」から厳選、
大幅に加筆・修正してまとめたものです。

武田砂鉄　たけだ・さてつ

1982年、東京都生まれ。出版社勤務を経て、2014年よりライターに。2015年『紋切型社会』（新潮文庫）でBunkamuraドゥマゴ文学賞受賞。著書に『日本の気配』（ちくま文庫）、『わかりやすさの罪』（朝日文庫）、『偉い人ほどすぐ逃げる』（文藝春秋）、『マチズモを削り取れ』（集英社文庫）、『べつに怒ってない』（筑摩書房）、『今日拾った言葉たち』（暮しの手帖社）、『父ではありませんが　第三者として考える』（集英社）、『なんかいやな感じ』（講談社）などがある。週刊誌、文芸誌、ファッション誌、ウェブメディアなど、さまざまな媒体で連載を執筆するほか、近年はラジオパーソナリティとしても活動の幅を広げている。

堀道広　ほり・みちひろ

1975年、富山県出身。高岡短期大学（現・富山大学芸術文化学部）漆工芸専攻卒業後、石川県立輪島漆芸技術研修所を修了。1998年、『月刊漫画ガロ』（青林堂）でデビュー。以降、漆と漫画の分野で活動。金継ぎのワークショップ「金継ぎ部」主宰。著書に『青春うるはし！うるし部』『おれは短大出』（ともに青林工藝舎）、『おうちでできるおおらか金継ぎ』（実業之日本社）、『うるしと漫画とワタシ』（駒草出版）、『金継ぎおじさん』（マガジンハウス）などがある。

テレビ磁石

２０２４年10月20日　初版第１刷発行
２０２４年11月10日　第２刷発行

著者　武田砂鉄
堀道広

発行者　城戸卓也
発行所　株式会社光文社
〒１１２－８０１１　東京都文京区音羽１－16－６
電話　［編集部］０３－３９４２－２２４５
［書籍販売部］０３－５３９５－８１１２
［制作部］０３－５３９５－８１２８

印刷・製本　大日本印刷株式会社
デザイン　川名潤
編集　吉田健一

Printed in Japan ISBN978-4-334-10441-2